U0253151

建筑工程全寿命周期综合性能分析与评价

朱健 著

清华大学出版社
北京

内 容 简 介

本书是一本理论、应用和实践相结合的全面论述建筑工程全寿命周期地震成本、环境成本和社会成本的应用研究型著作。

全书共分为11章,第1章阐述了全寿命周期研究理论来源、作用及意义;第2章介绍了工程地震风险性及在全寿命周期中的应用;第3~4章分别探讨了两类主流的结构动力损伤分析方法;第5章为建筑工程全寿命周期地震损伤、地震成本及巨灾保险分析;第6章为工程全寿命周期环境影响评价;第7章为建筑工程全寿命周期环境分析及 SimaPro 模型建立;第8章为建筑工程全寿命周期环境成本分析;第9章为建筑工程全寿命周期能源消耗分析;第10章为建筑工程全寿命周期社会成本分析;第11章为建筑工程全寿命周期理论应用总结与展望。

本书可作为高等院校土木工程专业教师建筑工程全寿命周期研究方面的理论参考书,也可以作为土木、水利、交通专业研究生工程全寿命周期分析选修学习教材,还可供地方政府、设计院在开展工程决策、概念设计时参考。

图书在版编目(CIP)数据

建筑工程全寿命周期综合性能分析与评价/朱健著. —北京:清华大学出版社,2023.3
ISBN 978-7-302-62585-8

Ⅰ. ①建… Ⅱ. ①朱… Ⅲ. ①建筑物－抗震性能－性能分析 Ⅳ. ①TU352.11

中国国家版本馆 CIP 数据核字(2023)第 022772 号

责任编辑:秦 娜 王 华
封面设计:陈国熙
责任校对:王淑云
责任印制:宋 林

出版发行:清华大学出版社
  网　　　址:http://www.tup.com.cn,http://www.wqbook.com
  地　　　址:北京清华大学学研大厦 A 座　　邮　　编:100084
  社 总 机:010-83470000　　邮　　购:010-62786544
  投稿与读者服务:010-62776969,c-service@tup.tsinghua.edu.cn
  质量反馈:010-62772015,zhiliang@tup.tsinghua.edu.cn
印 装 者:三河市铭诚印务有限公司
经　　销:全国新华书店
开　　本:185mm×260mm　　印　张:15.75　　　　字　数:379千字
版　　次:2023 年 5 月第 1 版　　　　印　次:2023 年 5 月第 1 次印刷
定　　价:128.00 元

产品编号:096405-01

朱健教授作为我的博士生,2007—2010 年曾经在广州大学工程抗震研究中心学习,期间参与了国家自然科学基金重点项目(90815027):"重大工程结构地震损伤控制原理与方法"的课题研究,当时他负责建筑地震易损性方面的子课题研究,并随后顺利毕业。在我印象中,他为人踏实,工作勤恳,中心各位老师对他的评价很高。一转眼十多年过去了,今年元旦我接到他的来信,恳请我为他的新著作《建筑工程全寿命周期综合性能分析与评价》做序言。作为他的导师,我当然乐见学生的成长,所以我非常愉快地接受了这项任务。

工程全寿命周期方面的研究是近年来我国工程领域研究的一个热点,包括近海交通工程、风力发电系统工程、核电厂房工程及其他重要生命线工程的全寿命周期研究均在近年得到业内的重视。近代建造的工程以钢筋混凝土结构的居多,这些建筑结构无论在地上还是在地下,也无论是在陆地还是在海洋中,都承担着为人类提供生存空间和生产空间的重要作用,都面临着来自于自然界的各种不利影响。对于工程长期、稳定和安全的运行展开全寿命周期研究是一件有意义的事情,特别是近年来全球温室气体排放量急剧增长,导致冰川融化、海平面上升、极端气候的异常增加,地震、火山的持续性活跃,都对我们生活的自然环境造成了严重的影响,各类土木工程包括建筑工程面临着越来越复杂的外界环境影响。当前乃至未来,土木工程的长期性能研究都将是一个重点课题。

节能减排已成为世界各国的共识和我国的国家性战略。建筑工程作为与人类生活、生产密切相关的产业,已成为最大的单一温室气体排放源之一。预计 2030 年前,建筑工程温室气体排放量将占全社会总量的 $1/3 \sim 1/4$,现在和未来几十年内,建筑工程的节能减排,都将是我国节能减排的重点领域。因此,对建筑工程碳排放展开研究,是很有必要的。这也为我们展现了建筑工业高速发展所提出的重大挑战。

随着"一带一路"国际化基础设施建设的推进,特别是 2021 年我国提出了"2030 碳达峰,2060 碳中和"远景战略,土木工程也要有所变革。该书正好在此时面世,我觉得是一件很好的事情,可以为我们提供土木工程转型过程中的一些研究脉络和思路,有利于开拓土木工程基础研究范畴,为未来基础设施建设国际化合作提供宝贵的参考和指引。

从地震工程易损性研究到基于性能的地震工程,再到工程全寿命周期研究,从一个局部显现了土木工程作为一个传统产业,也可以展现出时代性和持久生命力。我觉得这本书带给我的一个深刻影响在于,土木工程和防灾减灾研究,只要响应了社会的需求,回应了时代的召唤,加强与其他专业的交叉融合,就能更好、更持久地实现建筑工程的全寿命周期价值,就可以焕发出巨大的生命力。为人类社会提供安全、舒适、绿色的建筑结构,依然是土木人矢志不渝的目标。

这本书针对建筑工程全寿命周期地震成本、环境成本和社会成本开展了有益的探索和研究,扩展了建筑工程全寿命周期研究的内涵,值得广大专业人士阅读。

中国工程院院士,广州大学工程抗震研究中心教授

周福霖

2022 年 1 月 27 日

前 言

PREFACE

气候剧变、灾害频发、全球变暖是人类社会面临的严峻环境挑战。为应对这些问题,我国提出了力争 2030 年前实现碳达峰、2060 年前实现碳中和的目标。建筑工程作为最大的温室气体排放来源,每年排放量超过全球温室气体排放总量的 1/3,它承担着实现目标的巨大历史责任。因此近年来针对建筑工程全寿命周期评价(life cycle assessment,LCA)研究和可持续性研究(sustainability research,SA)获得了世界各国的高度重视。

但目前对于土木建筑工程全寿命周期的研究在国内才刚刚起步,成果不多且仅散见于科技文献,研究中仍然面临着诸多困难。这一方面是由于建筑工程全寿命周期研究时间跨度长,研究过程中涉及多专业交叉融合,变量因素多,机制复杂,极富挑战性;另一方面是由于对此问题的研究与工程安全性、能源消耗量以及温室气体排放量有直接联系,事关重大。面对这样的态势,已有部分高校在积极地推动专业课程的调整,以期与国家对工科高等院校的宏观政策要求相适应。因此,国内许多土木工程行业科研院所、土木建筑类大中专院校中从事这一领域研究或计划从事该领域研究的技术人员,迫切需要获得一本可以较为深入了解建筑工程全寿命周期研究方面的专业性论著,以便更好地把握我国建筑工程全寿命周期领域研究前沿脉络和未来总体发展方向。

作者在总结、归纳前人研究经验和个人研究成果的基础上,根据目前土木建筑全寿命周期和可持续性研究的需要撰写了这部将理论与应用结合起来的研究型专著。针对土木建筑工程将基于性能的地震工程、建筑工程全寿命周期环境与社会影响分析结合起来开展了综合性的研究和论述。这无疑将极大地开阔专业读者的视野,为土木建筑类专业技术人员未来的工作带来极大的促进作用。

本书突出了两方面的特点:

(1) 将工程全寿命周期理论与建筑工程应用(地震成本、环境成本、社会成本)相结合;

(2) 将理论与计算机应用实践相结合。

全书共分为 11 章。第 1 章介绍全寿命周期研究的背景、来源、组成及工程全寿命周期性能评价的原则、措施和意义。第 2 章介绍了工程地震风险性及在全寿命周期中的应用。建筑工程全寿命周期地震成本和地震巨灾保险建立在工程结构地震动力易损性分析的基础上,因此第 3 章介绍了动力反应谱分析。第 4 章介绍了动力非线性时程分析。地震灾害应用性研究一直是基于性能的地震工程研究的重点之一,探索建立适应我国国情的地震巨灾保险制度,研发满足地震巨灾保险需求的地震危险性评价、地震灾害风险评估方法和技术意义重大。第 5 章较详细地探讨了建筑工程全寿命周期地震成本及巨灾保险分析内容。随着全球温室效应的不断积累,各国政府高度重视温室气体排放问题,出台了一揽子政策予以应对,客观上促进了工程全寿命周期和可持续性问题的研究。第 6 章较详细地介绍了建筑工程全寿命周期环境影响评价。第 7 章介绍了利用专业 LCA 分析软件 SimaPro 建立工程全寿命周期分析模型。第 8 章讨论了几类常见建筑工程结构全寿命周期环境成本的分析案例。第 9 章探讨了建筑工程全寿命周期能源消耗的问题。第 10 章研究了建筑工程全寿命周期社会成本问题。第 11 章对建筑工程全寿命周期理论的应用进行了总结与展望。

在本书的撰写过程中,得到了我的恩师周福霖院士和长安大学赵均海教授、广州大学谭平研究员的指导和帮助,在此表示诚挚的感谢。本书的部分内容源自作者承担的国家自然科学基金项目"基于组合的地震易损性与钢筋混凝土结构工程全寿命周期地震损失成本分析研究"(51468050)中获得的成果。此外,书中还引用了部分前辈、同行以及有关专家的研究成果和资料,在此表示衷心的感谢。

本书的出版得到了佛山科学技术学院高层次人才及岭南学者科研启动基金,广东省教育厅"十三五"教育科研课题"工程全寿命周期理论为指引的高校土木建筑类工科交叉创新教育模式探索"(2020GXJK399),佛山市博士后科研启动项目"EPS 超轻型混凝土球板结构全寿命周期综合性能与优化研究",2021 年教育部产学合作协同育人项目"面向数字化的BIM 应用教学实践基地建设"(2021020110 47),以及佛山科学技术学院校级质量工程项目"绿色混凝土理论与发展教研室"的资助和支持。

另外,佛山科学技术学院魏陆顺教授的防灾减灾团队和俞家欢教授的绿色新材料团队提供了部分参考文献支持。上海环翼环境科技有限公司在软件、文本资料方面提供了支持。研究生朱培源参与了部分随机算法的计算工作,研究生廖文杰、林潮俊参与了部分文本的整理工作。在此一并致谢。

本书在选题和内容上是一次新的尝试,限于时间、条件和作者水平,书中难免有不足之处,恳请同行与读者不吝指正。

朱　健

2022 年 9 月

CONTENTS

目 录

第1章

概　述

建筑物是人类重要的工作和生活场所,它的耐久性、安全性和舒适性需要历经长期的使用来验证。建筑物又是坐落在地球的自然环境之中的,因此在使用期间不可避免地受到风吹、日晒、雨淋、地震、台风、洪水等环境因素的影响。这些外在自然环境影响有些对土木工程结构是有益的,如潮湿的空气对混凝土的长期强度增长是有益的,但大多数自然环境影响对建筑结构是有害的,其中有些外在因素对建筑结构的不利影响是潜在和长期性的,例如:全球温室气体排放导致的混凝土碳化,酸性腐蚀性气体对钢筋的锈蚀破坏,海水对海工建筑材料的氯离子侵蚀,极端天气对建筑材料物理性能的缓慢损伤等,均对作为现代土木工程支柱性材料的钢筋混凝土材料耐久性能产生了不可忽视的影响。

近年来全球温室气体排放导致极端气候变化不断加剧,地球南、北极冰川融化使海平面上升、海岛和沿海陆地被淹没,而地震、干旱、洪水、高温等自然灾害频发不仅给土木工程安全性带来更大的考验,也同时威胁着全人类的安全。如2020年12月至2021年2月美国和加拿大地区出现的超级寒潮导致大降温,美国多地出现停水、停电、断网等情况,据美媒报道有数十人在这场寒潮中冻死。美国堪萨斯州的劳伦斯市甚至降到零下30℃以下,而该地区位于美国中部,往年冬季正常温度在零下8℃至零下14℃;而在美国最南部的佛罗里达州也遭遇了普遍降雪;美国南方得克萨斯州达拉斯市,最低气温更是达到了零下18.9℃,距离120多年前的历史低温纪录只差0.1℃[1]。

在2021年入夏后,全球多地又相继出现了极端高温天气。美国和加拿大出现"热穹顶"现象,形成"高温热盖",它是由于空气中的热高压停滞不动,形成一种类似于希腊字母"Ω"的热高压,会阻塞低层热空气与上层冷空气之间的对流和热量交换,导致近地面空气温度不断升高,从而出现了罕见的极端高温天气。从6月中下旬起,美国和加拿大西部的很多地区就相继遭遇了长达半个多月的罕见高温,譬如加拿大利顿小镇最高气温49.6℃、美国俄勒冈州波特兰市最高气温46.7℃、华盛顿州西雅图市最高气温42.2℃。持续的高温天气给当地造成了巨大损失,至少700人死亡,而且还引发干旱、山火、停电等情况,山火和停电则引发了更大的灾难[2]。而在以往这些地区都是夏季温度适宜的地区。同期西亚阿拉伯半岛由于受到极端副热带高气压的控制,气温较往年也有所升高。在科威特室外正午太阳下测得近地面最高温度达到73℃。而在中国华东、华南等地也出现了35～39℃的高温天气,而且范围在持续扩大,江苏、浙江、安徽、江西、福建、广东等都在副高压的笼罩之下。高温叠加高湿会使人的体感温度迅速升至40～45℃。这种天气条件下会使人非常不适,甚至造成生命危险[3]。预计在未来 10 年内,随着人类社会温室气体排放量达到峰值,这种极端天气尤其是极端高温天气极有可能将大规模侵袭热带低纬度沿海国家或地区,如亚洲的印度、巴基斯坦,中东、东南亚以及中国华南地区。

地震同时也威胁着人类的生存,如 2010 年 4 月 14 日,青海玉树地震(M_s7.1)造成 2000 多人遇难,受灾人口达 20 万[4]。为了应对地震对房屋、道路、桥梁、涵洞等基础设施的破坏,各国政府和工程科技人员多年来不遗余力地对工程抗震规范和工程技术进行研发升级,以指导提升工程的抗震性能,但强大的自然灾害仍然对人类社会造成严重的威胁。新规范和新技术推广应用只能局部地缓解或减弱地震等自然灾害对人类社会的破坏,并不能完全消除这种不利影响,如我国建筑抗震设防标准"小震不坏、中震可修、大震不倒"就明确地说明了这一点[5]。这导致人类开始思考,既然不论技术多么先进都无法避免地震、洪水、高温、山火等自然灾害对人类社会的经济、环境和人的身心造成的负面影响,那么就有必要对各类自然灾害影响的严重程度进行长期评估研究,即开展基于长期性的工程全寿命周期影响研究。

在全球变暖的大背景下,人类社会经济的飞速发展,从地球生态的角度来看也可以理解为失调的发展。人类社会过去 100 年排放的温室气体远远超过了在此之前 2000 多年的排放总量,造成了高生态环境风险。大的城市群落、工业中心和人口越来越朝着沿海平原地区聚集,如果这些地区又地处低纬度或地震活动带上,则这些地区各类建筑群将长期面临着巨大的安全性压力,包括高温侵袭、海平面上升、海啸和突发地震的威胁。如 2011 年 3 月 11 日东日本大地震(M_s9.0)及引发的海啸,不仅导致日本东北部几个县市房屋和基础设施大面积受灾,数十万人无家可归,而且导致了福岛核电站厂房被破坏发生核泄漏的极端安全事故,对西太平洋海洋水体环境造成极严重的核污染,远期损失无法估量。据美国灾难评估公司(AIR Worldwide)评估,仅东日本大地震导致的工业和民用建筑、基础设施损失以及人员伤亡带来的直接地震保险损失金额就接近 350 亿美元,这项数额几乎等同 2010 年全球保险业的整体灾损金额[6]。

因此随着工程技术思想的逐步演化,除了对于建筑结构短期极限承载能力性能的研究,预测未来对工程结构全寿命周期综合性能的复杂变化研究将更加受到重视,基于长期由各类自然环境因素所导致的建筑结构全寿命周期综合性能的研究将得到蓬勃的发展,包含土木工程结构全寿命周期力学性能劣化(刚度、挠度)、耐久性能劣化评估、建筑工程全寿命周期地震成本、环境成本、能耗成本、社会成本研究也将朝着实用化、精确化和可持续性的方向稳步推进。

1.1 全寿命周期研究的来源与作用

全寿命周期研究起自工业革命之后,尤其是 1945 年第二次世界大战结束后,新的能源如核能、潮汐能、风能、太阳能等陆续得到开发并服务于人类社会,这使得以往较为简单和粗放的能源利用和分析方法无以为继。我们以太阳能为例,太阳能长久以来一直是人类追求的终极能源,但真正要将这项技术实际应用和普及到千家万户却非常困难。首先面临的是太阳能电池板的价格居高不下,对于换装太阳能代替传统能源供电的用户,政府部门如何准确评估并给予新能源价格补贴的问题;其次是太阳能电池板的光电转换效率问题;最后还有太阳能电池板的耐久性和长期维护问题。截至 2018 年年底,国内一套 15.6kW 的家用单晶硅太阳能发电系统的市场批发价格仍然高达 15.6 万元,这对国内用户来说是一笔过于昂贵的能源投入。即使是现在太阳能发电系统的价格有所下降,但对于普通中国家庭来说仍然是高昂的,而且用户更关心的是自己采购的这套代替市售电系统能为自己提供多久的稳定足够的电力供应和未来多少年才能收回成本。我们以一套 6kW 的家用光伏发电系统为例,它的批发价格为 6 万元,以光伏系统稳定运行寿命的上限 30 年来估算,每年用户的不计利息静态成本投入 2000 元以上,如果考虑正常 5% 的年折现率的话,则实际每年用户的成本投入为 3901 元。假定这套家用发电系统每天运行 8h,总体发电效率按 60% 考虑,则每天发电 28.8kW·h,一年大约为 10512kW·h,按照我国目前市售电价约 0.5 元/kW·h 计算,则相当于每年发电产生 5256 元的收益,考虑到实际系统的耐久性能劣化和维护费用,则采用新能源方式供电可以与传统能源在价格上展开竞争,如果考虑到采用太阳能发电每年减排的温室气体量,则对于采用太阳能发电的用户给予一定的新能源补贴是合理的。由此可见新型的能源方式除了需要技术上继续进步以外,还需要采用工程全寿命周期的分析方法解决用户关心的问题。

20 世纪 70 年代石油危机导致当时更加关注能源方面的长期分析,但进入 20 世纪 80 年代以后,国际关注的焦点逐渐从能源问题转变为全球环境问题,这背后有多方面的深刻原因:人类对于能源尤其是化石燃料需求的激增导致地球温室效应增加,全球气候剧烈变化,自然灾害显著增加等现象如同多米诺骨牌一般依次出现。这些引起了学界和政界人士对于人类社会未来命运的严重担忧,如汽车等工业产品或者体系的多目标评价标准包括经济成本指标、社会心理成本指标以及环境成本指标日益受到社会重视。1990 年在美国佛蒙特州举行的环境毒理与化学协会(Society of Environment Toxicology and Chemistry,SETAC)会议上,与会者正式提出了"全寿命周期评价"(life cycle assessment,LCA)的概念。SETAC 对 LCA 的定义为:通过对能源、原材料的消耗及"三废"排放的鉴定及量化来评估一个产品、过程或活动对环境带来负担的客观方法。SETAC 对 LCA 的定义过于抽象,通常对 LCA 的定义可以理解为:分析和评价一种产品、生产工艺、原材料、能源或其他某种人类活动行为的全过程(包括原材料的采集、加工、生产、包装、运输、消费和回收再利用以及最终处理)对资源和环境的影响。SETAC 在 LCA 的发展过程中起到了关键作用,其先后组织出版了关于使用 LCA 应用的实践指导手册[7-10]以及 LCA 简化使用方法的建议[11],并对房屋建筑工程的全寿命周期研究给予了关注[12]。2002 年联合国环境署与 SETAC 共同发起成立了 LCA 研究的倡议,近年全球制造业转移至东亚/东南亚地区后,对于地区乃至全球的资源、能源、环境都产生了长期的影响,对如何应用 LCA 的思想和方法来应对人类发展中面临的此类挑战问题格外给予重视。

以往关注产品 LCA 结果的往往是公司市场销售部门,因为销售部门期待可以通过宣传产品的环保效应来获得可观的销售收益,但同时产品的制造部门或环境部门也面临着如何将产品的 LCA 结果转化为可以宣传的产品卖点的难题,这些部门面临着缺乏清晰的研究目标和意图来开展产品 LCA 的困扰。现在围绕产品可持续性研究渐渐引起了众多公司的重视,其中的 LCA 仅被作为产品对于环境影响的一个核心监测性指标来使用,这样就使 LCA 研究一下子变得清晰和明确了很多。据麻省理工斯隆管理学院 2012 的调查显示,70% 的经理人都将产品的可持续性作为公司产品研发中的固定研究项目,报告同时显示了产品可持续性研究正在变为一项可以创造产品增值的工具而不再仅仅作为节约成本的手段。

随着人类文明的发展、技术的进步，无论是社会结构还是技术细节都日趋复杂，对于所有这些现象如社会组织、技术发展的可持续性问题都成为关注的焦点问题，可持续性问题最终反映的就是全球生态环境问题，而人类建设的各类工程尤其是土木工程由于规模大、消耗能源资源高、在役使用期长、温室气体排放量多，自然成为 LCA 研究的重点领域。LCA 在需求比较决策中特别有用，这就凸显出 LCA 在解决长期可持续性问题中具有重要的分量。

1.2 工程全寿命周期综合性能评价的组成

以往我国工程界和学术界过于强调对于工程项目初始经济成本的考核，这一类经济性考核通常具有两个重要的特点：首先对于工程项目之间的经济成本比较，重点放在了工程项目从设计、建设施工到完成交付使用阶段的比较，这一阶段通常持续时间相比较工程全寿命周期要短得多；其次对于不同工程项目设计方案之间的优劣比较，重点放在了直接性经济成本比较，忽略了工程建造、使用和报废拆除阶段所导致的温室气体排放长期影响，地处地震高烈度地区的工程全寿命周期地震成本影响，工程在建造阶段和长期使用阶段产生或受到周边噪声、污染等导致的对居住或使用者造成的社会损失影响。对于不同工程项目设计方案的优劣比较，仅仅核算工程建造完成阶段的经济性成本的话，在当前世界面临温室气体排放量逐渐逼近地球生态圈的承受极限、全球性的气候灾害不断增加、各国政府下决心摒弃旧有经济发展模式而提出"2030 碳达峰、2060 碳中和"的宏观大背景下，就显得不合时宜并且无法适应未来发展新形势的需要。

工程全寿命周期研究需要结合具体的工程项目或工程产品来开展分析和研究，如土木工程、机械工程、电子工程产品等，而单土木工程就有十几个分支，如建筑工程、桥梁工程、港口工程等，其中建筑工程与人类的居住、工作关系最紧密，同时也是最大的单一温室气体排放来源行业。建筑工程作为工业化社会中一类特殊的工业化产品，由于其工程体量巨大、持续时间长、涉及上下游产业链众多、耗费人力和物力巨大而备受社会各界的高度关注。以我国建筑工程行业为例：1952 年，全国建筑业完成总产值 57 亿元。2018 年，全国建筑业完成总产值 2.35×10^5 亿元，约是 1952 年的 4000 倍，占全国当年国内生产总值的 1/4。2018年，城镇居民人均住房建筑面积 39m^2，比 1978 年增加 32.3m^2；农村居民人均住房建筑面积 47.3m^2，比 1978 年增加 39.2m^2。2020 年国内水泥产量 23.8 亿 t，生铁产量 8.88 亿 t，粗钢产量 10.53 亿 t，钢材产量 13.25 亿 t，平板玻璃产量 9.5 亿重量箱，陶质和瓷质砖产量 101.6 亿 m^2，钢化玻璃产量 5.3 亿 m^2，中空玻璃产量 1.4 亿 m^2，主要建材已连续多年位居全球各国产量之首。截至 2020 年，我国的城镇化率达到 60%，全国建筑业房屋建筑施工 149 亿 m^2，建筑业从业人员超过 4000 万人。

由以上数据可知，建筑业涉及面广，消耗能源巨大，所以建筑工程被认为是导致全球温室气体(greenhouse gas，GHG)激增的关键因素。根据联合国环境公约的统计数据，在世界范围内，建筑房屋消耗了全球 40% 的初级能源和原材料，排放出全球 1/3 的温室气体[13]。建筑房屋温室气体排放不仅仅来自于建设期间的各类原材料采掘、制造和安装过程，更多地来自于建筑房屋投入运营后的长期性温室气体排放,这凸显了对于建筑工程全寿命周期环境性能开展评价的重要性。

而建筑房屋是坐落于地面上的,在长期的安全使用过程中不可避免地会受到地球自然环境的影响,其中地震对于房屋的影响不可忽略。尤其我国地处欧亚板块与太平洋板块交界,自古就是一个地震频发的国家,进入21世纪以来无论地震的强度还是频次都有增加的趋势,仅 M_s7.0级以上大地震就发生了十几次,每一次都造成重大的人员财产损失。如2008年5月发生在我国四川的汶川大地震(M_s8.0)强度高、所造成的破坏严重,这次地震共造成近7万人丧生、数十万人受伤,累计受灾人口4000多万人,有数百万间房屋倒塌,造成的直接经济损失高达数千亿元,间接和不可量化的损失更难以估计。根据四川省政府2012年统计投入的重建费为 1.7×10^4 亿元,保险只赔付了16.6亿元,其余只能依靠中央政府的巨额经济援助,给国家和社会造成沉重的负担[14]。在国际上,地震巨灾保险赔款一般占到灾害损失的30%～40%,可大大减轻政府的财政负担。而完善的地震保险政策的出台核心是确定不同地区的地震巨灾保险费率,这必须建立在工程全寿命周期地震成本研究的基础上。当前我国的工程全寿命周期地震成本研究还处于探索阶段,2014年3月11日,中国保监会主席项俊波在第十二届全国人大会议期间表示:"在我们国家建立巨灾保险制度非常重要也非常紧迫,82%的人民群众支持建立我国的巨灾保险制度,建立完善的适合我国国情的巨灾保险制度是一个世界级的难题。"

当然建筑的主要目的之一在于营造出一个相对舒适的物理空间环境供人们居住生活。近年来随着我国高层住宅的大量建造,很多城市都呈现出高层建筑群密集排列、片面追求容积率等经济利益而忽视了对于维护良好居住物理环境(降低噪声、光照充足和空气流通)重要性的全面人文考虑。当居民密集入住后,来自于建筑周边以及房屋上下楼、隔壁邻居之间的噪声问题越来越严重影响了广大居民生活、休息质量,对人们的身心健康造成了较为严重的损害。与此同时,近年来随着工业化的发展,我国大城市冬季雾霾问题持续影响当地居民的身心健康。以上均导致居民体质下降、心理负担加重、工作效率降低、医疗费用增加,所有这些问题都可以理解为居住于大型建筑群中的居民在居住过程中因建筑的各类问题(如坐落的位置朝向、设计施工缺陷、建筑内部的空气流通不良等)而受到的身体、心理不良影响,这些问题就可以理解为建筑的社会成本问题。建筑全寿命周期社会成本是一个较为复杂的问题,同时也是一个新的领域,以往在国内很少有人研究这个领域,但这一类问题涉及面广并且近年来影响程度越来越严重,因此本文尝试对此开展初步的探讨。首先,建筑全寿命周期社会成本涉及两个重要的概念,第一为建筑工程全寿命周期,关于全寿命周期的概念在前面已有较详细的叙述,此处不再赘述;第二为社会成本,这里突出强调了建筑与社会、建筑与自然环境之间的内在关联性,强调建筑的存在不是孤立的,应该在建筑的规划、设计、建造、运营和报废、拆除全过程贯彻建筑是为人服务的,它是自然环境的有机部分,评价建筑的全寿命周期成本不应该只包括建筑的经济成本,应该反映出建筑的社会属性,特别是在我国作出"2030碳达峰、2060碳中和"的庄严承诺后,如何构建人类命运共同体,如何构建可持续化社会发展模式已经成为各国政府的重要责任。

综上所述,工程全寿命周期综合性能评价的组成如图1.1所示。

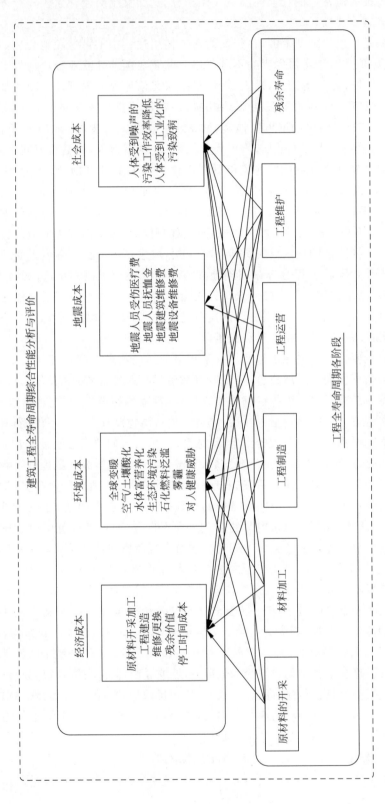

图 1.1　工程全寿命周期综合性能评价组成

1.3　工程全寿命周期性能评价的原则、措施和意义

工程全寿命周期研究自 20 世纪 70 年代石油危机后就初现端倪,在 20 世纪 90 年代 SETAC 正式提出了 LCA 概念后,积极推动 LCA 的实际应用。应该承认以往数据来源完整性和准确性的欠缺和实际应用于各个专业的应用软件的缺乏一直制约着 LCA 的快速发展,但这些问题随着近十多年来 LCA 领域数据采集范围和精度的不断提高,行业应用软件的不断完善,如在建筑工程领域,SimaPro、Revit、EnergyPlus 等推广使用,已经得到了很大程度的改善。这些软件通过给研究者提供多样化的选择,以更快、更容易和更普遍的方式提高数据质量和使用便利性,从而使研究者在获得 LCA 研究成果的同时,保证数据的质量、准确性和严谨性,不过 LCA 研究过程中获取数据的数量、质量以及数据质量(精确度)和数量之间的平衡始终是一项挑战。

由于在 LCA 研究过程中不可避免地存在对于未来的定性判断,可能影响预测的准确性,LCA 如何确保对结果的信心,这不是简单的问题。事实上,LCA 的结果并不总是被不加批评地接受,通常被接受的前提是有很好的理由来说服客户,而增进客户信心的主要策略是透明度和同行审查,两者都是国际标准化组织(International Organization for Standardization, ISO)极力倡导的方法[15]。

针对全寿命周期的研究,在此说明,有些国内学者在研究中习惯使用全寿命周期分析 (life cycle anlysis)的概念,全寿命周期分析的目的就是评价并获得评价结果,而在国际上,全寿命周期评价活动本身也包含分析的含义,因此全寿命周期分析与全寿命周期评价是一个有机的整体,不可分割。国内外一直存在按照不同的时间跨度或者边界来定义全寿命周期分析类型,一般流行的观点认为大致可分为以下 4 种全寿命周期分析类型:

(1) 从源头到出厂(cradle to gate,C2Ga),这一时间跨度的 LCA 侧重于产品的前期原材料提取到出厂交付用户之前环节所造成的环境影响,可以理解为完整全寿命周期分析的一部分,此类分析重点是甄别对环境友好的原材料和工艺过程;

(2) 从源头到现场(cradle to site,C2S),这一时间跨度的 LCA 同样是完整全寿命周期分析的一部分,该分析针对需要就地取材及现场制造的大型土木工程产品的应用场景,如预制箱梁、预制 T 型梁、混凝土浆砌石护坡等大型构件或就地取材的土木工程产品,由于体形巨大一般都是在工程现场制造或装配完成;

(3) 从源头到末尾(cradle to grave,C2G),这一时间跨度的 LCA 是完整全过程影响评价,研究从原材料的提取、加工、制造、使用以及报废回收全过程对于环境造成的影响;

(4) 从源头到源头(cradle to cradle,C2C),这一时间跨度的 LCA 实际上是标准全寿命周期分析的一种特殊情况,着重于产品的回收再利用环节,通过采用报废回收的固体废弃物、木材等材料来实现产品制造、运营和处理环节环境影响最小化和可持续性。

产品制造特别是工程这一特殊产品的建造,涉及种类繁多的各类建筑原材料来源和各种不同的工艺流程,这一过程在工程全寿命周期的不同阶段会产生大量的环境影响(图 1.2),通过对整个过程的分析有助于我们更加深入地理解工程 LCA 的概念。

标准的工程全寿命周期成本(life cycle cost,LCC)模型由初始成本和未来预测成本构成,如图 1.3 所示,一般认为越早期的工程概念决策和设计对 LCC 的影响越大,因此基于全

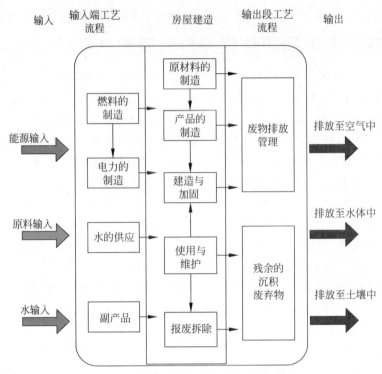

图 1.2 工程全寿命周期环境影响概念图

寿命周期角度历来非常重视开展早期 LCC 概念设计,这被认为是工程 LCC 应用的最大价值之一。通常在工程完成施工图设计之后和开始建造之前的任何变动对于 LCC 影响已甚微。当然如果按照成本的数值比例来区分的话,工程在建造完成交付使用前的所有投入只占 LCC 的约 28%,工程运营、维护和回收等后期阶段则占到 LCC 的约 72%,这一比例针对不同的工程项目会有所变动,但通常变动幅度不大,因此该比例具有指导意义。

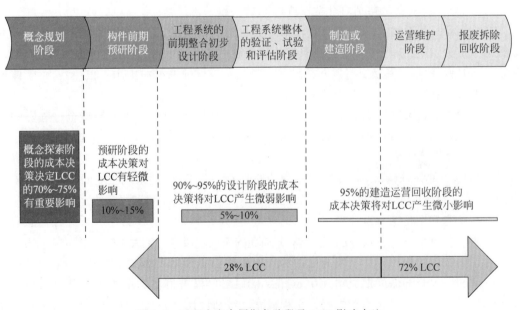

图 1.3 工程全寿命周期各阶段及 LCC 影响占比

开展工程LCA过程中所涉及的方法、工艺流程和工具设备的分析非常重要,它将可以用于评估以下方面:

(1) 在前期概念规划和设计阶段估计各利益相关者的成本以及对环境和人类社会的长远影响;

(2) 提前在系统工程和产品开发过程中进行LCC评估,以减少业主和企业的社会负担和环境责任;

(3) 提前在前期采购中使用最优化条件来控制工程全寿命周期综合成本(经济成本、地震成本、环境成本和社会成本);

(4) 提前协调和确定日常的采购管理行动,便于为管理者提供及时、一致的成本信息;

(5) 提前为项目管理者提供是否进入下一个阶段开发的有价值信息,方便科学决策。

图1.4显示了完整的工程全寿命周期分析、评价和管理过程组成和要求,尽管该图并没有全面涵盖工程全寿命周期的所有细节,但也展示了开展准确的工程全寿命周期分析和评价所需要具备的基本技能和条件。

任何一个项目,不论是采用传统经济性评价还是工程全寿命周期评价,技术人员都面临着不同方案在成本、进度和性能三要素之间的权衡,如图1.5所示,通常好的做法是遵循合理化和结构化的原则,一旦从需求中确定了项目的主要技术特征,那么具体选择所涉及的建造方法、工艺流程和工具设备对于在开发周期的早期准确确定成本和估算实际的工程LCC是至关重要的。

工程全寿命周期成本管理可以理解为识别、分配、管理、跟踪和优化满足工程全寿命周期管理过程中涉及所有利益相关方所需资源的过程,该管理过程以工艺流程为核心,以可准确测量的、有规律的方法为基础,以工程全寿命周期综合成本最优化为目的,以有明确界限的产品功能定义和验收标准为依据,可达到的效果还包括:

(1) 实现与实际风险评估相符合的工程项目成本和进度评估;

(2) 更全面和及时地识别风险因素,从而有效减少工程项目系统风险;

(3) 对项目实施过程中发生的不可预计变更要有时间上和量化的限值控制;

(4) 以给业主交付在工程全寿命周期全过程中可靠性、适用性、实用性、综合性能、可维护性更高的最终产品作为工程LCA的指导原则;

(5) 基于工程全寿命周期概念,综合权衡工程项目远、中、近期的技术、设计、基础设施和运营投资需求;

(6) 越早达成对于未来可能出现的工程问题统一性预测,对工程LCC管理越有利;

(7) 了解工程全寿命周期进展过程中每一个阶段所面对的不同成本要素;

(8) 有利于达成更高效的项目管理;

(9) 有利于提高项目管理组织的声誉。

工程技术人员需要参与从项目的总体概念设计到具体组件和子系统的综合成本(经济成本、地震成本、环境成本、社会成本)分析工作,在这个过程中理解工程综合质量(物理性能、耐久性、环境质量——温室气体排放量、健康质量——对人的健康危害)、全寿命周期管理进度、综合性能与综合风险(物理风险、地震风险、环境风险、能源风险、社会风险)之间的制约关系,理解传统经济性成本与环境成本、地震成本及社会成本之间的制约关系,如地处地震高烈度地区的工程项目,设计和建造方案单纯的经济性成本最优但有可能未来面临较高

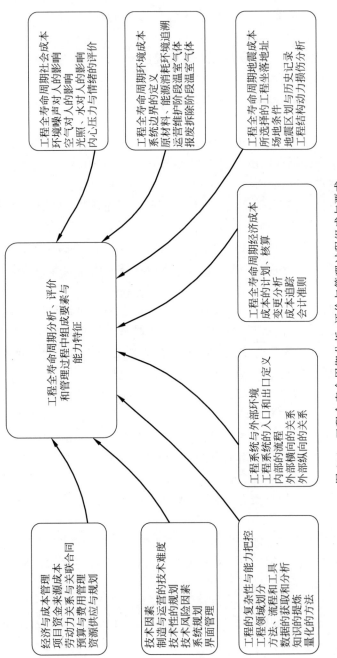

图 1.4 工程全寿命周期分析、评价与管理过程组成与要求

的地震成本、环境成本和社会成本；又或者建造期经济性成本较高的工程设计方案在未来具有较低的地震成本、环境成本。因此作为工程全寿命周期技术人员和管理人员，确保一个工程项目最终可以实现在各国政策划定的红线以内LCC最优化才是重要的，而随着全球温室效应的日益严重，未来世界各国政府对于工程项目环境影响的政策标准只会愈加严格。

整体来看工程全寿命周期管理大致包括三个方面内容：

（1）提前定义项目的需求、期望的综合质量水平、环境影响水平、社会影响水平和预算；

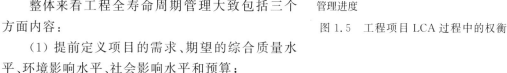

图1.5　工程项目LCA过程中的权衡

（2）确保项目实施过程中的综合风险、技术边界（综合质量、全寿命周期进度和综合性能）与上述水平和预算保持一致；

（3）将综合监控（物理性监控、环境监控、噪声监控、能耗监控）、管理技术边界和综合风险贯穿于工程全寿命周期全过程。

在这样一个快速变革时代，工程全寿命周期研究与管理赋予了工程技术人员更多的使命和挑战。工程技术人员和科研人员不再只是技术专家，他们往往还需要作为更关键的多系统（经济、地震、环境、能耗和社会影响）集成者，人员、技术和流程的多重管理角色。更重要的是他们还需要了解不同创新技术性能、成本管理的局限性在哪里，如何才能与时俱进，随时更新和改正旧的、基于模拟的对于工程LCC的预测，如何准确把握工程地震影响、环境影响、社会影响与传统经济性成本影响之间的权重衡量。建设一个美好的人类世界与维持一个美好的自然世界和谐统一，这也许是所有从事全寿命周期研究的国家、企业、组织和个人的共同心声。

参考文献

[1]　科普大世界.超级寒潮袭击北美洲，美国加拿大几乎为冰雪覆盖，全球变暖是肇因[EB/OL].（2021-02-08）[2021-11-01].https://www.sohu.com/a/451284861_381442.

[2]　参考消息网.北美"热穹顶"现象引发高温警告[EB/OL].（2021-06-29）[2021-11-01].https://baijiahao.baidu.com/s? id＝1703891320963748985&wfr＝spider&for＝pc.

[3]　光明网.数据告诉你：今夏我国旱涝并重极端天气气候事件多发[EB/OL].（2021-09-03）[2021-11-01].https://m.gmw.cn/baijia/2021-09-03/1302550537.html.

[4]　百度百科.4.14玉树地震[EB/OL].（2010-10-17）[2021-11-01].https://baike.baidu.com/item/4.14玉树地震.

[5]　胡聿贤.地震工程学[M].2版.北京：地震出版社,2006.

[6]　百度百科.3.11日本地震[EB/OL].（2022-03-09）[2022-03-10].https://baike.baidu.com/item/311日本地震/7903324.

[7]　BARNTHOUSE L,FAVA J,HUMPHREYS K,et al. Life-Cycle Impact Assessment：The State of the Art［R］. Brussels：Society of Environmental Toxicology and Chemistry,1997.

[8]　KOTAJI S,SCHUURMANS A,EDWARDS S. Life-Cycle Impact Assessment：Striving Towards Best

Practice [R]. Brussels: Society of Environmental Toxicology and Chemistry,2003.

[9] HUNKELER D, SAUR K, REBITZER G, et al. Life-Cycle Management[R]. Brussels: Society of Environmental Toxicology and Chemistry,2004.

[10] UDO DE HAES H. Towards a Methodology for Life-Cycle Impact Assessment [R]. Brussels: Society of Environmental Toxicology and Chemistry,1996.

[11] CHRISTIANSEN K. Simplifying LCA: Just a Cut [R]. Brussels: Society of Environmental Toxicology and Chemistry,1997.

[12] KOTAJI S,SCHUURMANS A,EDWARDS S. Life-cycle assessment in building and construction: a state-of-the-art report [R]. Brussels: Society of Environmental Toxicology and Chemistry,2003.

[13] United Nations Environmental Programme. Towards the Global Use of Life-Cycle Assessment [R]. Paris: United Nations Environment Programme,2000.

[14] 新京报. 四川宣布完成汶川地震灾后重建共花费 1. 7 万亿[EB/OL]. (2012-02-25)[2022-02-01]. http://news. sohu. com/20120225/n335835485. shtml.

[15] International Organization for Standardization. Environmental management life-cycle assessment principles and framework: ISO 14040: 2006[S]. Geneva: International Organization for Standardization,2006.

第2章

工程地震风险性及在全寿命周期中的应用

近年来世界各地强震灾害不断,如 2008 年中国汶川地震(M_s8.0),重建费用高达 1.7×10^4 亿元[1]。2015 年 4 月 25 日尼泊尔地震(M_s8.1)重创当地社会经济,逾 8000 人死亡,2 万多人受伤[2];2018 年 9 月 28 日印尼帕卢地震(M_s7.4),造成 2000 多人死亡,近 20 万人无家可归,6.5 万座房屋被地震损坏[3]。强烈的地震总是对当地的经济、社会和环境造成广泛的直接或间接的破坏,震后满目疮痍的家园恢复到当初完好的状态需要付出巨大的财力和物力。

因此建筑结构除了面临长期的环境影响因素外,一些来自于大自然的瞬间破坏如地震、台风、洪水、海啸等对于土木工程安全性的影响更加突然且破坏力巨大,人类已经将这类自然因素定义为自然灾害。随着人类社会经济的飞速发展,大的城市群落、工业重心和人口越来越朝着沿海平原地区聚集,如果这些地区又地处地震活动带上,那么坐落于这些地区的居民和所居住的各类建筑群将面临巨大的长期安全性压力。

进入 21 世纪以来,人们借助于高速计算机进行的现代结构分析有限元方法计算,正在将结构动力学研究逐步推进到成熟和精确化时代,这一切都为土木工程在抵御自然灾害方面的研究奠定了坚实的基础。展望未来在技术性方面结构动力学的发展将更加深入,新材料和新结构单元将得到更广泛的使用,比如用于结构和地基之间的基础隔震器的使用将显著降低地震作用下结构的受力,以及设置于房屋与桥梁的黏滞阻尼器单元,也同样可以减小风或地震输入结构的能量。这些优异的被动消能元件是整个结构通过计算机控制施加在结构上的控制力以抵消外加荷载的主动抗震减震单元的有效补充,这实际上是目前工程前沿领域的结构主、被动智能控制。同时在土木工程的经济性方面也将随之翻开崭新的一页,基于长期各类自然环境因素所导致的建筑结构的 LCC 研究和基于此的巨灾保险研究也将得到蓬勃的发展,其中工程全寿命周期地震成本研究(engineering life-cycle seismic cost assessment,ELCSC)是重要的部分。

2.1 基于性能的地震工程方法

工程全寿命周期地震成本研究实际上是基于性能设计思想的重要组成部分,是基于性能的地震工程(performance-based earthquake engineering,PBEE)的必然延续。以前的抗震设计工作都是按照荷载来设计的,结构杆件是按照在一定极限应力水平下的抗力杆件来设计,后来超过弹性强度极限的塑性变形发现可以被允许在强震时发挥重要的消能作用,当然这个过程结构杆件本身也受到了损伤,产生了不可恢复的塑性变形,即我国抗震设计中的"小震不坏,中震可修,大震不倒"原则[4]。然而,过去几十年来工程技术人员逐渐认识到不断增加的结构强度并不能有效提升结构的安全性,也对结构在强震时的抗震性能帮助不大。因此最近 20 年基于性能的设计方法得到了高度重视,基于性能的设计方法(performance-based design method,PBDM)的几个重要步骤包括:性能目标的确定、概念设计、设计评估和经济性评估。其中基于位移的设计思想正是基于性能的设计方法的一种主要形式,由于结构的损伤与位移直接相关,因此基于位移的设计思想就具有其可行性和合理性。

基于位移的设计思想颠覆了基于力的设计思想[5-6],在设计的每一级考虑结构抗震性能目标时都建立一个目标位移,即以位移作为结构性能的控制标准。早期基于位移的设计思想采取等效线性化阻尼水平下的结构目标位移以获取结构的振动周期,然后再用周期来定义结构合理的刚度、强度和延性水平,一些文献对此做了研究,但其中也有一些研究还是采用部分基于力的设计方法[7-8]。紧接着发布的几项规范有了更进一步的规定,1995 年美国加州结构工程协会(Structural Engineering Association of California,SEAOC)的 Vision 2000 提出了对应于四级性能水平的设计概念思想[9],1997 年美国联邦应急管理署(Federal Emergency Management Agency,FEMA)的 FEMA 273 列出了对应于不同风险水平的结构性能标准[10];而美国应用技术委员会(Applied Technology Council,ATC)的 ATC-40 准则重点研究了 FEMA 273 准则中基于性能的设计评估方法[11],该准则采用了静态非线性分析的方法来评估结构的抗震能力谱和需求谱,并以此简化方法进一步研究得到结构的易损性。

结构的损伤参数实际上是与结构的性能水平紧密相关的,不同级别的损伤水平对应不同级别的性能水平,如图 2.1 所示 Vision 2000 报告中地震风险度水平(hazardous level,

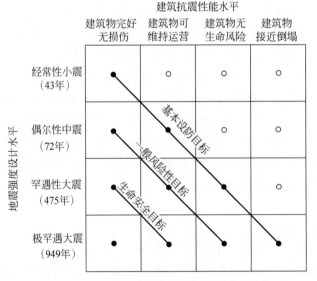

图 2.1　Vision 2000 推荐的房屋地震性能指标

HL)包括经常性小震水平(地震回归期为 43 年)、偶尔性中震水平(地震回归期为 72 年)、罕遇性大震水平(地震回归期为 475 年)、极罕遇性大震水平(地震回归期为 949 年),对应的地震发生超越概率分别为 50/30(即 30 年内 50% 的超越概率)、50/50、10/50、10/100,设计人员和业主可以根据建筑结构的重要性选择不同的 HL 作为设计准则。

实际的基于性能的设计思想中结构损伤水平是概率分布的,相关性能目标的损伤水平描述见表 2.1。

表 2.1　基于性能目标的损伤水平分级描述

步骤	描　　述	概　　念	相关过程
第Ⅰ步	定义与不同性能水平相关的损伤水平	在设计的开始需要确定反映不同损伤水平的性能限值	定量描述损伤,定义和确定损伤参数和性能限值
第Ⅱ步	定义包括基于性能的地震工程架构的性能限值	考虑到相关的不确定性,设计的过程应该是基于不同参数的概率表达	风险性、结构和损伤等的概率表达
第Ⅲ步	采用不同的可以定量评估结构损伤的抗震性能评估技术	评估中的关键一步是对计算出来的性能值与起始设定的目标值进行对比	发展不同的非线性分析方法包括静态、动态、增量等多种分析方法以正确地评估结构的损伤

2000 年美国太平洋地震工程研究中心(Pacific Earthquake Engineering Research Center,PEER)提出了 PBEE[12],该方法改变了以往单纯聚焦于研究结构/构件短期一次性动力响应过程的局限,而将结构/构件的研究时间跨度扩展到整个工程设计使用期,从而揭开了工程地震灾害损失研究的新起点。该方法通过将研究中的一系列条件概率整合来预测结构地震损失的不确定性并进一步进行系统性能的概率预测,整个方法架构大致包含四大部分:地震风险性分析、结构动力计算分析、结构损伤分析和结构损失评估。不确定性贯穿于分析方法的每一步,如图 2.2 所示。

地震风险性分析通常需要考虑地震发生时的场地周边地质条件和历史地震记录等背景因素,包括当地的地震断裂带,当地已有地震发生强度-频率记录、场地条件等,评估地震对于结构的地震风险性,还需要考虑建筑物的坐落位置、建筑结构类型。地震风险度曲线表示了对应于不同抗震设防水平的地震荷载的年平均超越概率。地震荷载通过地震强度参数(intensity measure,IM),如对应于结构第一自振周期的弹性谱加速度 $S_a(T_1)$,来表示分析过程中可以选择对应于 50 年内 10%、5% 和 2% 超越概率的地震时程记录。

PEER 将谱加速度 S_a 作为地震风险性研究中的重要指标,建立了对应于不同场地风险性的设计地震时程荷载选择的方法,对于地震强度、震中距和可能的其他参数均给予了考虑。

在结构动力分析过程中,研究人员需要建立结构的非线性有限元模型,建立结构在不同地震荷载激励作用下的工程需求参数(engineering demand parameters,EDPs),结构的 EDPs 包括杆件的内在力、结构局部或整体的变形,结构分析过程中需要考虑到结构质量、阻尼以及力-变形特征量的随机性。

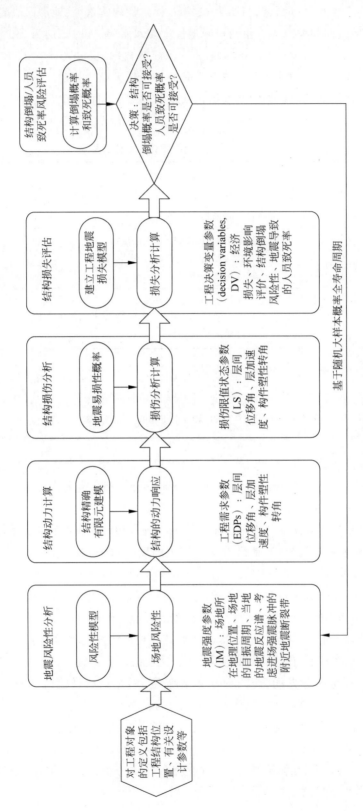

图 2.2 PEER 提出的基于性能的地震工程方法

2.2　基于我国抗震规范的地震风险性分析

地震风险性分析是根据建筑所在地区的地质和地震条件,研究场地类型处于不同风险程度下未来可能遭遇的地震荷载,以评估重大工程结构和关系人民生命与财产安全的生命线工程的抗震设计和抗震能力。

我国幅员辽阔,各个地区之间的地理地质、水文气候、场地土壤、地震活动性等差异巨大,如何针对国内不同地区的巨大地震活动差异性开展工程全寿命周期地震成本的评价工作,需要前期做好不同地区的工程地震风险性具体分析工作。

地震风险性分析的前期基础性工作非常复杂,涉及地壳深部岩石的构成、深部板块构造与运动机制、浅部与深部岩石断裂带成因等,复杂程度远超人类目前的技术。即使人类已经可以往遥远的火星部署无人探测器,但对于脚下的这片地壳却所知甚少。1993 年,苏联几乎倾全国之力投入巨资组织几千名科研人员在与挪威接壤的克拉半岛完成的克拉超深钻井为人类目前达到的最大钻探深度,但也仅有 12262m[13],其中最后的 262m 花费了整整 10 年的时间,从 1983 年持续到 1993 年,而据估计地壳的平均厚度在 17km 左右。这意味着人类目前仍然远远无法钻透我们脚下站立的地壳层,也意味着我们对于地球深部岩石板块构造运动及地震发生的机制仍然未知,因此根据目前已经掌握的地质资料来推测地震发生的风险实际上具有较大的不确定性。

考虑到地震发生机制的复杂性,目前工程界还无法准确预测地震发生的时间、地点和规模,因此目前地震风险性评估方法仍采用依据以往发生地震的平均统计资料来推测未来长时期的地震风险性。

泊松模型具有数学模型简单、分析参数较少、易于结合多震源区的风险性结果的特点,同时更重要的是已经被证明符合某些地区的地震资料,因此成为目前应用最广泛的地震发生模型,该模型可以表示为:

$$P_n(t) = \frac{e^{-\lambda t}(\lambda t)^n}{n!} \tag{2.1}$$

式中,$P_n(t)$ 代表在时间 t 内发生 n 次地震事件的概率,λ 则为平均发生率,在应用此式时只需要估算时间平均发生率 λ 一项就可以计算地震在规定时间内的发生概率,通常以年为时间单位开展计算,进一步就可以算出不同强度地震的年平均超越概率。

在泊松发生模型中,多以长时间的地震资料统计推测地震发生的平均发生率,再进行分析,然而目前很多国家较完整可靠的地震资料只有几十年,而据以预测的大地震重复期长达数百年,仅以目前的地震资料,预测未来的地震发生,将可能由于资料的不完整而造成分析结果的偏差。如可能发生的类似汶川大地震重复期为 300 年,1949 年到目前所收集到的资料只有 70 多年,如在所收集到的资料中,含有大规模地震发生的记录,即以此地震资料进行风险性分析,可能造成高估地震风险性;如果所收集资料中,未含有大规模地震的发生记录,则可能造成低估地震风险性的情况,虽然地震风险性分析结果误差在所难免,然而在地震资料不完全的情况下,如何结合其他相关有用的信息,以增加分析结果的可靠性也是值得探讨的。

Mortgat 和 Shah 等[14-15]于 1979 年依据贝叶斯统计概率理论提出了可结合专家经验知识(先验数据)及实际地震资料(客观数据)等主客观震源信息的贝叶斯分析模型,该模型利用贝叶斯理论中的共轭分布特性,分两个步骤进行主客观数据结合,以求得未来某一时期内地震发生的概率分布,第一步以原文中的推导流程可求得在考虑年限 t 内发生 n 次规模大于规模下界限 m_0(通常 m_0 可取 4.5)级地震的概率为:

$$P_N(n) = \frac{\Gamma(n + \nu'')}{n! \, \Gamma(\nu'')} \cdot \frac{t^n \lambda''^{\nu''}}{(t + \lambda'')^{n+\nu''}} \tag{2.2}$$

$$\Gamma(\nu'') = \int_0^\infty e^{-u} u^{\nu'-1} \mathrm{d}u, \quad \lambda'' = \lambda' + T, \quad \nu'' = \nu' + N \tag{2.3}$$

式中,T 为地震资料收集时间;N 为收集地震资料中,规模大于下界值的地震发生的总次数。相对于 T,λ' 为主观资料相应的等值地震资料时间,并可视为权重效果,当 $\lambda' = T$ 时,表示主客观资料具有相同权重;当 $\lambda' \gg T$ 时,则表示主观资料占主导地位,相较现有地震资料具有更高的可信度。相对于 N,ν' 则可视为主观资料的等值地震发生次数。第二步依原文中的推导流程可求得在发生 n 次地震条件下,某一规模 M_i 地震发生 r_{M_i} 次的概率

$$P_R(r_{M_i} \mid n) = C_n^{r_{M_i}} \left[\frac{\Gamma(\eta''_{M_i})}{\Gamma(\xi''_{M_i}) \Gamma(\eta''_{M_i} - \xi''_{M_i})} \cdot \frac{\Gamma(r_{M_i} - \xi''_{M_i}) \Gamma(r_{M_i} + \xi''_{M_i} - n - \eta''_{M_i})}{\Gamma(n + \eta''_{M_i})} \right]$$

$$\tag{2.4}$$

$$C_n^{r_{M_i}} = \frac{n!}{r_{M_i}! \, (N - r_{M_i})}, \quad \xi''_{M_i} = \xi'_{M_i} + r_{M_i}, \quad \eta''_{M_i} = \eta'_{M_i} + N \tag{2.5}$$

式中,r_{M_i} 为收集地震资料中 M_i 规模地震发生的次数,相对于 r_{M_i},ξ'_{Mi} 可看作主观资料的等值 M_i 规模地震发生的次数,η'_{M_i} 与 ν' 可同视为主观资料的等值地震发生的总次数。由式(2.4)和式(2.5),可推得贝叶斯理论地震发生模式的数学模型为:

$$\begin{aligned}
P_R(r_{M_i}) &= \sum_{n=0}^\infty P_R(r_{M_i} \mid n) P_N(n) \\
&= \sum_{n=0}^\infty \left[C_n^{r_{M_i}} \frac{\Gamma(\eta''_{M_i})}{\Gamma(\xi''_{M_i}) \Gamma(\eta''_{M_i} - \xi''_{M_i})} \cdot \frac{\Gamma(r_{M_i} - \xi''_{M_i}) \Gamma(r_{M_i} + \xi''_{M_i} - n - \eta''_{M_i})}{\Gamma(n + \eta''_{M_i})} \cdot \right. \\
&\qquad \left. \frac{\Gamma(n + \nu'')}{n! \, \Gamma(\nu'')} \cdot \frac{t^n \lambda''^{\nu''}}{(t + \lambda'')^{n+\nu''}} \right]
\end{aligned} \tag{2.6}$$

式中,$P_R(r_{M_i})$ 表示在考虑年限 t 内发生 r_{M_i} 次规模 M_i 地震的概率,而利用式(2.6)可计算结合主客观资料后的各规模地震发生概率。

研究中将我国各地的地震风险性分析研究的着力点,放在了基于我国建筑抗震设计规范的规定构建该地目标反应谱(地震影响系数曲线),筛选产生与拟分析地区相近的已发生地震记录作为代表当地地震风险荷载样本的方法。

我国《建筑抗震设计规范》(GB 50011—2010)[16]中的附录 A 列出了我国主要城镇的抗震设防烈度、设计基本地震加速度和设计地震分组,据此可以根据当地的地震分组、场地类别、场地特征周期情况构建具体分析地区的目标反应谱。选择标准方面包括研究者预期的地震动矩震级强度范围、当地 30m 深度土层的等效剪切波速、5%～95%地震动强度的持续时间、地壳断层类型、震中距等,据此研究者可以通过 PEER 的强震数据库来筛选适合于选择条件的随机地震波,该地震动数据库收录有全世界各地的大量地震记录,提供的地震波数据包括了断裂带法向、平行断裂带的方向和竖向共三个方向的地震波完整数据(图 2.3),并可以供研究者自由下载使用。

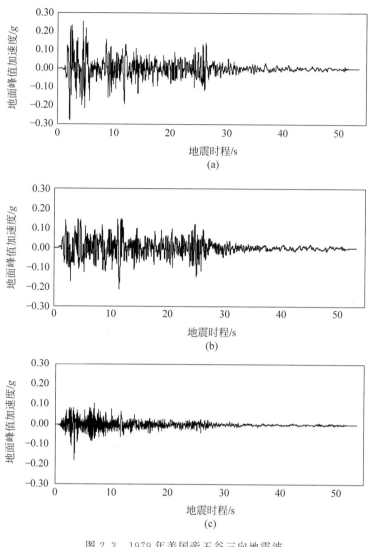

图 2.3　1979 年美国帝王谷三向地震波
（a）法向波；（b）水平向波；（c）竖向波

　　我国地域辽阔，国内不同地区地震统计数据历史较短且均较少对外公开，而震后普查工作需要大量的人力和财力，因此这种研究方法非常适合一些像我国这样的发展中国家采用。

　　在选择对应于房屋设计的一个或多个设计地震谱时，结构工程师需要考虑不同地震风险度水平，表 2.2 为我国三级抗震设防标准和美国应用技术委员会（ATC）推荐的地震频率与地震规模的关系表。

　　从表 2.2 的大、中、小三级抗震设防标准，即国际上的地震风险度水平标准来看，我国的小震标准为 50 年回归期，略低于 ATC-40 的 72 年，即我国的小震设定强度稍小于美国的标准，而中震强度水平两国标准相同，在大震设定上我国为 2/50 的地震风险度水平，而美国 ATC-40 为 5/50，即我国的大震设定强度水平要高于美国 ATC-40 的设定强度水平。

表 2.2 结构抗震风险标准对比表

地震频率	地震规模	ATC-40(1996)[11]		我国的三级抗震设防标准	
		超越概率	回归期/年	超越概率	回归期/年
经常	—	30 年内 50%	43	30 年内 50%	43
偶尔	小震	50 年内 50%	72	50 年内 63.2%	50
较少	中震	50 年内 10%	475	50 年内 10%	475
很少	大震	50 年内 5%	970	50 年内 2%	2475
非常少	—	50 年内 2%	2475	—	—

2.3 地震风险性荷载及其概率的确定

由于我国地域辽阔,域内不同地区的地震风险性荷载差别较大,而地震风险性分析必须依据具体选择的地区来确定,所以本书后几章中所分析建筑均以中国西部宁夏银川地区为默认样本地区。当然依据我国的《建筑抗震设计规范》(GB 50011—2010)附录 A 中主要城镇的抗震设防烈度分组[16],研究者可以在实际计算过程中任选其他地区作为工程全寿命周期地震风险研究的拟选地区。此处仅以银川地区为例说明研究中该地区实际地震风险性荷载的确定过程。该平原为喜马拉雅造山运动期间构造活跃的贺兰山褶皱带与鄂尔多斯地台上升形成的"银川地堑",该地堑南北向长 180km,东西向宽 60km,大致走向为北东 30°,总面积 7790km^2,构造运动一直比较活跃,该地区曾经在 1739 年发生过平罗 M_s8.0 级大地震,在 1920 年 12 月 16 日发生过著名的海原大地震(M_s8.5),这次地震影响范围极广,地表断裂长达 220km,震源深度 29km。地震烈度大于或等于 9 度的地区达到 2 万多 km^2,有感半径约 1500km。该次地震动的竖向分量极其明显,震中区持续时间短促。震中区内房屋几乎全部倒塌[4]。区内有多条北东走向的断裂带,依据《建筑抗震设计规范》(GB 50011—2010),该地区地震烈度为 8 度,设计基本地震加速度值为 0.2g,该地区为新生代形成的断陷盆地,相对周边地势下降,在第三纪时就已形成一个广布的湖盆,出露地层以第四系沉积物为主,第四系沉积土层厚度达 1600m,基础土层以中细砂质土为主,Ⅱ类场地,层位稳定,土质密实均匀,基础土层厚度以银川市罗家庄为中心向东西两向呈地堑式断阶状抬升,其中西陡东缓,土层厚度普遍在数百米到 1000m 之间,土层剪切波速 $V_{30}=150\sim300$m/s,该地地基土物理力学特征见表 2.3[17-19]。场地特征周期选择 0.4s。

表 2.3 该地区地基土物理力学特征

特 征 项 目	最 大 值	最 小 值	标准偏差	参 考 均 值
天然重度/(kN/m^3)	21.00	18.60	0.89	20.00
内摩擦角/(°)	41.00	36.00	2.55	38.00
压缩模量/MPa	39.40	18.40	6.82	30.08
承载力/kPa	340.00	200.00	8.57	254.65
剪切波速/(m/s)	489	221	66	313

依据我国《建筑抗震设计规范》(GB 50011—2010)的规定[16]，不同地震烈度区对应于不同 HL，规范粗略地给出了对应的水平地震影响系数最大值(α_{max})统计平均值，如银川地区的小震、中震、大震 α_{max} 分别为 0.16、0.5 和 0.9。进一步推测在不同 HL 下的 α_{max} 就有一个对应于该地震 HL 的年平均超越概率($\bar{P}_i$)。因此研究中通过非线性回归拟合计算了银川地区地震年平均超越概率-水平地震影响系数最大值($\bar{P}_i - \alpha_{max}$)数据曲线关系，如图 2.4 所示，建立方程式如式(2.7)所示：

$$\bar{P}(DI > DI_i) = \frac{\gamma}{k \cdot \alpha_{max}} + c \qquad (2.7)$$

这里参数 γ 和 k 可以通过 $\bar{P}_i$-α_{max} 数据对回归拟合确定，应用式(2.7)可以得到最佳拟合参数值为 $\gamma = 1.3253$，$k = 2.9771 \times 10^{-2}$，$c = -0.005$，具体 7 组 $\bar{P}_i$-$(\alpha_{max})_i$ 数据对如表 2.4 所示。

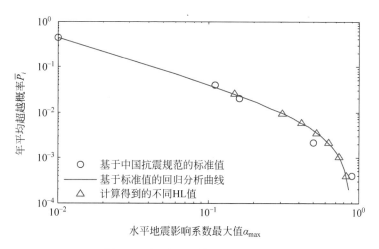

图 2.4　银川地区 $\bar{P}_i$-α_{max} 关系图

表 2.4　全寿命周期地震风险性概率统计表

序列	地震风险度水平(HL)	限值状态(LS)	限值损伤概率(P_i^{DI})/%	年平均超越概率($\bar{P}_i$)	IDA 强度比值因子	水平地震影响系数最大值(α_{max})	平均地面峰值加速度(PGA)/gal
1	72/50	微小 S	1.8100	2.513	1.0	0.148	50
2	38/50	轻度 LI	0.3790	0.951	2.1	0.307	104
3	25/50	轻度 LII	0.2270	0.574	3.7	0.415	184
4	16/50	中度 MI	0.1390	0.348	4.7	0.525	233
5	10/50	中度 MII	0.1070	0.210	6.2	0.627	308
6	5/50	重度 H	0.0626	0.103	7.2	0.739	357
7	2/50	严重 Ma	0.0404	0.0404	9.0	0.824	447

根据得到的 α_{max}、当地的地震分组、场地类别、场地特征周期，就可以生成银川地区基于不同 HL 的地震反应谱曲线，进一步参考 PEER 地震波在线筛选器，依据该反应谱曲线并结合该地区地震地质条件，包括：①该地区的土层剪切波速 $V_{30} = 200 \sim 400 \text{m/s}$；②地震强度大于或等于 5 级；③震中距小于 150km；④强震持时 $DS_{95} = 20 \sim 30\text{s}$，就得到了与该地

区反应谱曲线拟合度高的地震记录数据,所得到的地震波记录均采自于 PEER 强震数据库(PEER ground motion database)。

图 2.5 所示为据此筛选出来的其中一条地震波数据与银川地区 HL 为 38/50 的反应谱对比,可以发现筛选出来的地震波反应谱和 HL 反应谱拟合度较好。实际计算中是通过比强因子 γ_i 来调整地震振动水平,使之适应不同强度的地震 HL。

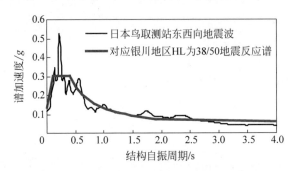

图 2.5　HL 为 38/50 反应谱与选取的地震记录反应谱对比

以下采用 FEMA-350 推荐的地震强度指标[20]应用非线性增量动力分析(incremental dynamic analysis,IDA)评估结构在这 7 级 HL 下的结构损伤响应,该方法考虑了带 5% 阻尼率的目标结构第一自振周期 T_1,对应于每一级 HL,地震记录的反应谱通过与选定地区的目标反应谱 $S_A(T_1,5\%)$ 对比获得该级 HL 对应的比值强度因子(简称"比强因子")γ_i,IM 法在实际应用过程中使用了两种类型的比强因子 γ_i:①通过不同的反应谱比强因子 γ_i 将不同的地震波记录调整至目标结构第一自振周期 T_1 对应的同一个谱加速度值;②对所有地震时程记录采用一个通用的比强因子 γ_i 进行调整。在研究中均用到了这两种类型的比强因子 γ_i。首先选择拟研究地区,确定参数值,然后通过 PEER 强震数据库多参数系统进行筛选,选定与目标地区拟合度高的地震波记录,将筛选出来的地震记录通过反应谱比强因子与目标反应谱 $S_A(T_1,5\%)$ 对比,修正后的地震记录即为对应于该 HL 的地震波荷载数据;然后,通过比较不同地震 HL 之间比强因子之间的差异,可以确定出不同 HL 之间的通用比强因子,此时应用通用比强因子就可以将所有地震波荷载数据在不同地震风险度水平之间转换,达到应用于不同 HL 计算的目的。

通过这一分析计算过程,就可以获得对应于全部 7 级 HL 下的转换后的实际计算分析地震时程波。当然,用于分析计算的地震时程波可以来自于实际地震记录,也可以采用随机人工地震波,为了尽可能提高分析计算的可靠性,研究中采用了实际地震记录作为分析地震荷载的来源,这些地震记录采集自全世界各地地震频发的高烈度地区,由于是实际发生过的地震,并且地震发生处的地基地质条件和地震波特性与本次选定地区接近,因此具有很强的代表性。同时参考 FEMA-350 的推荐,本书并没有采用完全随机的任意角度方向的地震波,而是采用 100% 的东西向地震荷载和 30% 南北向地震荷载的组合值作用于结构上来评估对应于每一级 HL 的极限承载力。图 2.6 所示为依据上述方法得到的与该地区地震反应谱相拟合的实际地震记录反应谱曲线,每一级 HL 选出 8 条地震记录,合 7 级 HL 共 56 条地震波记录,分为东西向和南北向两组,此处列出原始地震波特性值详见表 2.5～表 2.7。

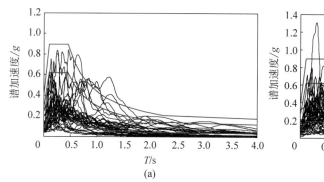

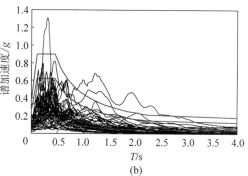

图 2.6　研究中选取的地震记录反应谱

（a）东西向；（b）南北向

红线 HL 从上至下分别为：2/50，10/50，63/50

表 2.5　第一组 20 条地震记录特征值

地 震 台 站	阿里亚斯强度（Arias intensity）	乔纳-玻尔距离（R_{jb}）/km	断裂带垂直距离（R_{rup}）/km	记录角度（log /trans）/(°)	地震持时（duration）/s	纵向地面峰值加速度（PGA_{log}）/g	横向地面峰值加速度（PGA_{tran}）/g	剪切波速（V_{30}）/(m/s)	断层类型（fault rupture）[a]
中国台湾集集地震-01 1999（$Mw=7.62$）									
HWA059	0.4	44.89	49.15	000/090	90	0.14	0.12	208.56	RO
TAP	0.1	98.3	100.02	000/090	60	0.06	0.042	235.82	RO
TAP006	0.3	104.16	105.66	000/090	115	0.1	0.07	184.77	RO
TAP095	0.5	107.8	109	000/090	124	0.14	0.095	206.24	RO
中国台湾集集地震-02 1999（$Mw=5.9$）									
CHY036	0.0	57.64	58	000/090	70	0.077	0.12	233.14	R
TCU110	0.1	40.03	40.55	000/090	63	0.06	0.052	212.72	R
中国新疆伽师地震 1997（$Mw=5.93$）									
伽师（Jiashi）	0.2	17.9	37.26	000/270	60	0.12	0.14	240.09	N
美国科林加地震 1983（$Mw=6.36$）									
公园地-乔莱姆 2WA	0.2	43.83	44.72	000/090	53.8	0.1	0.11	173.02	R
公园地-乔莱姆 3W	0.2	44.82	45.7	000/090	53.8	0.1	0.08	230.57	R
公园地-乔莱姆 5W	0.3	47.88	48.7	270/360	53.8	0.14	0.14	236.59	R
公园地 3 区	0.7	36.14	37.22	000/090	53.8	0.14	0.151	211.74	R
公园地-金山 1W	0.3	35.04	36.15	000/090	53.8	0.12	0.065	214.43	R
新西兰达菲地震 2010（$Mw=7.0$）									
佩其路庞平站	1.3	24.55	24.55	180/270	54	0.2	0.22	206.0	SS
TPLC	1.5	6.11	6.11	117/207	73	0.3	0.2	249.28	SS
意大利富瑞立-01 地震 1976（$Mw=6.5$）									
科卓站	0.1	33.32	33.4	000/270	39.97	0.06	0.09	249.28	R
意大利富瑞立-02 地震 1976（$Mw=5.91$）									
科卓站	0.0	41.37	41.39	000/270	33.67	0.03	0.02	249.28	R
霍里斯特-01 地震 1961（$Mw=5.6$）									
霍里斯特市厅	0.2	19.55	19.56	181/271	40	0.06	0.1	198.77	SS
霍里斯特-02 地震 1961（$Mw=5.5$）									
霍里斯特市厅	0.1	17.2	18.08	181/271	87	0.06	0.07	198.77	SS
霍里斯特-04 地震 1986（$Mw=5.45$）									
霍里斯特 3 号站	0.2	13.11	14.11	255/345	82	0.1	0.9	215.51	SS
美国加州帝王谷-02 地震 1940（$Mw=6.95$）									
埃尔森特罗 9 号站	1.6	6.09	6.09	180/270	53	0.28	0.2	213.44	SS

a. 断层类型：平移断层（SS）、正断层（N）、逆断层（R）、斜向滑动断层（RO）。

表 2.6　第二组 20 条地震记录特征值

地震台站	阿里亚斯强度 (Arias intensity)	乔纳-玻尔距离 (R_{jb}) /km	断裂带垂直距离 (R_{rup}) /km	记录角度 (log /trans) /(°)	地震持时 (duration) /s	纵向地面峰值加速度 (PGA_{log})/g	横向地面峰值加速度 (PGA_{tran})/g	剪切波速 (V_{30})/ (m/s)	断层类型 (fault rupture)
美国北岭-01 地震 1994(Mw=6.69)									
卡森沃特站	0.2	45.44	49.81	180/270	40	0.09	0.09	160.58	R
唐尼-波奇戴尔	0.3	45.68	48.87	090/180	35	0.14	0.16	245.06	R
河门港海军站	0.2	47.58	51.78	090/180	40	0.1	0.085	248.98	R
圣费尔南多地震 1971(Mw=6.61)									
卡本峡谷大坝站	0.1	61.79	61.79	130/220	40	0.07	0.07	235.0	R
苏波戴森山 1 号站地震 1987(Mw=6.22)									
帝王谷外德莱克-雷克站	0.3	17.59	17.59	090/360	30	0.12	0.12	179.0	SS
苏波戴森山 2 号站地震 1987(Mw=6.54)									
韦斯莫兰火站	1.2	13.03	13.03	090/180	60	0.18	0.22	193.67	SS
墨西哥维多利亚地震 1980(Mw=6.33)									
奇滑站	0.4	18.53	18.96	102/192	27	0.14	0.10	242.05	SS
维多利亚医院站	0.0	6.07	7.27	000/270	27	0.045	0.03	242.05	SS
韦特纳莱-01 地震 1987(Mw=5.99)									
卡森沃特站	0.2	26.3	30.03	180/270	30	0.11	0.10	160.58	RO
港口管理局站	0.1	34.1	37.05	000/090	40	0.05	0.07	230.0	RO
美国北加州-05 地震 1967(Mw=5.6)									
芬代尔市厅站	0.1	27.36	28.73	214/314	93	0.25	0.11	219.31	SS
美国北加州-07 地震 1975(Mw=5.2)									
芬代尔市厅站	0.1	8.2	19.9	214/314	72	0.09	0.08	219.31	SS
美国西北加州-02 地震 1941(Mw=6.6)									
芬代尔市厅站	0.0	91.15	91.22	045/135	40	0.06	0.04	219.31	SS
美国西北加州-03 地震 1951(Mw=5.8)									
芬代尔市厅站	0.1	53.73	53.77	214/314	40	0.11	0.11	219.31	SS
土耳其丹纳地震 1995(Mw=6.4)									
丹纳	2.0	0.0	3.36	090/180	28	0.33	0.28	219.75	N
日本艾韦特地震 2008(Mw=6.9)									
IWT006	0.3	86.78	86.79	000/090	190	0.13	0.12	229.89	R
MYG007	0.4	45.55	45.55	000/090	181	0.14	0.12	166.75	R
MYG008	0.2	60.94	60.94	000/090	153	0.08	0.08	245.00	R
新西兰克里斯彻奇地震 2011(Mw=6.2)									
SLRC	0.2	31.81	31.81	208/298	65	0.1	0.07	249.28	RO
TPLC	0.2	16.6	16.61	117/207	41	0.12	0.1	249.28	RO

表 2.7　第三组 20 条地震记录特征值

地震台站	阿里亚斯强度(Arias intensity)	乔纳-玻尔距离(R_{jb})/km	断裂带垂直距离(R_{rup})/km	记录角度(log/trans)/(°)	地震持时(duration)/s	纵向地面峰值加速度(PGA_{log})/g	横向地面峰值加速度(PGA_{tran})/g	剪切波速(V_{30})/(m/s)	断层类型(fault rupture)
日本中越冲地震 2007($Mw=6.8$)									
柏崎 NPP	5.1	0.0	10.97	001/091	80	0.44	0.35	201	R
NIG008	0.0	81.51	83.31	012/102	112	0.04	0.04	220.65	R
TCG009	0.2	120.1	121.33	006/096	95	0.1	0.06	225.04	R
美国加州帝王谷-02 地震 1955($Mw=5.4$)									
埃尔森特罗 9 号站	0.0	13.78	14.88	000/090	40	0.05	0.044	213.44	SS
日本新潟地震 2004($Mw=6.63$)									
FKS022	0.3	64.25	64.37	000/090	300	0.15	0.13	211.76	R
FKS024	0.1	102.3	102.38	000/090	145	0.051	0.041	234.27	R
NIG008	0.0	83.83	84.28	000/090	120	0.055	0.045	220.65	R
日本鸟取地震 2000($Mw=6.61$)									
HYG016	0.1	95.23	95.24	000/090	140	0.07	0.06	189.16	SS
OKY011	0.5	67.33	67.34	000/090	129	0.14	0.18	212.21	SS
TTR005	0.4	45.98	45.98	000/090	225	0.12	0.18	169.16	SS
EHM007	0.0	143.93	143.93	000/090	120	0.052	0.035	229.54	SS
KGW005	0.1	113.97	113.97	000/090	135	0.08	0.06	211.31	SS
罗马布来塔地震 1989($Mw=6.93$)									
德巴顿桥西端站	0.3	35.31	35.52	267/357	65	0.12	0.14	238.06	RO
艾莫韦尔太平公园 2 号站	0.9	76.87	76.97	260/350	39	0.21	0.25	198.74	RO
霍里斯特市厅	1.1	27.33	27.6	090/180	39	0.21	0.25	198.77	RO
美国摩根山地震 1984($Mw=6.19$)									
霍里斯特市厅	0.2	30.76	30.76	001/271	28	0.07	0.07	198.77	SS
霍里斯特 3 号站	0.1	26.42	26.43	255/345	40	0.08	·0.08	215.54	SS
美国北加州-01 地震 1941($Mw=6.4$)									
芬代尔市厅站	0.1	44.52	44.68	225/315	40	0.11	0.12	219.31	SS
美国北加州-02 地震 1952($Mw=5.2$)									
芬代尔市厅站	0.1	42.69	43.28	044/134	58	0.05	0.075	219.31	SS
美国北加州-03 地震 1953($Mw=6.5$)									
芬代尔市厅站	0.5	26.72	27.02	044/314	40	0.15	0.2	219.31	SS

　　表 2.5～表 2.7 中地震工程领域指标乔纳-波尔地震距离、地震断裂带垂直距离与震源距离的物理概念示意图见图 2.7。

　　基于性能的地震工程概念提出已 20 多年,但具体应用到我国的地震工程研究仍然有较

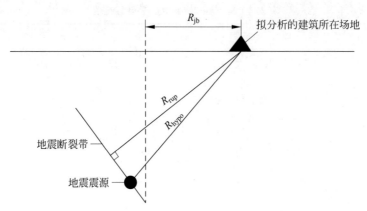

图 2.7 乔纳-波尔地震距离、地震断裂带垂直距离与震源距离示意图

多待商榷之处。研究中探讨了如何结合我国抗震规范具体确定我国各地区的地震荷载及其风险性概率的详细方法,该法较为简单且使用范围广。筛选出来的地震记录均为世界各地已发生地震记录,具有较强的代表性和应用价值,尤其适用于地震历史数据积累少、地域范围广阔的广大发展中国家在开展工程全寿命周期地震风险性分析时采用。这种方法具有适用不同地震烈度地区,所选择地震记录与当地地质构造、岩土层特性符合度高等优点,在我国工程全寿命周期地震损失成本评估中具有广泛的工程应用价值和潜力。

参考文献

[1] 新京报. 四川宣布完成汶川地震灾后重建共花费 1.7 万亿[EB/OL]. (2012-02-25)[2021-02-01]. http://news. sohu. com/20120225/n335835485. shtml.

[2] 百度百科. 4.25 尼泊尔地震[EB/OL]. (2015-06-11)[2021-11-01]. https://baike. baidu. com/item/4. 25 尼泊尔 地震.

[3] 百度百科. 9.28 印尼地震[EB/OL]. (2018-10-14)[2021-11-01]. https://baike. baidu. com/item/9. 28 印尼地震.

[4] 胡聿贤. 地震工程学[M]. 2 版. 北京:地震出版社,2006.

[5] SAFAR M, GHOBARAH A. A simplified Deformation-Based Seismic Vulnerability Assessment Approach[C]. Geneva: First European Conference Earthquake Engineering and Seismology,2006.

[6] SAFAR M,GHOBARAH A. Inelastic Response Spectrum for Simplified Deformation-Based Seismic Vulnerability Assessment [J]. Journal of Earthquake Engineering,2008,12(2): 222-248.

[7] PALERMO D, VECCHIO F J. Compression Field Modeling of Reinforced Concrete Subject to Reversed Loading Verification[J]. ACI Structural Journal,2003,100(5): 616-625.

[8] ROSSETTO T. Vulnerability Curves for the Seismic Assessment of Reinforced Concrete Building Populations[D]. London: Department of Civil and Environmental EngineeringImperial College,2004.

[9] SEAOC Vision 2000 Committee. Performance Based Seismic Engineering of Buildings Conceptual Framework[R]. Sacramento: Structural Engineers Association of California,1995.

[10] Building Seismic Safety Council. FEMA 273: Guidelines for the Seismic Rehabilitation of Buildings [R]. Washington D. C: Federal Emergency Management Agency,1997.

[11] California Seismic Safety Commission. ATC-40 Report: Seismic Evaluation and Retrofit of Concrete Buildings[R]. Redwood City: Applied Technology Council Redwood City California U. S. A,1996.

［12］ PORTER K A. Proceedings of Ninth International Conference on Applications of Statistics and Probability in Civil EngineeringAn overview of PEER's performance-based earthquake engineering methodology［C］. San Francisco：CAIOS Press,2003.

［13］ 科学认识论. 原定 15000 米,钻到 12262 米无奈停止！科拉超深钻孔为何中途而废［EB/OL］.（2022-03-18）［2023-03-20］. https://baijiahao. baidu. com/s？ id＝1727630061605044944&wfr＝spider&for＝pc.

［14］ MORTGAT C P,SHAH H C. A Bayesian Model for Seismic Hazard Mapping［J］. Bull. Seism. Soc. Amer,1979,69（4）：1237-1251.

［15］ CHIANG W L, GUIDI G A, MORTGAT C P. et al. Computer Programs for Seismic Hazard Analysis-A User Manual［R］. Blume：Blume Earthquake Engineering Center Report No. 62,1984.

［16］ 中国建筑科学研究院. 建筑抗震设计规范：GB 50011—2010 ［S］. 北京：中国建筑工业出版社,2010.

［17］ 杨绍端,杜方江. 银川地区粉细砂层地基土承载力特征值试验研究［J］. 工程勘察,2012,4：25-28.

［18］ 黄兴富,酆少英,高锐,等. 银川盆地构造发展：深地震反射剖面揭示浅部地质与深部构造的联系［J］,地质科学,2016,51（1）.

［19］ 马良荣,赵亮,王燕昌,等. 标准贯入试验击数与砂土参数间的统计关系［J］.电力勘察设计,2009,3：5-8.

［20］ SAC JOINT VENTURE. FEMA 350：Recommended seismic design criteria for new steel moment-frame buildings［R］. Washington D. C：Federal Emergency Management Agency,2000.

第3章

动力反应谱分析

3.1　概述

在确定了拟选择地区的代表性地震荷载及其发生概率之后,研究就可以进入到针对不同地区具体的建筑结构开展结构动力损伤分析阶段。针对建筑结构的非线性动力损伤分析,目前世界各国的建筑规范,如美国的国际建筑规范(International Building Code,IBC)、联合建筑规范(Uniform Building Code,UBC)[1-2],都列出了两种基本方法:

(1) 反应谱分析:在该方法中,结构的响应是线弹性的,但时间变量被结构的自振周期或频率取代。

(2) 非线性弹塑性时程分析:在该方法中,结构的时程响应在材料的变形超过屈服应变后直接导致应变的塑性变化,其特点在于上一步及之前所有的应力-应变时程信息和振幅在本步计算中都可以被完全考虑进来。

本章首先讲述反应谱分析方法,在以后章节中进一步探讨非线性时程分析方法,这两种分析方法是目前工程结构动力易损性和工程全寿命周期地震成本计算的基础。

反应谱分析方法是目前地震工程与结构动力分析中重要的分析方法,涵盖范围广且基本准确,其实际上是一种静态分析方法。该方法重点评估结构最大响应,没有考虑时间的因素,因此在计算中减少了时间变量及其响应量,从而极大地减少了所需的计算机内存和后处理量。比如一条地震时长为50s的记录,对应于响应的数字积分为每秒100次,则结构人员研究结构动力响应性能就需要取得整个地震波的时程响应变量值达5000个,而反应谱对应的只有结构最大响应值这一个数值。以反应谱方法的介绍作为入门,可以增强学习者对地震工程概念和结构动力学内涵的理解,也将有助于学习者进一步理解非线性动力分析方法,而这些内容都是分析和计算工程全寿命周期地震成本的必备基础知识。

结构动力学并不是只作为一个简单的技术领域来研究,结构动力学的特点在于满足动力学的规则之后精确分析计算出结构的响应。在结构动力学应用中的基本问题在于解决现实世界的工程抗震设计问题,因此其分析的准确性是第一位的。在结构动力学中通常很难单独依赖工程技术人员的个人经验来解决工程动力学问题,因为每一个工程都是不相同的,而反应谱法提供了一个大致的"工程动力判断",同时其获得的成果还可以应用于其他的工程中。

反应谱分析方法将结构动力学的几部分和结构设计结合了起来,具体叙述如下:

(1)正规化模态法:结构自然振动周期或其对应的自然振动频率和振型在反应谱分析方法的动力响应中是关键的变量,自然振动周期通常也称为自振周期;自然振动频率通常也称为自振频率。因此,结构需要建立为线弹性系统。

(2)阻尼:特定结构体系的阻尼确定是比较困难的,因为实际结构都缺乏结构响应的测量数据,而结构本身又存在非常多的不确定变量,因此,在反应谱分析方法中通常都是对阻尼进行简化处理的,对于每一个正规化的响应模型只需要一个阻尼值就可以了。

(3)地震波:反应谱分析方法表示为结构自然频率和结构所在地的设计地震波的振型分析两部分,反应谱的优势在于对于第一自振周期很短的实际结构动力分析可以采用近似结构模型和估计的地面运动来进行。另外,由于结构体系一般被假定为线性系统,通过结构响应外推得到的数值可以直接表示为新的地震波,节约时间也提高了效率。

(4)计算速度:计算结构自然频率和模态振型需要消耗计算时间,而且一般只需要计算一次,一旦这些结构频率和模态振型被计算出来,就可以重复地在不同地震波和阻尼率值下使用。

综上,反应谱分析主要应用于结构体系的线弹性响应阶段,一旦进入塑性变形阶段,则反应谱分析结果精确性将低于非线性时程分析方法,因此成熟的非线性时程分析显然是优于完备的线性时程分析的,而完备的线性时程分析又是优于成熟的反应谱分析的。不过,由于种种原因,目前实际应用中大量使用的还是成熟的反应谱分析方法,这也凸显出反应谱分析方法的普遍性和基础重要性。

本章首先定义单自由度体系的不同反应谱,然后再讨论设计谱的概念,接着探讨了对应于多自由度体系的基本振型模态和地震波反应谱特征,反应谱的解法进一步扩展为包括两个或更多个正规化模态。

3.2 单自由度体系响应分析

在地震作用下的单自由度体系运动,考虑如图 3.1(a)所示单自由度体系,其承受来自于地面的地震运动,则来自于柱子的弹性力就等于

$$F_s = -k(y(t) - u_g(t)) \tag{3.1}$$

式中,$y(t)$是质量体的绝对位移,$u_g(t)$为地面的绝对位移,如果物体与地面的相对位移表示为$x(t)$,那么$x(t) = y(t) - u_g(t)$,则

$$F_s = -kx(t) \tag{3.2}$$

系统的线性黏滞阻尼力表示为

$$F_d = -c(\dot{y}(t) - \dot{u}_g(t)) = -c\dot{x}(t) \tag{3.3}$$

作用于质量体的外力 $F_e(t) = 0$,质量体的惯性力 $m\ddot{y}(t) = m\ddot{x}(t) + m\ddot{u}_g(t)$,根据牛顿定律可推得

$$\sum F = F_s + F_d + F_e = -kx(t) - c\dot{x}(t) = m\ddot{x}(t) + m\ddot{u}_g(t) \tag{3.4}$$

结构工程人员通过数学上的整理,对应于式(3.4),显然可知

$$m\ddot{x}(t) + c\dot{x}(t) + kx(t) = -m\ddot{u}_g(t) \tag{3.5}$$

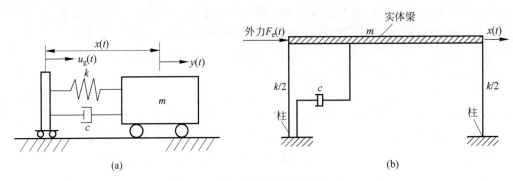

图 3.1　单自由度体系动力响应对比

(a) 地面运动下；(b) 外力作用下

对比在外力 F_e 作用下单自由度体系的运动方程,如图 3.1(b)所示。即作用于质量体的外力被地震力所取代,因此就将对应于外力的结构动力分析转换为对应于地震地面运动的结构动力分析。

通常,地震地面加速度可以表示为 $a(t) = \ddot{u}_g(t)$,因此得[3]

$$m\ddot{x}(t) + c\dot{x}(t) + kx(t) = -ma(t) \tag{3.6}$$

方程两边同除以质量后,得

$$\ddot{x}(t) + 2\zeta\omega_n\dot{x}(t) + \omega_n^2 x(t) = -a(t) \tag{3.7}$$

此处,$\omega_n^2 = k/m$,$2\zeta\omega_n = c/m$,注意惯性力的计算采用绝对加速度乘以质量:

$$m\ddot{y}(t) = m\ddot{x}(t) + m\ddot{u}_g(t) = -kx(t) - c\dot{x}(t) \tag{3.8}$$

而结构的响应计算方法采用的是相对位移 $x(t)$ 和时间的关系,在给定地震地面运动加速度时程 $a(t)$、已知自然频率 ω_n 和阻尼率 ζ 后就可以计算出 $x(t)$ 的相对位移时程曲线,然后最大的绝对响应量就可以从中确定出来,该响应量就被称为单自由度体系对应的谱位移,谱位移通常用 $S_d(\omega_n, \zeta)$、$S_d(T_n, \zeta)$ 或简化为 S_d 来表示,它可以被写为

$$S_d(\omega_n, \zeta) = |x(t)|_{max} = \max |x(t)| = \max[x(t)] \tag{3.9}$$

该绝对值的表示通常采用谱位移曲线形式,其意味着曲线上的所有位移值都是对应于时程曲线上的绝对最大值[4]。

同理,结构质量体的相对速度值 $\dot{x}(t)$ 和绝对加速度值 $\ddot{y}(t) = \ddot{x}(t) + a(t)$ 也可以被计算和表示,每一个频率或周期对应的最大值都被计算出来,这些响应量就被分别称为谱速度 S_v 和谱加速度 S_a,表示为

$$S_v(\omega_n, \zeta) = |\dot{x}(t)|_{max} \tag{3.10}$$

$$S_a(\omega_n, \zeta) = |\ddot{y}(t)|_{max} \tag{3.11}$$

对应于不同的 ω_n 和 ζ,在给定一条地震地面运动时程记录后可以很快计算得到对应单自由度体系的谱位移、谱速度和谱加速度,计算完成后可以将所有的数据统计为图表形式,结构工程上通常将 S_d、S_v 和 S_a 表示为对应于结构自然振动周期 T_n 而不是自然振动频率 ω_n 的形式。

图 3.2 所示为结构工程界最普遍的 1940 年 EI-Centro 地震南北向(NS)地震波时程记录及谱数据指标与对应自然振动周期($\zeta = 0.05$)之间的关系曲线。

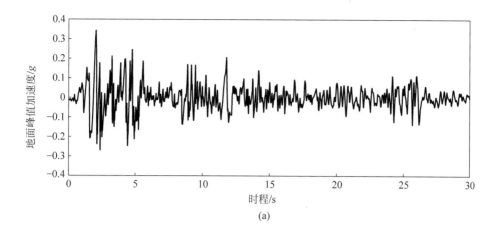

(a)

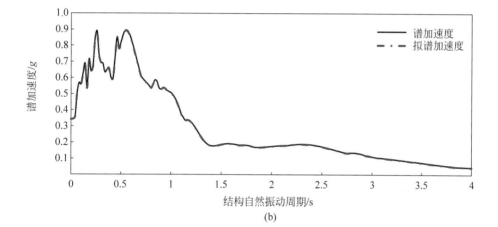

彩图 3.2(b)

(b)

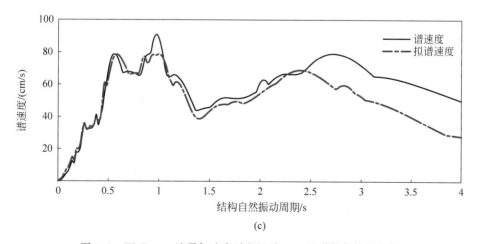

(c)

图 3.2 EI-Centro 地震加速度时程记录（NS）及谱数据指标曲线

（a）EI-Centro 地震加速度时程记录；（b）谱加速度与拟谱加速度曲线；（c）谱速度与拟谱速度曲线；（d）谱位移曲线

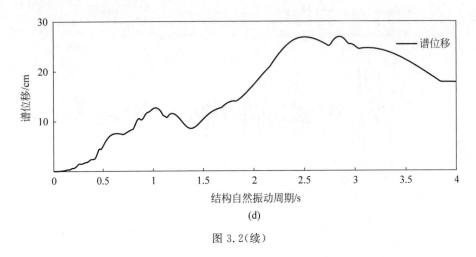

图 3.2(续)

图 3.3 所示为 1940 年 EI-Centro 地震南北向(NS)地震波时程记录的谱加速度-谱位移关系图,该图又被称为双谱图,绘制前需要首先确定无阻尼自然振动周期,然后计算响应的 S_d 和 S_a,最后将不同无阻尼自然振动周期对应的数值点绘于图中即得。

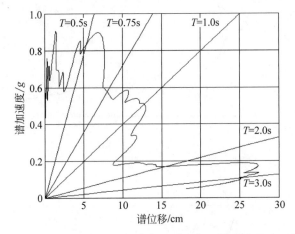

图 3.3　1940 年 EI-Centro 地震记录双谱图(南北向,$\zeta=5\%$)

另外两个在结构工程中常用的方程为拟谱速度 S_{vp} 和拟谱加速度 S_{ap},这两个方程均通过谱位移计算得出,可以表示为

$$S_{vp}(\omega_n,\zeta)=\omega_n S_d(\omega_n,\zeta) \tag{3.12}$$

$$S_{ap}(\omega_n,\zeta)=\omega_n S_{vp}(\omega_n,\zeta)=\omega_n^2 S_d(\omega_n,\zeta) \tag{3.13}$$

当结构系统的阻尼为零时,谱加速度和拟谱加速度之间存在着特殊关系。为了表示出这种关系,回顾式(3.8),方程两边同除以结构质量后得

$$\ddot{y}(t)=-2\zeta\omega_n\dot{x}(t)-\omega_n^2 x(t) \tag{3.14}$$

特殊情况下当阻尼为零时,式(3.14)就变为

$$\ddot{y}(t)=-\omega_n^2 x(t) \tag{3.15}$$

从式(3.15)可知最大绝对加速度发生在最大相对位移的时刻,由此

$$S_a(\omega_n,\zeta)=|\ddot{y}(t)|_{\max}=|-\omega_n^2 x(t)|_{\max}=\omega_n^2 S_d(\omega_n,\zeta)=S_{ap}(\omega_n,\zeta) \tag{3.16}$$

这显示出当阻尼为零时,谱加速度值和拟谱加速度值是相等的。

一个地震加速度时程记录,在给定阻尼值后其反应谱值就可以计算出来,而不需要在以后重复进行计算了。如果结构工程人员已知单自由结构体系的自然振动周期 T_n,则质量体与地面的相对最大位移就可以得到

$$\max[x(t)]=S_d(T_n,\zeta) \tag{3.17}$$

相对位移就可以用来计算地震中的最大弹性恢复力:

$$\max[F_s(t)]=\max[-kx(t)]=kS_d(T_n,\zeta) \tag{3.18}$$

结构体的最大绝对加速度为

$$\max[\ddot{y}(t)]=S_a(T_n,\zeta) \tag{3.19}$$

结构体的最大惯性力为

$$\max[F_i(t)]=\max[-m\ddot{y}(t)]=mS_a(T_n,\zeta) \tag{3.20}$$

当阻尼等于零时,最大惯性力就等于最大弹性恢复力,作用于结构基础部位的就是弹性恢复力和阻尼力之和,它在数值上等于惯性力。

考虑单自由度体系,惯性力是作用于质量体上的,通过结构基础部位的作用力保证受力体系的力平衡,通常结构基底部位的作用力被称为基底剪力 V,可写为

$$V=\max[F_i(t)]=mS_a(T_n,\zeta) \tag{3.21}$$

考虑到

$$m=W/g \tag{3.22}$$

式中,W 是结构的总重量;g 是重力加速度。因此式(3.21)又可以写为

$$V=\left(\frac{S_a(T_n,\zeta)}{g}\right)W \tag{3.23}$$

图 3.4 所示为 1999 年台湾地区集集大地震南北向(NS)地震波时程记录,假设单自由度结构带 5%阻尼率,图 3.5～图 3.7 就显示了分别对应 3 个不同自振周期的单自由度体系的相对位移时程响应,从图中可以得到最大位移响应数值分别为 3.94cm,20.88cm 和 16.89cm,再次计算位移响应的位移反应谱如图 3.8 所示,从中分别标注出来了对应于这 3 种不同周期的谱位移值,可见就是对应周期的最大位移值,类似的,还可以计算出该地震时程记录包含这 3 个周期在内的速度反应谱和加速度反应谱,如图 3.9～图 3.10 所示。

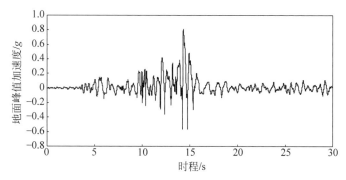

图 3.4　1999 年台湾地区集集大地震加速度时程记录(南北向)

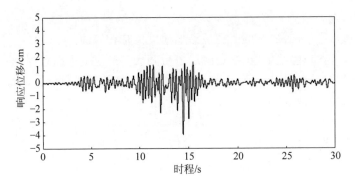

图 3.5　集集大地震单自由度结构位移响应时程(南北向,$T_n=0.3$s,$\zeta=5\%$)

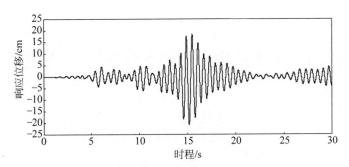

图 3.6　集集大地震单自由度结构位移响应时程(南北向,$T_n=0.6$s,$\zeta=5\%$)

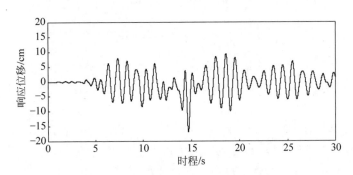

图 3.7　集集大地震单自由度结构位移响应时程(南北向,$T_n=1.0$s,$\zeta=5\%$)

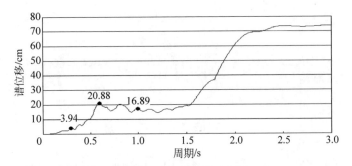

图 3.8　集集大地震位移反应谱(南北向)

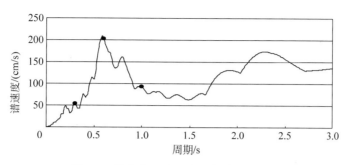

图 3.9 集集大地震速度反应谱（南北向）

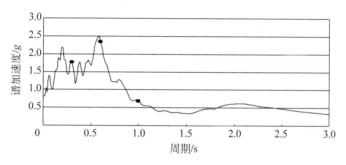

图 3.10 集集大地震加速度反应谱（南北向）

图 3.11 所示为在纽霍尔火灾(Newhall fire)站测得的 1994 年北岭(Northridge)地震南北向(NS)地震波时程记录，图 3.12 所示分别为自振周期为 1s 的单自由度体系在阻尼率分别为 2% 和 5% 的位移响应时程记录，图 3.13 所示为分别对应于 2% 和 5% 阻尼率的位移反应谱对比图，图 3.14 所示为两个不同阻尼率下的双谱图，图 3.15 所示为分别对应于 2% 和 5% 阻尼率的谱加速度值对比图。

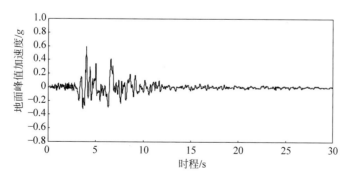

图 3.11 1994 年北岭地震南北向(NS)地震波时程记录

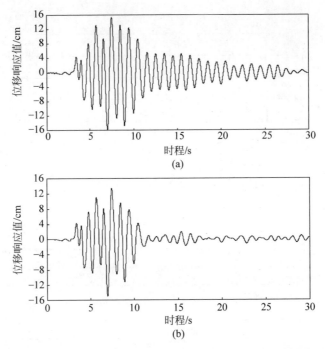

图 3.12 周期 1s 单自由度结构在北岭地震中位移响应时程

(a) $\xi=2\%$; (b) $\xi=5\%$

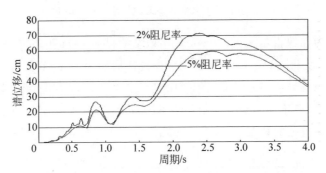

图 3.13 北岭地震不同阻尼率下位移反应谱对比

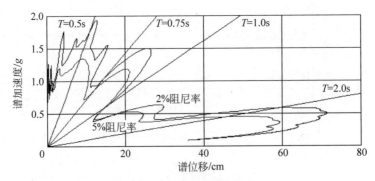

图 3.14 北岭地震不同阻尼率下双谱对比图

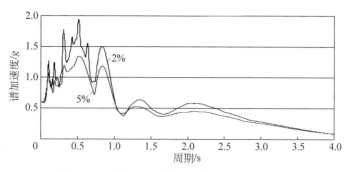

图 3.15 北岭地震不同阻尼率下加速度反应谱

3.3 设计地震反应谱

上节介绍了如何利用地震加速度时程记录计算反应谱,如图 3.15 所示的反应谱图形来看是非常不对称的,在实际应用过程中结构工程人员通常使用的是基于已发生的地震概率考虑的一条平滑反应谱曲线,因此该曲线并不是针对某一特定地震时程记录得到的。

图 3.16 显示了 9 条地震加速度时程记录图,为作者基于分析程序所做的对发生于1997 年 4 月 6 日中国新疆伽师地震(M_s6.6)的加速度时程预测波,这些预测记录参考原地震时程记录,即地震波采自于距震中 9km 的近场地点,如果该地再次发生地震,则这 9 条地震加速度时程预测记录中的 1 条有可能就是实际地震发生的记录波,结构动力分析中可以采用这种方法来考虑结构外加地震荷载的随机性。图 3.17 所示为这 9 条预测地震时程记录带 5% 阻尼率的加速度反应谱。图 3.18 显示了带 5% 阻尼率的加速度反应谱的上限、下限以及平均值的曲线,从图中可见随着无阻尼自然振动周期的增加,平均谱加速度值也在增加,达到一个顶峰后,随着自然振动周期的增加而不断降低并逐渐接近水平。

对于设计地震反应谱的发展或简化的设计谱的理解,首先需要明白设计地震反应谱并不是某一特定地震运动时程的反应谱,它实际上是对许多地震反应谱平滑化后的代表性曲线。经平滑后的估计反应谱一般为假定阻尼率为 5% 的加速度反应谱,通常是由工程地震学者研究使用的。构建设计反应谱要考虑的因素包括房屋所在地区可能发生的地震强度、地震波的传播途径、沿传播途径土质的性质以及其他地质因素,因为地震反应谱的强度无法准确估计,所以对应于自振周期的加速度谱值也是任意变量,对应于某一地区一定强度的设计谱采用一定时间段(如 50 年)内的超越概率(如 10%)来进行构建,这种反应谱就被称为设计谱。

在选择对应于房屋设计的一个或多个设计地震谱时,结构工程师就考虑了不同水平地震的风险,第 2 章表 2.2 列出了我国三级抗震设防标准与 ATC 推荐的地震频率与地震规模的关系。

依据我国的《建筑抗震设计规范》(GB 50011—2010)[5],建筑结构的地震反应谱曲线应根据该地区的烈度、所在场地类别、设计地震分组和结构自振周期以及阻尼比确定,其中阻尼比一般取 5%,图 3.19 显示了位于我国海口地区(8 度设计地震第一组)某三类建筑场地所对应的我国大、中、小震级下的设计反应谱,表 3.1 为大、中、小地震对应于不同周期的加速度谱值对比。

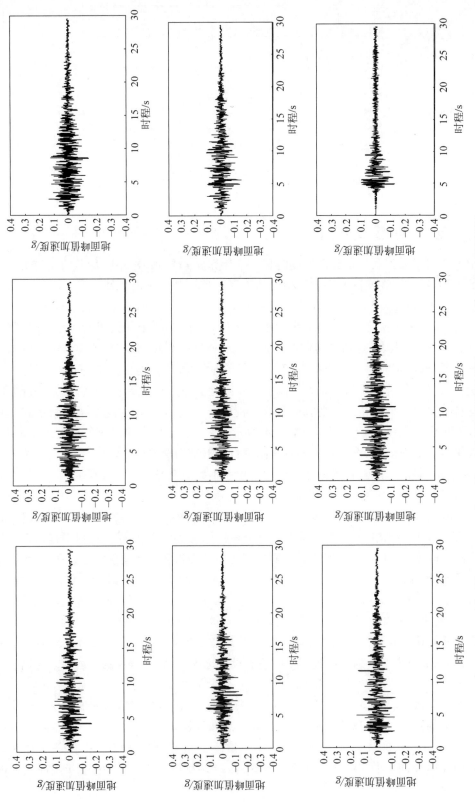

图 3.16　1997 年 4 月 6 日中国新疆伽师地震（M_s 6.6）加速度时程预测波

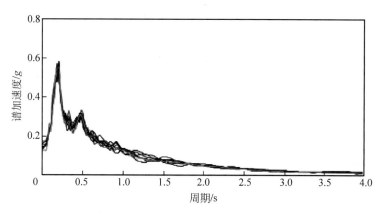

图 3.17　新疆伽师地震(M_s6.6)带 5％阻尼率的 9 条加速度反应谱曲线

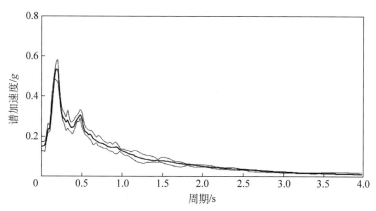

图 3.18　新疆伽师地震(M_s6.6)带 5％阻尼率的加速度反应谱的上限、下限和平均值曲线

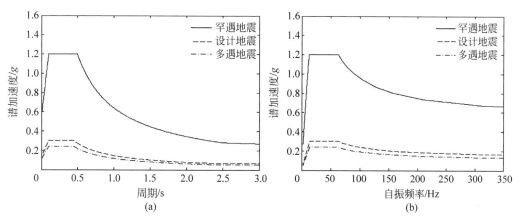

图 3.19　我国海口地区某三类建筑场地设计反应谱

(a) 基于自振周期；(b) 基于自振频率

表 3.1　不同周期加速度谱值对应我国规范大、中、小地震对比表(以海口地区为例)

单位：g

地 震 水 平	自然振动周期		
	0.3s	1.0s	2.0s
小震	0.24	0.117	0.063
中震	0.30	0.146	0.078
大震	1.20	0.643	0.344

设计地震定义中需要确定 3 个变量，第一个变量是房屋的寿命，该指标在房屋设计时即已被确定，比如目前我国规定的房屋设计寿命一般为 50 年；第二个变量是设计寿命中的超越概率；第三个变量是平均回归周期，通常也称为回归周期，它通常表示为大于或等于设计反应谱的年份数，这些指标之间的数学关系为

$$p_0 = 1 - \mathrm{e}^{-(t/T)} \tag{3.24}$$

式中，p_0 为超越概率；t 为设计寿命或服役时间；T 为回归周期。比如我国的中震对应的是在接下来的 50 年内超越概率为 10% 的地震，因此，$p_0 = 0.1$，$t = 50$，将式(3.24)重新整理，可得

$$T = \frac{t}{\ln(1 - p_0)} \tag{3.25}$$

将以上数据代入，可得我国中震的回归期为

$$T = \frac{50}{\ln(1 - 0.10)} = 475 \text{ 年} \tag{3.26}$$

对于地震的超越概率国内外学界和工程界普遍使用的是 50% 和 10%，对于 50% 的超越概率指标选择可能是源于发生和不发生的概率各占一半；对于 10% 指标选择可以追溯到 20 世纪 70 年代，当时的美国结构工程和地震工程人员建立了对于地震风险进行评估的 ATC-3 手册[6]，这对于后来进一步发展美国全国地震风险评估计划中的房屋抗震设计起到了基础作用，10% 反映了小概率发生事件，相当于 1/10 的发生概率。后来随着医学领域和证券经纪领域关于概率的进一步探讨，2% 的超越概率也被引进代表小概率发生事件。因此现在结构工程界普遍使用的 p_0 超越概率指标分别为：0.50，0.10 和 0.02。由于我国为地震频发的国家，小震发生概率相对较高，因此我国《建筑抗震设计规范》(GB 50011—2010)将我国的小震超越概率提高到 63.2%[5]，略高于美国的小震超越概率 50%。

将 p_0 分别代入式(3.25)，可得

(1) 50% 超越概率

$$T = \frac{t}{\ln(1 - 0.50)} = 1.44t \tag{3.27}$$

(2) 10% 超越概率

$$T = \frac{t}{\ln(1 - 0.10)} = 9.49t \tag{3.28}$$

(3) 2% 超越概率

$$T = \frac{t}{\ln(1 - 0.02)} = 49.50t \tag{3.29}$$

在给定超越发生概率和设计寿命期后，式(3.27)～式(3.29)就可以用来计算地震回归期，

注意此处(1/0.02)等于 50,接近式(3.29)中的 49.50。而(1/0.10)等于 10,它也接近于式(3.28)中的 9.49;而(1/0.50)等于 2,显然与式(3.27)中的 1.44 相差较大,可见可以通过(1/p_0)来初步估计地震回归期的数值,但注意 p_0 只有为小发生概率时得到的估计值才是准确的。

比如业主想要控制某一楼层范围内的损伤在一定水平内,最先得到的响应变量一般就是楼层加速度的最大值,假设对该建筑楼层已做过研究,对应于设计损伤控制限值内的最大楼层加速度为 0.5g,业主需要知道对应于设计使用期内的地震强度水平是否超过了房屋中该楼层的最大承受损伤极限,如未来 5 年内有 10% 的地震超越概率,则意味着对应于损伤控制的设计地震回归期为

$$T = 9.49 \times 5 = 47.45 \text{ 年} \tag{3.30}$$

然后结构工程人员可以从地震工程人员那里得到一条对应于 47.45 年回归期的设计反应谱,据此再由结构工程人员计算房屋楼层最大加速度,如果计算出来的最大楼层加速度小于 0.5g,则设计是可以接受的,如果大于 0.5g,则结构需要重新设计以满足业主的设计目标。

还有一个重要的问题是如果在分析计算中采用这样的设计基准地震反应谱,那么在未来不同时期建筑物经历这样水平运动的概率是多大?设计基准地震为 50 年内 10% 超越概率,这相当于在未来 50 年内有 1/10 的超越机会,从式(3.26)来看也可知平均每 475 年结构地震响应值就超越一次。同时,这个问题也可以进一步扩展为下列形式表示,例如:对应于地震回归期为 475 年,相当于在未来 10 年内响应有 2% 的超越概率,表 3.2 列出了对应于 475 年罕遇地震设计反应谱的结构最大响应值分别在未来 10 年、20 年、30 年、50 年和 100 年被超越的概率。

表 3.2　对应于设计基准地震的不同计算期超越概率

计算失效期/年	超越概率/%
10	2
20	4
30	6
50	10
100	19

表 3.3 包含了在结构工程中使用的其他设计地震类型,对于一般商业设施来说 10 年可以作为一个时间跨度,以便于对其进行抗震维护和管理,如果对于结构工程人员来说在一定时间跨度内确定结构响应很重要,则结构的响应可以对应于不同地震反应谱进行计算。

表 3.3　地震反应谱对比

建筑类型	地震		
	回归期/年	失效期/年	超越概率/%
商业设施 1	14	10	50
		20	76
		30	88

续表

建筑类型	地 震		
	回归期/年	失效期/年	超越概率/%
商业设施2	29	10	29
		20	50
		30	64
		50	82
多遇	72	10	13
		20	24
		30	34
		50	50
少遇	475	10	2
		20	4
		30	6
		50	10
		100	19
医院	949	10	1
		20	2
		30	3
		50	5
		100	10
罕遇	1898	10	0.5
		20	1
		30	1.5
		50	3
		100	5
		200	10

注：多遇、少遇和罕遇指除了商业建筑和医院建筑以外的其他类型民用建筑的建筑抗震设防水平。

对于特定的重要结构设施比如核电站、大型水坝、体育场馆以及其他重要的公用设施，最好是由专业的工程地震技术人员来确定其设计反应谱，当然，对于类似的设计标准各国的抗震规范也都给出了默认的设计谱来做参考。

图 3.20 列出了图 3.2 中 1940 年 EI-Centro 地震记录在对应于 50 年内 10% 超越概率的反应谱，其中随着阻尼率的增加设计反应谱的幅值在不断减小。对于一个非阻尼自然振动周期为 1.0s 的单自由度体系，其谱加速度值对应于阻尼率 2%、5% 和 10% 分别为 0.68g、0.52g 和 0.36g，带阻尼响应变量也可以被表示为谱加速度值与 5% 阻尼值时的谱加速度标准值的比率，比如：

$$\left[\frac{S_a(T_n=1.0\text{s},\zeta=2\%)}{S_a(T_n=1.0\text{s},\zeta=5\%)}\right]=\frac{0.68g}{0.52g}=1.3077 \tag{3.31}$$

$$\left[\frac{S_a(T_n=1.0\text{s},\zeta=10\%)}{S_a(T_n=1.0\text{s},\zeta=5\%)}\right]=\frac{0.36g}{0.52g}=0.6923 \tag{3.32}$$

很多学者都对世界各地已发生的地震时程记录进行了研究，并提出了计算地震反应比

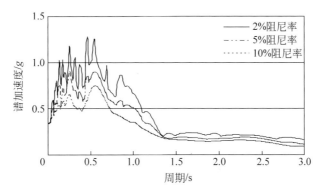

图 3.20 基于不同阻尼率下的 EI-Centro 地震记录反应谱对比

率的方法，Newmark 和 Hall 提出了有阻尼响应折减系数的概念[7-8]，表示为 R_d，它可以乘以 5% 弹性反应谱来获得新的谱值，该反应折减谱可表示为

$$S_a(T_n, \zeta) = R_d S_a(T_n, \zeta = 5\%) \tag{3.33}$$

表 3.4 显示了对应于不同自然振动周期的 R_d 值。

表 3.4　Newmark-Hall 有阻尼响应折减系数（R_d）

阻尼率/%	自然振动周期		
	0.3s	1.0s	3.0s
5	1.00	1.00	1.00
10	0.77	0.83	0.86
20	0.55	0.65	0.73

表 3.5 显示了对应于不同阻尼率 ζ 反应谱值与 5% 阻尼的标准反应谱值之间的比率，该标准反应谱可以来自于已发生的地震运动时程记录。

表 3.5　阻尼率对反应谱的影响

阻尼率/%	R_d	
	$T_n \leqslant 0.6s$	$T_n > 0.6s$
2	1.25	1.25
5	1.00	1.00
10	0.77	0.83
20	0.56	0.67
30	0.43	0.59

Wu 和 Hanson 也对地震记录进行了统计研究[9]，他们提出了以下比值 R_d 公式：

$$
\begin{aligned}
R_d &= -0.349\ln(0.0959\zeta), \quad T_n = 0.1s \\
R_d &= -0.547\ln(0.417\zeta), \quad T_n = 0.5s \\
R_d &= -0.471\ln(0.524\zeta), \quad T_n = 1.0s \\
R_d &= -0.478\ln(0.475\zeta), \quad T_n = 3.0s
\end{aligned}
\tag{3.34}
$$

表 3.6 给出了对应于不同阻尼率的比值 R_d。

表 3.6　Wu-Hanson 有阻尼响应折减系数(R_d)

阻尼率/%	自然振动周期			
	0.1s	0.5s	1.0s	3.0s
5	1.00	1.00	1.00	1.00
10	0.87	0.82	0.81	0.81
20	0.74	0.64	0.62	0.63
30	0.67	0.53	0.51	0.52

可见对阻尼率的选择需要考虑房屋坐落的地址和该地区地震时程记录的统计信息,同时,最优的阻尼率通常是由工程地震人员所提供的该地区地震地面加速度时程的统计分析与建筑结构具体分析得到的,因此,在选择合适的阻尼率时最关键的是要考虑土-结构耦合作用的效应。

3.4　基本振动模态响应动力分析

美国 IBC 和 UBC 房屋建筑规范与世界其他一些国家的设计规范都为结构设计人员提供了一套设计步骤,称为等效静态横向力方法,它基于结构动力学的原理。该步骤的原理在于仅用基本模态振型使用正交模态法来获得求解,其中正交模态法包含了代表地震地面运动时程的反应谱法。

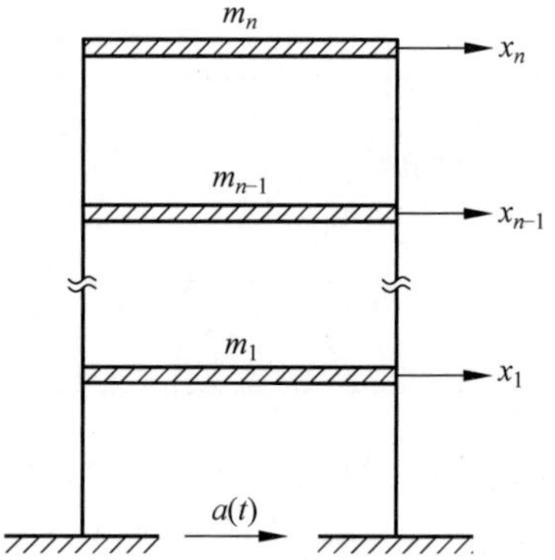

图 3.21 显示了多层结构二维简图,其强迫振动动力学方程可表示为

$$M\ddot{X}(t) + C\dot{X}(t) + KX(t) = F_e(t) \quad (3.35)$$

图 3.21　多层结构二维简图

这里

$$M = \begin{bmatrix} m_{11} & m_{12} & \cdots & m_{1n} \\ m_{21} & m_{22} & \cdots & m_{2n} \\ \vdots & \vdots & & \vdots \\ m_{n1} & m_{n2} & \cdots & m_{nn} \end{bmatrix}, \quad C = \begin{bmatrix} c_{11} & c_{12} & \cdots & c_{1n} \\ c_{21} & c_{22} & \cdots & c_{2n} \\ \vdots & \vdots & & \vdots \\ c_{n1} & c_{n2} & \cdots & c_{nn} \end{bmatrix}, \quad K = \begin{bmatrix} k_{11} & k_{12} & \cdots & k_{1n} \\ k_{21} & k_{22} & \cdots & k_{2n} \\ \vdots & \vdots & & \vdots \\ k_{n1} & k_{n2} & \cdots & k_{nn} \end{bmatrix}$$

$$X(t) = \begin{bmatrix} x_1(t) & x_2(t) & \cdots & x_n(t) \end{bmatrix}^T, \quad F_e(t) = \begin{bmatrix} F_1(t) & F_2(t) & \cdots & F_n(t) \end{bmatrix}^T$$

如结构不受简谐外力作用而只承受地震地面运动作用,则外力 $F_e(t)$ 就以质量乘以加速度取代:

$$\begin{bmatrix} F_1(t) \\ F_2(t) \\ \vdots \\ F_n(t) \end{bmatrix} = -\begin{bmatrix} m_{11} & m_{12} & \cdots & m_{1n} \\ m_{21} & m_{22} & \cdots & m_{2n} \\ \vdots & \vdots & & \vdots \\ m_{n1} & m_{n2} & \cdots & m_{nn} \end{bmatrix} \begin{bmatrix} a(t) \\ a(t) \\ \vdots \\ a(t) \end{bmatrix} = -M[I]a(t) \quad (3.36)$$

因此,多自由度体系的动力平衡方程就写为

$$M\ddot{X}(t) + C\dot{X}(t) + KX(t) = -M[I]a(t) \quad (3.37)$$

考虑到正交模态法中响应的物理坐标 $x_i(t)$ 可以表达为正交模态坐标 $q_i(t)$ 的形式

$$\boldsymbol{X}(t) = \boldsymbol{\phi}\boldsymbol{Q}(t) = \sum_{i=1}^{n} \boldsymbol{\phi}_i [a_i \cos\omega_i t + b_i \sin\omega_i t] = \sum_{i=1}^{n} \boldsymbol{\phi}_i q_i(t) \tag{3.38}$$

这里 $q_i(t) = a_i \cos\omega_i t + b_i \sin\omega_i t$，其中 a_i 和 b_i 为依据结构给定条件所确定的基本参数值，且

$$\boldsymbol{\phi} = \begin{bmatrix} \boldsymbol{\phi}_1 & \boldsymbol{\phi}_2 & \cdots & \boldsymbol{\phi}_n \end{bmatrix} = \begin{bmatrix} \varphi_{11} & \varphi_{12} & \cdots & \varphi_{1n} \\ \varphi_{21} & \varphi_{22} & \cdots & \varphi_{2n} \\ \vdots & \vdots & & \vdots \\ \varphi_{n1} & \varphi_{n2} & \cdots & \varphi_{nn} \end{bmatrix}, \quad \boldsymbol{Q}(t) = \begin{bmatrix} q_1(t) \\ q_2(t) \\ \vdots \\ q_n(t) \end{bmatrix}$$

考虑在解中只保留第一模态振型的特殊情况，则式(3.38)就为

$$\boldsymbol{X}(t) = \boldsymbol{\phi}_1 q_1(t) \tag{3.39}$$

将式(3.39)代入式(3.37)，同时方程两端前乘以 $\boldsymbol{\phi}_1^{\mathrm{T}}$，得到

$$\boldsymbol{\phi}_1^{\mathrm{T}}\boldsymbol{M}\boldsymbol{\phi}_1 \ddot{q}_1(t) + \boldsymbol{\phi}_1^{\mathrm{T}}\boldsymbol{C}\boldsymbol{\phi}_1 \dot{q}_1(t) + \boldsymbol{\phi}_1^{\mathrm{T}}\boldsymbol{K}\boldsymbol{\phi}_1 q_1(t) = -\boldsymbol{\phi}_1^{\mathrm{T}}\boldsymbol{M}[\boldsymbol{I}]a(t) \tag{3.40}$$

假定阻尼矩阵 $\boldsymbol{C}$ 满足比例阻尼的条件，则可进一步为

$$m_1^* \ddot{q}_1(t) + c_1^* \dot{q}_1(t) + k_1^* q_1(t) = -\boldsymbol{\phi}_1^{\mathrm{T}}\boldsymbol{M}[\boldsymbol{I}]a(t) \tag{3.41}$$

对式(3.41)方程两端同除以 m_1^*，可得基于第一振型模态的运动方程为

$$\ddot{q}_1(t) + 2\zeta_1\omega_1\dot{q}_1(t) + \omega_1^2 q_1(t) = -\Gamma_1 a(t) \tag{3.42}$$

$$\Gamma_1 = \frac{\boldsymbol{\phi}_1^{\mathrm{T}}\boldsymbol{M}[\boldsymbol{I}]}{m_1^*} = \frac{\boldsymbol{\phi}_1^{\mathrm{T}}\boldsymbol{M}[\boldsymbol{I}]}{\boldsymbol{\phi}_1^{\mathrm{T}}\boldsymbol{M}\boldsymbol{\phi}_1} \tag{3.43}$$

此处 Γ_1 被定义为基本模态参与因子，在数学形式上，式(3.42)与式(3.7)除了有基本振型模态参与因子外是相同的，这两个方程都是二阶线性微分方程，其中

$$\omega_n = \omega_1, \quad \zeta = \zeta_1 \tag{3.44}$$

前节探讨过基于反应谱和设计谱的单自由度体系的响应，比如对于给定的结构体系 ω_n 和 ζ，在外在加速度时程 $a(t)$ 作用下，谱位移 $S_d(\omega_n, \zeta)$ 就是单自由度结构下响应位移值 $x(t)$ 的最大值，因为基本模态参与因子 Γ_1 只考虑了结构动力分析中最基本的第一模态振型，是一个标量，由此可进一步得到 $q_1(t)$ 的最大响应量

$$\max[q_1(t)] = \Gamma_1 S_d(T_1, \zeta_1) \tag{3.45}$$

此处 S_d 为谱位移，因为反应谱用的是绝对值，因此式(3.45)计算的值总是正的，将式(3.45)代入式(3.39)，结构层间最大相对位移就可进一步得

$$\max[\boldsymbol{X}(t)] = \max[\boldsymbol{\phi}_1 q_1(t)] = \boldsymbol{\phi}_1 \Gamma_1 S_d(T_1, \zeta_1) \tag{3.46}$$

式(3.46)定义了任意楼层的位移响应，其右端由三部分组成，其中第一部分是谱位移 S_d，这里单自由度体系的振动周期和阻尼设定等于结构基本振动周期和模态阻尼，而且，谱位移还与建筑所在地地震地面运动特征有关；第二部分为基本模态参与因子 Γ_1，其与结构质量分布与基本振型有关系，注意在式(3.43)的质量矩阵对于因子 Γ_1 中的分子和分母均有影响，注意是质量分布而不是结构的全部质量对参与因子 Γ_1 有影响，同时还要注意到因子中分子只有一个振型形式而分母中有两个振型形式，因此因子 Γ_1 的数值大小与正规化后的振型密切相关。

第三部分为模态振型，它将响应转变为 x 的向量形式，这里单独 Γ_1 的值与标准化后的

模态振型有关,而 $\boldsymbol{\phi}_1$ 和 Γ_1 的乘积则由于其在分子上有两个振型,在分母上有两个振型彼此抵消而消除了这种关联性。

定义 $x_i(t)$ 为 i 阶自由度的位移,可以表示为

$$x_i(t) = \boldsymbol{T}_i^{\mathrm{T}} \boldsymbol{X}(t) \tag{3.47}$$

此处 $\boldsymbol{T}_i^{\mathrm{T}}$ 是除了第 i 阶单元等于 1 外其他等于零的位移选择向量。

顶层的位移可以表示为

$$x_{\mathrm{roof}}(t) = \boldsymbol{T}_{\mathrm{roof}}^{\mathrm{T}} \boldsymbol{X}(t) \tag{3.48}$$

将式(3.46)代入式(3.48),则顶层最大位移为

$$\max[x_{\mathrm{roof}}(t)] = \max[\boldsymbol{T}_{\mathrm{roof}}^{\mathrm{T}} \boldsymbol{X}(t)] = (\boldsymbol{T}_{\mathrm{roof}}^{\mathrm{T}} \boldsymbol{\phi}_1 \Gamma_1) S_{\mathrm{d}}(T_1, \zeta_1) \tag{3.49}$$

式(3.49)可以简化为

$$\max[x_{\mathrm{roof}}(t)] = (\boldsymbol{T}_{\mathrm{roof}}^{\mathrm{T}} \boldsymbol{\phi}_1 \Gamma_1) S_{\mathrm{d}}(T_1, \zeta_1) = \left(\frac{\boldsymbol{T}_{\mathrm{roof}}^{\mathrm{T}} \boldsymbol{\phi}_1 \boldsymbol{\phi}_1^{\mathrm{T}} \boldsymbol{M}[\boldsymbol{I}]}{\boldsymbol{\phi}_1^{\mathrm{T}} \boldsymbol{M} \boldsymbol{\phi}_1} \right) S_{\mathrm{d}}(T_1, \zeta_1) \tag{3.50}$$

注意式(3.46)的左端为向量而式(3.49)的左端为标量。

考虑到结构的模态振型为任意常量,因此振型可以表示为其他层单元位移以顶层位移为单位位移的形式,因此模态振型 $\boldsymbol{\phi}_1$ 可以表示为顶层位移乘以常数 c_{r} 的形式,方程为

$$\boldsymbol{\phi}_1 = c_{\mathrm{r}} \boldsymbol{\phi}_{\mathrm{roof}(1)} \tag{3.51}$$

这里 $\boldsymbol{\phi}_{\mathrm{roof}(1)}$ 是对应于顶层位移为单位位移的基本模态振型,c_{r} 为级数因子,由式(3.50)可得

$$
\begin{aligned}
\max[x_{\mathrm{roof}}(t)] &= \left(\frac{c_{\mathrm{r}}^2 \boldsymbol{T}_{\mathrm{roof}}^{\mathrm{T}} \boldsymbol{\phi}_{\mathrm{roof}(1)} \boldsymbol{\phi}_{\mathrm{roof}(1)}^{\mathrm{T}} \boldsymbol{M}[\boldsymbol{I}]}{c_{\mathrm{r}}^2 \boldsymbol{\phi}_{\mathrm{roof}(1)}^{\mathrm{T}} \boldsymbol{M} \boldsymbol{\phi}_{\mathrm{roof}(1)}} \right) S_{\mathrm{d}}(T_1, \zeta_1) \\
&= \left(\frac{\boldsymbol{T}_{\mathrm{roof}}^{\mathrm{T}} \boldsymbol{\phi}_{\mathrm{roof}(1)} \boldsymbol{\phi}_{\mathrm{roof}(1)}^{\mathrm{T}} \boldsymbol{M}[\boldsymbol{I}]}{\boldsymbol{\phi}_{\mathrm{roof}(1)}^{\mathrm{T}} \boldsymbol{M} \boldsymbol{\phi}_{\mathrm{roof}(1)}} \right) S_{\mathrm{d}}(T_1, \zeta_1)
\end{aligned} \tag{3.52}
$$

考虑到 $\boldsymbol{T}_{\mathrm{roof}}^{\mathrm{T}}$ 是位移向量,其单元中除对应于顶层位移的单元等于 1 外其他单元都等于零,即

$$\boldsymbol{T}_{\mathrm{roof}}^{\mathrm{T}} \boldsymbol{\phi}_{\mathrm{roof}(1)} = 1 \tag{3.53}$$

因此联系式(3.52),可推得

$$\max[x_{\mathrm{roof}}(t)] = \left(\frac{\boldsymbol{\phi}_{\mathrm{roof}(1)}^{\mathrm{T}} \boldsymbol{M}[\boldsymbol{I}]}{\boldsymbol{\phi}_{\mathrm{roof}(1)}^{\mathrm{T}} \boldsymbol{M} \boldsymbol{\phi}_{\mathrm{roof}(1)}} \right) S_{\mathrm{d}}(T_1, \zeta_1) = \Gamma_{\mathrm{roof}(1)} S_{\mathrm{d}}(T_1, \zeta_1) \tag{3.54}$$

方程(3.54)显示了由于简化后对应于顶层位移的基本模态单元等于 1,所以以最大顶层位移是可以计算的,顶层位移就等于基本模态参与因子乘以谱位移,根据经验结构工程人员可以依据位移反应谱值来估计在地震中结构顶层反应值。如果除了顶层以外的一层位移需要计算,也可以在上式中使用同样的方法来提取其他变量。

在结构任意两层之间的相对位移 $x_i(t)$ 和 $x_j(t)$ 之间的差值表示为 $\Delta x_{ij}(t)$,

$$
\begin{aligned}
\Delta x_{ij}(t) &= x_i(t) - x_j(t) \\
&= \boldsymbol{T}_i^{\mathrm{T}} \boldsymbol{X}(t) - \boldsymbol{T}_j^{\mathrm{T}} \boldsymbol{X}(t) \\
&= (\boldsymbol{T}_i^{\mathrm{T}} - \boldsymbol{T}_j^{\mathrm{T}}) \boldsymbol{X}(t) \\
&= \boldsymbol{T}_{i-j}^{\mathrm{T}} \boldsymbol{X}(t)
\end{aligned} \tag{3.55}
$$

这里 $\boldsymbol{T}_{i-j}^{\mathrm{T}}$ 是位移选择向量,其中除第 i 阶为 1,第 j 阶为 -1 外,其他值都为零,将式(3.55)

代入式(3.46),得到最大相对位移为

$$\max[\Delta x_{ij}(t)] = \max[\boldsymbol{T}_{i-j}^{\mathrm{T}}\boldsymbol{X}(t)] = \boldsymbol{T}_{i-j}^{\mathrm{T}}\boldsymbol{\phi}_1\Gamma_1 S_{\mathrm{d}}(T_1,\zeta_1) \tag{3.56}$$

则最大的层间加速度可以通过式(3.37)推得

$$\boldsymbol{M\ddot{Y}}(t) + \boldsymbol{C\dot{X}}(t) + \boldsymbol{KX}(t) = 0 \tag{3.57}$$

两端同时左乘以 $\boldsymbol{M}^{-1}$,可得到

$$\boldsymbol{\ddot{Y}}(t) = -\boldsymbol{M}^{-1}\boldsymbol{C\dot{X}}(t) - \boldsymbol{M}^{-1}\boldsymbol{KX}(t) \tag{3.58}$$

将式(3.39)代入式(3.58),得到

$$\boldsymbol{\ddot{Y}}(t) = -\boldsymbol{M}^{-1}\boldsymbol{C}\boldsymbol{\phi}_1\dot{q}_1(t) - \boldsymbol{M}^{-1}\boldsymbol{K}\boldsymbol{\phi}_1 q_1(t) \tag{3.59}$$

回顾动力学内容[3-4]

$$[-\omega_1^2\boldsymbol{M} + \boldsymbol{K}]\boldsymbol{\phi}_1 = \boldsymbol{0} \tag{3.60}$$

因此,可得到

$$\omega_1^2\boldsymbol{M}\boldsymbol{\phi}_1 = \boldsymbol{K}\boldsymbol{\phi}_1 \tag{3.61}$$

式(3.61)两端同时左乘 $\boldsymbol{M}^{-1}$ 的逆阵,得

$$\omega_1^2\boldsymbol{\phi}_1 = \boldsymbol{M}^{-1}\boldsymbol{K}\boldsymbol{\phi}_1 \tag{3.62}$$

将式(3.62)代入式(3.59),得到

$$\boldsymbol{\ddot{Y}}(t) = -\boldsymbol{M}^{-1}\boldsymbol{C}\boldsymbol{\phi}_1\dot{q}_1(t) - \omega_1^2\boldsymbol{\phi}_1 q_1(t) \tag{3.63}$$

假定阻尼矩阵 $\boldsymbol{C}$ 满足 Rayleigh 比例阻尼的条件,可得

$$\boldsymbol{M}^{-1}\boldsymbol{C}\boldsymbol{\phi}_1 = \boldsymbol{M}^{-1}(\alpha\boldsymbol{M} + \beta\boldsymbol{K})\boldsymbol{\phi}_1 = \alpha\boldsymbol{\phi}_1 + \beta\boldsymbol{M}^{-1}\boldsymbol{K}\boldsymbol{\phi}_1 = (\alpha + \beta\omega_1^2)\boldsymbol{\phi}_1 = 2\zeta_1\omega_1\boldsymbol{\phi}_1 \tag{3.64}$$

故式(3.63)就等于

$$\boldsymbol{\ddot{Y}}(t) = 2\zeta_1\omega_1\boldsymbol{\phi}_1\dot{q}_1(t) - \omega_1^2\boldsymbol{\phi}_1 q_1(t) \tag{3.65}$$

式(3.65)表明结构层最大加速度与最大相对位移并不出现在同一时刻,出现这种时间差的原因在于最大响应发生时速度的存在,此处与相对位移有关的层加速度指的是楼层与地面之间加速度值。

如果阻尼值非常小,那么结构工程人员可以假定为零,则式(3.65)可得

$$\boldsymbol{\ddot{Y}}(t) = -\omega_1^2\boldsymbol{\phi}_1 q_1(t) \tag{3.66}$$

其中最大的层间绝对加速度就等于

$$\max[\boldsymbol{\ddot{Y}}(t)] = \boldsymbol{\phi}_1\Gamma_1\omega_1^2 S_{\mathrm{d}}(T_1,\zeta_1) = \boldsymbol{\phi}_1\Gamma_1 S_{\mathrm{a}}(T_1,\zeta_1) \tag{3.67}$$

注意此处式(3.67)与式(3.46)相似,可见最大层间相对位移、加速度都是与谱位移和谱加速度线性相关的,如第一模态振型被正规化为标准振型,则式(3.67)就容易得到最大层加速度值。

比较式(3.46)和式(3.67)可以发现相对于地面的最大层相对位移或者层加速度值是可以分别通过谱位移和谱加速度的大小来得到的,其中式(3.54)计算出了最大顶层位移就等于谱位移乘以一个标量,该标量就是对应于标准化后的顶层数值等于1的基本振型参与因子,依据同样的方法还可以得到最大顶层加速度为

$$\max[\ddot{y}_{\mathrm{roof}}(t)] = \Gamma_{\mathrm{roof}(1)} S_{\mathrm{a}}(T_1,\zeta_1) \tag{3.68}$$

地震层间力 $\boldsymbol{F}(t)$ 就等于楼层质量乘以零阻尼时的楼层加速度值,从式(3.66)推得为

$$\boldsymbol{F}(t) = \boldsymbol{M}\ddot{\boldsymbol{Y}}(t) = -\omega_1^2 \boldsymbol{M}\boldsymbol{\phi}_1 q_1(t) \tag{3.69}$$

因此,最大层间地震力可以进一步计算得到

$$\max[\boldsymbol{F}(t)] = \boldsymbol{M}\boldsymbol{\phi}_1 \Gamma_1 \omega_1^2 S_d(T_1, \zeta_1) = \boldsymbol{M}\boldsymbol{\phi}_1 \Gamma_1 S_a(T_1, \zeta_1) \tag{3.70}$$

层间地震力可以用作用于自由质量体任意层的地震剪力或水平剪力来表示,其中结构的底层剪力或基底剪力是最重要的,因为它是作用于整个结构的力,基底剪力 $V(t)$ 是层间地震力的总和,可以用方程表示为

$$V(t) = \boldsymbol{F}(t)^T[I] = \ddot{\boldsymbol{Y}}(t)^T \boldsymbol{M}[I] = -\omega_1^2 \boldsymbol{\phi}_1^T \boldsymbol{M}[I] q_1(t) \tag{3.71}$$

由式(3.43)可得

$$\boldsymbol{\phi}_1^T \boldsymbol{M}[I] = m_1^* \Gamma_1 \tag{3.72}$$

因此用式(3.72)可以计算最大基底剪力为

$$V_{\max} = \max[V(t)] = m_1^* \Gamma_1^2 \omega_1^2 S_d(T_1, \zeta_1) = m_1^* \Gamma_1^2 S_a(T_1, \zeta_1) \tag{3.73}$$

由式(3.41)和式(3.42)表明单独的 m_1^* 和 Γ_1 是对应于正规化后的模态振型方程的,然而 $m_1^* \Gamma_1^2$ 并不是对应于正规化后的模态振型方程,注意一阶模态参与因子 Γ_1 并不是结构全部质量的方程,仅仅是其质量的分布特征值,而 m_1^* 则是对应于结构全部质量的方程,即

$$m_1^* = \boldsymbol{\phi}_1^T \boldsymbol{M}\boldsymbol{\phi}_1 \tag{3.74}$$

如果质量矩阵中的每一项都除以结构的重量 W,这里

$$W = \left(\sum_{i=1}^{n} m_{ii}\right) g \tag{3.75}$$

则可得

$$\boldsymbol{M} = W \begin{bmatrix} m_{11}/W & m_{12}/W & \cdots & m_{1n}/W \\ m_{21}/W & m_{22}/W & \cdots & m_{2n}/W \\ \vdots & \vdots & & \vdots \\ m_{n1}/W & m_{n2}/W & \cdots & m_{nn}/W \end{bmatrix} \tag{3.76}$$

如将质量表示为重量除以重力加速度的形式,则式(3.76)可变为

$$\boldsymbol{M} = \left(\frac{W}{g}\right) \begin{bmatrix} W_{11}/W & W_{12}/W & \cdots & W_{1n}/W \\ W_{21}/W & W_{22}/W & \cdots & W_{2n}/W \\ \vdots & \vdots & & \vdots \\ W_{n1}/W & W_{n2}/W & \cdots & W_{nn}/W \end{bmatrix} = \left(\frac{W}{g}\right)\boldsymbol{W} \tag{3.77}$$

这里

$$\boldsymbol{W} = \begin{bmatrix} W_{11}/W & W_{12}/W & \cdots & W_{1n}/W \\ W_{21}/W & W_{22}/W & \cdots & W_{2n}/W \\ \vdots & \vdots & & \vdots \\ W_{n1}/W & W_{n2}/W & \cdots & W_{nn}/W \end{bmatrix} \tag{3.78}$$

将式(3.77)代入式(3.74),得

$$m_1^* = \left(\frac{W}{g}\right)\boldsymbol{\phi}_1^T \boldsymbol{W}\boldsymbol{\phi}_1 = \left(\frac{W}{g}\right) W_1^* \tag{3.79}$$

这里

$$W_1^* = \boldsymbol{\phi}_1^{\mathrm{T}} \boldsymbol{W} \boldsymbol{\phi}_1 \tag{3.80}$$

注意矩阵 $\boldsymbol{W}$ 是 $n \times n$ 阶矩阵,因此 W_1^* 是无量纲标量,将式(3.79)代入式(3.73),得

$$\max[V(t)] = (W_1^* \varGamma_1^2)\left(\frac{S_a(T_1, \zeta_1)}{g}\right)W \tag{3.81}$$

此处 S_a 的单位为 $\mathrm{m/s^2}$,工程结构人员通常将谱加速度值除以重力加速度 g,即

$$\hat{S}_a(T_1, \zeta_1) = \frac{S_a(T_1, \zeta_1)}{g} \tag{3.82}$$

这里 $\hat{S}_a(T_1, \zeta_1)$ 代表正规化后的谱加速度值,因此,最大基底剪力又可以写为

$$V_{\max} = \max[V(t)] = C_{s1}\hat{S}_a W \tag{3.83}$$

这里

$$C_{s1} = W_1^* \varGamma_1^2 \tag{3.84}$$

式(3.83)就是目前各国地震设计规范和标准所采用的计算形式,该项中 C_{s1} 表示质量分布和结构的振动特征,称为结构体系基本模态基底剪力系数,W_1^* 是无量纲常数,因此 C_{s1} 也是无量纲标量,结构基本模态地震基底剪力系数 C_{e1} 是结构体系特征方程 C_{s1} 和地面运动 $\hat{S}_a$ 的方程,而 C_{e1} 则被定义为最大基底剪力除以结构全部重量。

$$C_{e1} = \frac{V_{\max}}{W} = C_{s1}\hat{S}_a \tag{3.85}$$

3.5 两个正规化振动模态响应动力分析

上节讨论了仅使用基本正规化振动模态来计算结构的响应,该方法也同样可以扩展应用于结构前两个正规化振动模态。

考虑如图3.21所示二维多层结构图,结构动力平衡方程如式(3.37),正规化振型模态的表达形式如式(3.38),如果只有两个正规化振型模态被保留,则式(3.38)变为

$$\boldsymbol{X}(t) = \boldsymbol{\phi}_1 q_1(t) + \boldsymbol{\phi}_2 q_2(t) \tag{3.86}$$

将式(3.86)代入式(3.37)

$$\boldsymbol{M}(\boldsymbol{\phi}_1 \ddot{q}_1(t) + \boldsymbol{\phi}_2 \ddot{q}_2(t)) + \boldsymbol{C}(\boldsymbol{\phi}_1 \dot{q}_1(t) + \boldsymbol{\phi}_2 \dot{q}_2(t)) + \boldsymbol{K}(\boldsymbol{\phi}_1 q_1(t) + \boldsymbol{\phi}_2 q_2(t)) = -\boldsymbol{M}[I]a(t) \tag{3.87}$$

对方程(3.87)两端左乘以 $\boldsymbol{\phi}_1^{\mathrm{T}}$,并考虑到

$$\begin{aligned}
\boldsymbol{\phi}_1^{\mathrm{T}} \boldsymbol{M} \boldsymbol{\phi}_1 = m_1^*, \quad \boldsymbol{\phi}_1^{\mathrm{T}} \boldsymbol{C} \boldsymbol{\phi}_1 = c_1^*, \quad \boldsymbol{\phi}_1^{\mathrm{T}} \boldsymbol{K} \boldsymbol{\phi}_1 = k_1^* \\
\boldsymbol{\phi}_1^{\mathrm{T}} \boldsymbol{M} \boldsymbol{\phi}_2 = 0, \quad \boldsymbol{\phi}_1^{\mathrm{T}} \boldsymbol{C} \boldsymbol{\phi}_2 = 0, \quad \boldsymbol{\phi}_1^{\mathrm{T}} \boldsymbol{K} \boldsymbol{\phi}_2 = 0
\end{aligned} \tag{3.88}$$

由式(3.87)可进一步推得为

$$m_1^* \ddot{q}_1(t) + c_1^* \dot{q}_1(t) + k_1^* q_1(t) = -\boldsymbol{\phi}_1^{\mathrm{T}} \boldsymbol{M}[I]a(t) \tag{3.89}$$

相应的对式(3.87)两端左乘以 $\boldsymbol{\phi}_2^{\mathrm{T}}$,并考虑到

$$\begin{aligned}
\boldsymbol{\phi}_2^{\mathrm{T}} \boldsymbol{M} \boldsymbol{\phi}_2 = m_2^*, \quad \boldsymbol{\phi}_2^{\mathrm{T}} \boldsymbol{C} \boldsymbol{\phi}_2 = c_2^*, \quad \boldsymbol{\phi}_2^{\mathrm{T}} \boldsymbol{K} \boldsymbol{\phi}_2 = k_2^* \\
\boldsymbol{\phi}_2^{\mathrm{T}} \boldsymbol{M} \boldsymbol{\phi}_1 = 0, \quad \boldsymbol{\phi}_2^{\mathrm{T}} \boldsymbol{C} \boldsymbol{\phi}_1 = 0, \quad \boldsymbol{\phi}_2^{\mathrm{T}} \boldsymbol{K} \boldsymbol{\phi}_1 = 0
\end{aligned} \tag{3.90}$$

由式(3.87)又可推得为

$$m_2^* \ddot{q}_2(t) + c_2^* \dot{q}_2(t) + k_2^* q_2(t) = -\boldsymbol{\phi}_2^{\mathrm{T}} \boldsymbol{M} [I] \boldsymbol{a}(t) \tag{3.91}$$

也可以将式(3.89)和式(3.91)合并为矩阵形式

$$\begin{bmatrix} m_1^* & 0 \\ 0 & m_2^* \end{bmatrix} \begin{Bmatrix} \ddot{q}_1(t) \\ \ddot{q}_2(t) \end{Bmatrix} + \begin{bmatrix} c_1^* & 0 \\ 0 & c_2^* \end{bmatrix} \begin{Bmatrix} \dot{q}_1(t) \\ \dot{q}_2(t) \end{Bmatrix} + \begin{bmatrix} k_1^* & 0 \\ 0 & k_2^* \end{bmatrix} \begin{Bmatrix} q_1(t) \\ q_2(t) \end{Bmatrix} = - \begin{bmatrix} \boldsymbol{\phi}_1^{\mathrm{T}} \\ \boldsymbol{\phi}_2^{\mathrm{T}} \end{bmatrix} \boldsymbol{M} [I] \boldsymbol{a}(t) \tag{3.92}$$

分别将式(3.89)除以 m_1^* 和式(3.91)除以 m_2^*，得

$$\ddot{q}_1(t) + 2\zeta_1 \omega_1 \dot{q}_1(t) + \omega_1^2 q_1(t) = -\Gamma_1 \boldsymbol{a}(t) \tag{3.93a}$$

$$\ddot{q}_2(t) + 2\zeta_2 \omega_2 \dot{q}_2(t) + \omega_2^2 q_2(t) = -\Gamma_2 \boldsymbol{a}(t) \tag{3.93b}$$

这里 Γ_i 是第 i 阶模态参与因子，即

$$\Gamma_i = \frac{\boldsymbol{\phi}_i^{\mathrm{T}} \boldsymbol{M} [I]}{m_i^*} = \frac{\boldsymbol{\phi}_i^{\mathrm{T}} \boldsymbol{M} [I]}{\boldsymbol{\phi}_i^{\mathrm{T}} \boldsymbol{M} \boldsymbol{\phi}_i} \tag{3.94}$$

注意式(3.93a)中可以用来计算结构第一阶或基础正规化模态响应与时间的关系，记为 $q_1(t)$；式(3.93b)可以计算结构第二阶正规化模态响应与时间的关系，记为 $q_2(t)$。地面加速度时程 $a(t)$ 被表示在式(3.93)的右边，通常 $q_1(t)$ 与 $q_2(t)$ 的模态振型是完全不同的，其最大值各自出现在不同的时间，$q_1(t)$ 的最大值与基础无阻尼自然振动周期 T_1 和基本模态中的阻尼率 ζ_1 有关；而 $q_2(t)$ 的最大值与二阶无阻尼自然振动周期 T_2 和基本模态中的阻尼率 ζ_2 有关，如之前讨论的

$$\max[q_1(t)] = \Gamma_1 S_d(T_1, \zeta_1) \tag{3.95}$$

$$\max[q_2(t)] = \Gamma_2 S_d(T_2, \zeta_2) \tag{3.96}$$

这里 S_d 为地面运动 $a(t)$ 的谱位移。

类似的模态参与因子 Γ_i 的公式和结构体系基本模态基底剪力系数 C_{si} 也可以参照式(3.84)建立第 i 阶关系

$$C_{si} = W_i^* \Gamma_i^2 \tag{3.97}$$

此处同样类似于式(3.80)可得

$$W_i^* = \boldsymbol{\phi}_i^{\mathrm{T}} \boldsymbol{M} \boldsymbol{\phi}_i \tag{3.98}$$

同理基本模态基底剪力同式(3.85)

$$C_{ei} = C_{si} \hat{S}_a(T_i, \zeta_i) \tag{3.99}$$

考虑式(3.86)结构的响应 $\boldsymbol{X}(t)$ 与两个模态的振型向量 $q_1(t)$ 和 $q_2(t)$ 都有关，而 $q_1(t)$ 与 $q_2(t)$ 的振型模态不同，因此，目前结构工程人员普遍使用的两个以上振动模态的结构体系响应计算方法为响应平方和的平方根法，简称 SRSS 法，有两个向量 $\boldsymbol{A}$ 和 $\boldsymbol{B}$ 的 SRSS 法可表示为

$$\sqrt{\boldsymbol{A}^2 + \boldsymbol{B}^2} = \sqrt{\begin{bmatrix} a_1^2 \\ a_2^2 \\ \vdots \\ a_n^2 \end{bmatrix} + \begin{bmatrix} b_1^2 \\ b_2^2 \\ \vdots \\ b_n^2 \end{bmatrix}} = \begin{bmatrix} \sqrt{a_1^2 + b_1^2} \\ \sqrt{a_2^2 + b_2^2} \\ \vdots \\ \sqrt{a_n^2 + b_n^2} \end{bmatrix} \tag{3.100}$$

结构体系的最大响应可以计算为

$$\max[\boldsymbol{X}(t)]_{\mathrm{SRSS}} = \sqrt{(\max[\boldsymbol{\phi}_1 q_1(t)])^2 + (\max[\boldsymbol{\phi}_2 q_2(t)])^2}$$

$$= \sqrt{[\boldsymbol{\phi}_1 \Gamma_1 S_{\mathrm{d}}(T_1, \zeta_1)]^2 + [\boldsymbol{\phi}_2 \Gamma_2 S_{\mathrm{d}}(T_2, \zeta_2)]^2} \qquad (3.101)$$

使用 SRSS 法可以进一步计算有关的响应变量。

（a）最大位移 $x_i(t)$

$$\dot{x}_i(t) = \boldsymbol{T}_i^{\mathrm{T}} \boldsymbol{X}(t) \qquad (3.102)$$

$$\max[x_i(t)]_{\mathrm{SRSS}} = \boldsymbol{T}_i^{\mathrm{T}} \max[\boldsymbol{X}(t)]_{\mathrm{SRSS}} = \boldsymbol{T}_i^{\mathrm{T}} \sqrt{[\boldsymbol{\phi}_1 \Gamma_1 S_{\mathrm{d}}(T_1, \zeta_1)]^2 + [\boldsymbol{\phi}_2 \Gamma_2 S_{\mathrm{d}}(T_2, \zeta_2)]^2}$$

$$(3.103)$$

（b）最大顶层位移 $x_{\mathrm{roof}}(t)$

$$x_{\mathrm{roof}}(t) = \boldsymbol{T}_{\mathrm{roof}(1)}^{\mathrm{T}} \boldsymbol{X}(t) \qquad (3.104)$$

$$\max[x_{\mathrm{roof}}(t)]_{\mathrm{SRSS}} = \boldsymbol{T}_{\mathrm{roof}(1)}^{\mathrm{T}} \max[\boldsymbol{X}(t)]_{\mathrm{SRSS}}$$

$$= \sqrt{[\Gamma_{\mathrm{roof}(1)} S_{\mathrm{d}}(T_1, \zeta_1)]^2 + [\Gamma_{\mathrm{roof}(2)} S_{\mathrm{d}}(T_2, \zeta_2)]^2} \qquad (3.105)$$

（c）最大相对位移 Δx_{ij}

$$\Delta x_{ij}(t) = \boldsymbol{T}_{i-j}^{\mathrm{T}} \boldsymbol{X}(t) \qquad (3.106)$$

$$\max[\Delta x_{ij}(t)]_{\mathrm{SRSS}} = \boldsymbol{T}_{i-j}^{\mathrm{T}} \max[\boldsymbol{X}(t)]_{\mathrm{SRSS}}$$

$$= \boldsymbol{T}_{i-j}^{\mathrm{T}} \sqrt{[\boldsymbol{\phi}_1 \Gamma_1 S_{\mathrm{d}}(T_1, \zeta_1)]^2 + [\boldsymbol{\phi}_2 \Gamma_2 S_{\mathrm{d}}(T_2, \zeta_2)]^2} \qquad (3.107)$$

（d）最大层加速度 $\ddot{\boldsymbol{Y}}(t)$

$$\max[\ddot{\boldsymbol{Y}}(t)]_{\mathrm{SRSS}} = \sqrt{[\boldsymbol{\phi}_1 \Gamma_1 S_{\mathrm{a}}(T_1, \zeta_1)]^2 + [\boldsymbol{\phi}_2 \Gamma_2 S_{\mathrm{a}}(T_2, \zeta_2)]^2} \qquad (3.108)$$

（e）最大层间地震力 $\boldsymbol{F}(t)$

$$\max[\boldsymbol{F}(t)]_{\mathrm{SRSS}} = \boldsymbol{M} \sqrt{[\boldsymbol{\phi}_1 \Gamma_1 S_{\mathrm{a}}(T_1, \zeta_1)]^2 + [\boldsymbol{\phi}_2 \Gamma_2 S_{\mathrm{a}}(T_2, \zeta_2)]^2} \qquad (3.109)$$

（f）最大基底剪力 $V(t)$

$$\max[V(t)]_{\mathrm{SRSS}} = \sqrt{[m_1^* \Gamma_1^2 S_{\mathrm{a}}(T_1, \zeta_1)]^2 + [m_2^* \Gamma_2^2 S_{\mathrm{a}}(T_2, \zeta_2)]^2} \qquad (3.110)$$

或

$$\max[V(t)]_{\mathrm{SRSS}} = W \sqrt{\left[(W_1^* \Gamma_1^2) \frac{S_{\mathrm{a}}(T_1, \zeta_1)}{g}\right]^2 + \left[(W_2^* \Gamma_2^2) \frac{S_{\mathrm{a}}(T_2, \zeta_2)}{g}\right]^2} \qquad (3.111)$$

或

$$\max[V(t)]_{\mathrm{SRSS}} = W \sqrt{[C_{s1} \hat{S}_{\mathrm{a}}(T_1, \zeta_1)]^2 + [C_{s2} \hat{S}_{\mathrm{a}}(T_2, \zeta_2)]^2} \qquad (3.112)$$

或

$$\max[V(t)]_{\mathrm{SRSS}} = W \sqrt{C_{e1}^2 + C_{e2}^2} \qquad (3.113)$$

另外一种广泛应用的方法也是将单个模态的响应引入到扩展后的 SRSS 法中，并且在两个自然振动频率比较接近时可以取得更精确的结果，该种方法被称为完全二次方联合响应法，简称 CQC 法[3-4]。

本章中只限于两个振动模态下考虑单个响应变量，如顶层响应变量的 CQC 法，在正规化模态中的顶层位移为

$$x_{\mathrm{roof}(1)} = \Gamma_{\mathrm{roof}(1)} S_{\mathrm{d}}(T_1, \zeta_1) \qquad (3.114)$$

$$x_{\text{roof}(2)} = \Gamma_{\text{roof}(2)} S_d(T_2, \zeta_2) \tag{3.115}$$

CQC 法中两个模态响应量的合值为

$$\max x_{\text{roof}}(t)_{\text{CQC}} = \sqrt{\rho_{11} x_{\text{roof}(1)}^2 + \rho_{12} x_{\text{roof}(1)} x_{\text{roof}(2)} + \rho_{21} x_{\text{roof}(2)} x_{\text{roof}(1)} + \rho_{22} x_{\text{roof}(2)}^2} \tag{3.116}$$

此处

$$\rho_{ij} = \frac{8\sqrt{\zeta_i \zeta_j}(\zeta_i + \beta_{ij}\zeta_j)\beta_{ij}^{3/2}}{(1 - \beta_{ij}^2)^2 + 4\zeta_i\zeta_j\beta_{ij}(1 + \beta_{ij}^2) + 4(\zeta_i^2 + \zeta_j^2)\beta_{ij}^2} \tag{3.117}$$

$$\beta_{ij} = \omega_i / \omega_j \tag{3.118}$$

可以证明 $\rho_{ij} = \rho_{ji}$，证明如下：将式(3.118)代入式(3.117)，得

$$\rho_{ij} = \frac{8\sqrt{\zeta_i \zeta_j}\left[\zeta_i + \left(\dfrac{\omega_i}{\omega_j}\right)\zeta_j\right]\left(\dfrac{\omega_i}{\omega_j}\right)^{3/2}}{\left(1 - \dfrac{\omega_i^2}{\omega_j^2}\right)^2 + 4\zeta_i\zeta_j\left(\dfrac{\omega_i}{\omega_j}\right)\left(1 + \dfrac{\omega_i^2}{\omega_j^2}\right) + 4(\zeta_i^2 + \zeta_j^2)\left(\dfrac{\omega_i^2}{\omega_j^2}\right)} \tag{3.119}$$

对式(3.119)的分子分母同乘以 ω_j^4 / ω_i^4，得

$$\rho_{ij} = \frac{8\sqrt{\zeta_i \zeta_j}\left[\left(\dfrac{\omega_j}{\omega_i}\right)\zeta_i + \zeta_j\right]\left(\dfrac{\omega_j}{\omega_i}\right)^{3/2}}{\left(\dfrac{\omega_j^2}{\omega_i^2} - 1\right)^2 + 4\zeta_i\zeta_j\left(\dfrac{\omega_j}{\omega_i}\right)\left(\dfrac{\omega_j^2}{\omega_i^2} + 1\right) + 4(\zeta_i^2 + \zeta_j^2)\left(\dfrac{\omega_j^2}{\omega_i^2}\right)} \tag{3.120}$$

进一步整理式(3.120)，可得

$$\rho_{ij} = \frac{8\sqrt{\zeta_j \zeta_i}\left[\zeta_j + \left(\dfrac{\omega_j}{\omega_i}\right)\zeta_i\right]\left(\dfrac{\omega_j}{\omega_i}\right)^{3/2}}{\left(1 - \dfrac{\omega_j^2}{\omega_i^2}\right)^2 + 4\zeta_i\zeta_j\left(\dfrac{\omega_j}{\omega_i}\right)\left(1 + \dfrac{\omega_j^2}{\omega_i^2}\right) + 4(\zeta_j^2 + \zeta_i^2)\left(\dfrac{\omega_j^2}{\omega_i^2}\right)} = \rho_{ji} \tag{3.121}$$

从而得证。

考虑特例 $i = j$，则式(3.118)就等于

$$\beta_{ij} = \omega_i / \omega_j = 1 \tag{3.122}$$

因此式(3.117)就等于

$$\rho_{ii} = \frac{8\sqrt{\zeta_i \zeta_i}(\zeta_i + (1)\zeta_i)(1)}{(1 - (1))^2 + 4\zeta_i\zeta_i(1)(1 + (1)) + 4(\zeta_i^2 + \zeta_i^2)(1)} = 1 \tag{3.123}$$

由此，可得

$$\rho_{11} = \rho_{22} = 1 \tag{3.124}$$

考虑另一种特例即 $i = 1, j = 2$ 或者 $i = 2, j = 1$，由式(3.119)得

$$\rho_{12} = \rho_{21} = \frac{8\sqrt{\zeta_1 \zeta_2}\left[\zeta_1 + \left(\dfrac{\omega_1}{\omega_2}\right)\zeta_2\right]\left(\dfrac{\omega_1}{\omega_2}\right)^{3/2}}{\left(1 - \dfrac{\omega_1^2}{\omega_2^2}\right)^2 + 4\zeta_1\zeta_2\left(\dfrac{\omega_1}{\omega_2}\right)\left(1 + \dfrac{\omega_1^2}{\omega_2^2}\right) + 4(\zeta_1^2 + \zeta_2^2)\left(\dfrac{\omega_1^2}{\omega_2^2}\right)} \tag{3.125}$$

因此，式(3.116)可以简化为

$$\max x_{\text{roof}}(t)_{\text{CQC}} = \sqrt{x^2_{\text{roof}(1)} + 2\rho_{12} x_{\text{roof}(1)} x_{\text{roof}(2)} + x^2_{\text{roof}(2)}} \qquad (3.126)$$

注意针对式(3.125)如果 $\zeta_1 = 0$ 或 $\zeta_2 = 0$，则式中的系数 $\rho_{12} = 0$，这种情况下式(3.126)可进一步简化为

$$\max x_{\text{roof}}(t)_{\text{CQC}} = \sqrt{x^2_{\text{roof}(1)} + x^2_{\text{roof}(2)}} \qquad (3.127)$$

这一结果与 SRSS 法计算结果相同，同时如果系数 ρ_{12} 非常小的话，用 CQC 法和 SRSS 法计算结果是接近的；如果 ω_i 与 ω_j 的频率值非常接近的话，即 $\beta_{ij} \approx 1$，这种情况下使用 CQC 法和 SRSS 法计算结果差别是很明显的。

同样的计算方法可以用来计算任意的响应变量，因此，对于自然频率相互之间比较接近的结构体系，使用 CQC 法来计算出的结果会优于 SRSS 方法的结果，有关于 CQC 法计算的一些深入的分析还可以参看书后参考文献。

对于两个以上自由度体系的振动响应，如为 n 个自由度的结构体系，也是可以使用上面的计算方法扩展后来进行计算的。

参考文献

[1] International Code Council. International Conference of Building Officials Handbook to the Uniform Building Code：an Illustrative Commentary[M]. Whittier：ICC Publication，1998.

[2] International Code Council. International Buildings Code [S]. Flossmoor：ICC Publication，2017.

[3] 克拉夫，彭津. 结构动力学[M]. 2 版. 王光远，译. 北京：高等教育出版社，2006.

[4] CHOPRA A K. 结构动力学理论及其在地震工程中的应用[M]. 北京：清华大学出版社，2005.

[5] 中国建筑科学研究院. 建筑抗震设计规范：GB 50011—2010[S]. 北京：中国建筑工业出版社，2010.

[6] Applied Technology Council ATC-3-06 report：Tentative Provisions for the Development of Seismic Regulations for Buildings[S]. Redwood City：California Seismic Safty Commission，1978.

[7] NEWMARK N M，HALL W J. Earthquake Spectra and Design [M]. Berkeley：Earthquake Engineering Research Institute，1982.

[8] NEWMARK N M，HALL W J. Procedures and Criteria for Earthquake Resistant Design Building Practices for Disaster Mitigation-Civil Engineering Classic [M]. New York：American Society of Civil Engineers，1975.

[9] JIANPING W，ROBERT D H. Study of Inelastic Spectra with High Damping[J]. Journal of Structural Engineering，1989，115(6)：110-116.

第4章

动力非线性时程分析

4.1 概述

　　大多数房屋和土木工程结构的地震反应都可能导致结构中一个或几个部件的变形超过结构的屈服限值，或者说超过部件中某些部位材料的屈服值，因此，结构基于力-位移关系的响应是非线性的。结构的响应解从线性域变为非线性域，显著地增加了计算的复杂程度，当然，随着近年来计算机硬件和有限元计算程序的不断发展，对结构响应的力学描述准确性在不断提高，响应计算效率和准确性也在不断提高。目前几乎所有主流的有限元计算程序均可以开展结构动力的非线性时程分析和增量动力分析(IDA)。

　　考虑一根钢制悬臂梁如图4.1所示，假定钢材料的应力-应变曲线如图4.2所示，当有一集中力 F 作用于悬臂梁顶端时，随着力的不断增加，悬臂梁支撑端的弯矩也会不断增加，梁材料的强度理论假定了对于梁中任意横截面中轴线上的材料应变偏差值为零，对于同一横截面离中轴线越远材料的应变值越大，二者呈线性变化，此假定一般称为"等截面假定"。因此，随着悬臂端力的增加，支撑端钢材的应变也在增加，由于钢的应力-应变关系在材料达到屈服应变 ε_y 前为线性变化，因此，集中力 F 和悬臂端竖向位移的关系也是线性变化的。图4.3为悬臂梁末端力-位移关系图，曲线中从起点 O 到 A 点是曲线的线性变化部分，如果力 F 小于屈服力 F_y，则钢悬臂梁中的应变值就小于屈服应变 ε_y，弯矩也小于截面的屈服弯矩 M_y，注意此处的屈服弯矩 M_y 指的是悬臂梁支撑端横截面中远离中轴线的钢梁上下边缘处钢材料达到屈服应变时对应的弯矩值，因此，如果集中力 F 小于屈服力 F_y 或悬臂梁端的竖向位移 Δ 小于屈服位移 Δ_y，则结构的响应就在线性变化范围内。

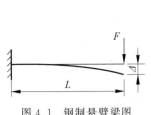

图 4.1 钢制悬臂梁图

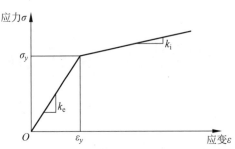

图 4.2 应力-应变本构关系

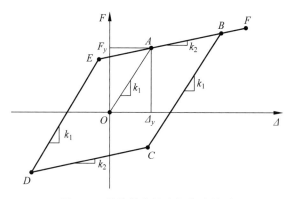

图 4.3 悬臂梁末端力与位移关系

现在考虑如果集中力 F 超过屈服力 F_y,则钢梁中某一部位的应变就超过了屈服应变 ε_y,结构的弯矩就会随着集中力的增加而不断增加,结构悬臂端的竖向位移就会从 A 点增加到 B 点,此时力 F-位移 Δ 的关系已经不服从刚度 k_1,而转为按照刚度 k_2 变化,如果力 F 随后减小至零并反向增加,则力 F-位移 Δ 的变形路径就是从 B 点到 C 点,刚度现在仍旧假定等于 k_1,直至达到反向作用的屈服点 C,过了 C 点以后,反向力继续增大,此时力 F-位移 Δ 关系即转为按刚度 k_2 变化直至达到 D 点,此时反向力开始减小为零并转为正向力不断增大,则力 F-位移 Δ 的变形路径从 D 到 E 点,刚度服从 k_1 直至到达 E 点后转为按刚度 k_2 变化,直至到达 F 点。则变形就沿着 C 点到 D 点、D 点到 E 点、E 点到 F 点的路径变化。这个结构体系的变化响应就被称为非线性的,因为结构的刚度在响应全过程中都不再等于 k_1,因此就得出非线性结构体系的两个关键特征:

(1) 得到结构包络线或骨架曲线:此处为 O-A-F 曲线;

(2) 得到结构的滞回关系,即描述了结构体系如何从 B-C-D 再到 E 点的曲线路径。

这两个关键特征的总结性描述是依据结构所用的材料和结构不确定性的冗余特性得到的。它对于描述结构中如梁柱结点、柱脚部位等结构易损伤关键部位的动力损伤情况以及进一步了解结构抗震性能和滞回耗能的概念至关重要。深入理解结构动力学方程及其在非线性动力时程过程中的力-变形变化,对于学习者下一步开展结构动力损伤分析以及工程全寿命周期地震损失成本分析有很大的帮助。

4.2　带非线性刚度的单自由度结构体系响应

考虑一线性单自由度结构体系的运动方程

$$m\ddot{x}(t) + c\dot{x}(t) + k_{\mathrm{e}}x(t) = F_{\mathrm{e}}(t) \tag{4.1}$$

此处 k_{e} 代表线性体系的弹性刚度,在时间 $t = t_k$ 时,式(4.1)也可以写为

$$m\ddot{x}_k + c\dot{x}_k + k_{\mathrm{e}}x_k = F_k \tag{4.2}$$

此处,简写为 $F_k = F_{\mathrm{e}}(t_k)$,在时间 $t = t_{k+1}$,运动方程就为

$$m\ddot{x}_{k+1} + c\dot{x}_{k+1} + k_{\mathrm{e}}x_{k+1} = F_{k+1} \tag{4.3}$$

当采用离散随机方法,如常系数加速度法、Newmark-β 法等,在 t_k 和 t_{k+1} 时间间隔之间的加速度变化率假定为一特定形式,相应时间区间内的速度和位移采用直接积分。例如,

当采用常系数加速度法时,加速度被假定为

$$\ddot{x}(t) = \ddot{x}(t_k) = \ddot{x}_k, \quad t_k \leqslant t \leqslant t_{k+1} \tag{4.4}$$

速度和位移采用如下方程进行积分:

$$\dot{x}_{k+1} = \dot{x}_k + \ddot{x}_k \Delta t \tag{4.5}$$

$$x_{k+1} = x_k + \dot{x}_k \Delta t + \frac{1}{2} \ddot{x}_k (\Delta t)^2 \tag{4.6}$$

而在 Newmark-β 法中,t_{k+1} 时刻对应的速度和位移值分别为

$$\dot{x}_{k+1} = \dot{x}_k + (1-\delta)\ddot{x}_k \Delta t + \delta \ddot{x}_{k+1} \Delta t \tag{4.7}$$

$$x_{k+1} = x_k + \dot{x}_k \Delta t + \left(\frac{1}{2} - \alpha\right)\ddot{x}_k (\Delta t)^2 + \alpha \ddot{x}_{k+1}(\Delta t)^2 \tag{4.8}$$

式(4.1)代表结构体系的力平衡方程,它也可以被写为

$$F_i(t) + F_d(t) + F_s(t) = F_e(t) \tag{4.9}$$

此处 F_i、F_d 和 F_s 分别代表结构体系的内在惯性力、阻尼力和刚度力,它们又可以分别表示为

$$F_i(t) = m\ddot{x}(t) \tag{4.10}$$

$$F_d(t) = c\dot{x}(t) \tag{4.11}$$

因为结构的质量不随时间变化,因此内在惯性力是结构质量乘以加速度的线性方程,类似的,黏滞阻尼力也是阻尼系数乘以速度的线性方程。现在定义与结构刚度有关的力,如果结构体系也是线性体系,则

$$F_s(t) = k_s x(t) \tag{4.12}$$

这里 k_s 并不是 $x(t)$ 的方程,图 4.4 表示线性体系的力-位移关系的直线图,线性体系的刚度值为

$$k_s = \frac{F_s(t_{k+1}) - F_s(t_k)}{x_{k+1} - x_k} \tag{4.13}$$

现在假定式(4.13)已经计算得到,因为非线性体系刚度的力并不是位移的线性函数,k_s 不是常数值,对于非线性刚度问题需要求解方程的特解。

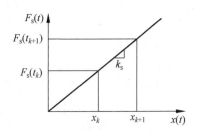

图 4.4　线性体系的力-位移关系图

考虑一个非线性刚度体系,式(4.2)可以被写为

$$m\ddot{x}_k + c\dot{x}_k + F_s(x_k) = F_k \tag{4.14}$$

方程(4.3)也可以被写为

$$m\ddot{x}_{k+1} + c\dot{x}_{k+1} + F_s(x_{k+1}) = F_{k+1} \tag{4.15}$$

用式(4.15)减去式(4.14)等号两端,得

$$m(\ddot{x}_{k+1} - \ddot{x}_k) + c(\dot{x}_{k+1} - \dot{x}_k) + [F_s(x_{k+1}) - F_s(x_k)] = F_{k+1} - F_k \tag{4.16}$$

定义如下形式

$$\Delta \ddot{x} = \ddot{x}_{k+1} - \ddot{x}_k$$

$$\Delta \dot{x} = \dot{x}_{k+1} - \dot{x}_k$$

$$\Delta F_s = F_s(x_{k+1}) - F_s(x_k)$$

$$\Delta F = F_{k+1} - F_k$$

此处 $\Delta(\bullet)$ 表示从 $t_k \sim t_{k+1}$ 时刻的变化值,也就是

$$m\Delta\ddot{x} + c\Delta\dot{x} + \Delta F_s = \Delta F \tag{4.17}$$

如果在 x_k 和 x_{k+1} 之间的基于力的刚度变量被假定为线性的,则

$$F_s(x_{k+1}) = F_s(x_k) + \left[\frac{F_s(x_{k+1}) - F_s(x_k)}{x_{k+1} - x_k}\right](x_{k+1} - x_k) \tag{4.18}$$

割线刚度被定义为

$$k_s = \frac{F_s(x_{k+1}) - F_s(x_k)}{x_{k+1} - x_k} = \frac{\Delta F_s}{\Delta x} \tag{4.19}$$

因此,将式(4.19)代入式(4.17),可得基于割线刚度的动力平衡方程为

$$m\Delta\ddot{x} + c\Delta\dot{x} + k_s\Delta x = \Delta F \tag{4.20}$$

那么如果割线刚度已知,则式(4.20)可以准确求得,当然,一般情况下割线刚度是不好求出来的,因为 t_{k+1} 时刻的位移 x_{k+1} 是未知的。

对于结构体系响应的解答就需要对 k_s 做一个假定,一种方法是将割线刚度等同于前一个时间步中的割线刚度 k_k,图 4.5 表示了这两种刚度的区别,即

$$k_s = k_k = \frac{F_s(x_k) - F_s(x_{k-1})}{x_k - x_{k-1}} \tag{4.21}$$

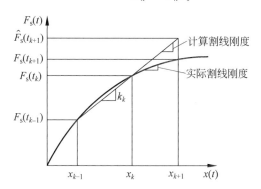

图 4.5　非线性体系的力-位移关系图

由于 $x_{k-1} \sim x_k$ 之间的割线刚度通常是不等于 $x_k \sim x_{k+1}$ 之间的割线刚度的,因此就存在力的不平衡或误差,如图 4.5 所示,注意此处 $F_s(t_{k+1})$ 是实际的力,$\hat{F}_s(t_{k+1})$ 是估计的近似力,将式(4.21)代入式(4.20),得

$$m\Delta\ddot{x} + c\Delta\dot{x} + k_k\Delta x = \Delta F \tag{4.22}$$

采用常系数加速度法、Newmark-β 法或其他数值积分方法[1-2]都可以求解式(4.20)~式(4.22),例如采用常系数加速度法,则

$$\Delta\dot{x} = \dot{x}_{k+1} - \dot{x}_k = \ddot{x}_k\Delta t \tag{4.23a}$$

$$\Delta x = x_{k+1} - x_k = \dot{x}_k\Delta t + \frac{1}{2}\ddot{x}_k(\Delta t)^2 \tag{4.23b}$$

将式(4.23)代入式(4.20),得

$$m\Delta\ddot{x} + c\ddot{x}_k\Delta t + k_s\left[\dot{x}_k\Delta t + \frac{1}{2}\ddot{x}_k(\Delta t)^2\right] = \Delta F \tag{4.24}$$

进一步得

$$\Delta\ddot{x} = \left(\frac{\Delta F}{m}\right) - \left(\frac{c}{m}\right)\ddot{x}_k\Delta t - \left(\frac{k_s}{m}\right)\left[\dot{x}_k\Delta t + \frac{1}{2}\ddot{x}_k(\Delta t)^2\right] \tag{4.25}$$

考虑式(4.23)和式(4.25)

$$x_{k+1} = x_k + \Delta x, \quad \dot{x}_{k+1} = \dot{x}_k + \Delta\dot{x}, \quad \ddot{x}_{k+1} = \ddot{x}_k + \Delta\ddot{x} \tag{4.26}$$

随着时间增量 Δt 的减小,位移的偏差也在减小,实际刚度和类似刚度的偏差量也在降低。

现在考虑采用 Newmark-β 法来获得响应的解答,通过式(4.7)和式(4.8)转换可得

$$\Delta\dot{x} = \dot{x}_{k+1} - \dot{x}_k = (1-\delta)\ddot{x}_k\Delta t + \delta\ddot{x}_{k+1}\Delta t \tag{4.27a}$$

$$\Delta x = x_{k+1} - x_k = \dot{x}_k\Delta t + \left(\frac{1}{2} - \alpha\right)\ddot{x}_k(\Delta t)^2 + \alpha\ddot{x}_{k+1}(\Delta t)^2 \tag{4.27b}$$

将式(4.27)代入式(4.20),得

$$m\Delta\ddot{x} + c\left[(1-\delta)\ddot{x}_k\Delta t + \delta\ddot{x}_{k+1}\Delta t\right] + k_s\left[\dot{x}_k\Delta t + \left(\frac{1}{2} - \alpha\right)\ddot{x}_k(\Delta t)^2 + \alpha\ddot{x}_{k+1}(\Delta t)^2\right] = \Delta F \tag{4.28}$$

通过对比式(4.24)与式(4.28),可发现采用常系数加速度法的式(4.24)中只有质量 m 项带有一个未知量,而式(4.28)含有多个未知项,因此参考式(4.26),即

$$\ddot{x}_{k+1} = \ddot{x}_k + \Delta\ddot{x} \tag{4.29}$$

将其代入式(4.28),可得

$$m\Delta\ddot{x} + c(1-\delta)\ddot{x}_k\Delta t + c\delta(\ddot{x}_k + \Delta\ddot{x})\Delta t + k_s\dot{x}_k\Delta t +$$
$$k_s\left(\frac{1}{2} - \alpha\right)\ddot{x}_k(\Delta t)^2 + k_s\alpha(\ddot{x}_k + \Delta\ddot{x})(\Delta t)^2 = \Delta F \tag{4.30}$$

合并同类项,可得

$$\left[m + c\delta\Delta t + k_s\alpha(\Delta t)^2\right]\Delta\ddot{x} + c\left[(1-\delta)\ddot{x}_k\Delta t + \delta\ddot{x}_k\Delta t\right] +$$
$$k_s\left[\dot{x}_k\Delta t + \left(\frac{1}{2} - \alpha\right)\ddot{x}_k(\Delta t)^2 + \alpha\ddot{x}_k(\Delta t)^2\right] = \Delta F \tag{4.31}$$

化简式(4.31),得

$$\left[m + c\delta\Delta t + k_s\alpha(\Delta t)^2\right]\Delta\ddot{x} + c\ddot{x}_k\Delta t + k_s\left[\dot{x}_k\Delta t + \frac{1}{2}\ddot{x}_k(\Delta t)^2\right] = \Delta F \tag{4.32}$$

求解,得

$$\Delta\ddot{x} = \frac{\Delta F - c\ddot{x}_k\Delta t - k_s\left[\dot{x}_k\Delta t + \frac{1}{2}\ddot{x}_k(\Delta t)^2\right]}{m + c\delta\Delta t + k_s\alpha(\Delta t)^2} \tag{4.33}$$

使用式(4.33)就可以算出加速度增量 $\Delta\ddot{x}$,然后使用式(4.27)可以得到位移增量 Δx 和速度增量 $\Delta\dot{x}$,并代入式(4.26)可以进一步得到下一步起点的位移值 x_{k+1} 和速度值 $\dot{x}_{k+1}$。

因为 x_{k+1} 值已经被计算出来,那么就可以进一步计算出实际割线刚度值的修正估计值。将初始计算出来的 x_{k+1} 值标注为 $x_{k+1}^{(1)}$,进一步采用 $x_{k+1}^{(1)}$ 值计算出的割线刚度值 $k_s^{(1)}$,即

$$k_s^{(1)} = \frac{F_s(x_{k+1}^{(1)}) - F_s(x_k)}{x_{k+1}^{(1)} - x_k} \tag{4.34}$$

由前一个时间步获得割线刚度值,再由估计的割线刚度值计算得出 x_{k+1} 初始解,标为 $x_{k+1}^{(1)}$,因此,$x_{k+1}^{(1)}$ 是不精确的,如将式(4.34)通过式(4.33)代入式(4.29)中,就可以得到 x_{k+1} 的修正值,这是对初始值进行迭代后获得的,如果通过迭代获得的 x_{k+1}、$\dot{x}_{k+1}$ 或 $\ddot{x}_{k+1}$ 值与初始获得的值间的误差足够小,那就可以向前再移动一步到 t_{k+2} 时刻,通过计算 t_{k+1} 时刻的响应值来计算 t_{k+2} 时刻的响应值,但是如果迭代计算值明显改变了 x_{k+1}、$\dot{x}_{k+1}$ 或 $\ddot{x}_{k+1}$ 值,则需要考虑减小时间步长或间隔区间,或者使用 $x_{k+1}^{(2)}$ 值进行第二次迭代,即

$$k_s^{(2)} = \frac{F_s(x_{k+1}^{(2)}) - F_s(x_k)}{x_{k+1}^{(2)} - x_k} \tag{4.35}$$

注意在计算 x_{k+1}、$\dot{x}_{k+1}$ 或 $\ddot{x}_{k+1}$ 值时的任何误差都会传递至下一时间步。

在非线性分析中由于刚度 k_s 并非常数值,对于单自由度体系结构的自振频率 $\omega_n = \sqrt{k/m}$ 也就不是常数值,用 k_s 和 c 代替 ω_n 和 ζ,则解答可以表示为矩阵形式,设

$$\beta = m + c\delta\Delta t + k_s\alpha(\Delta t)^2 \tag{4.36}$$

则式(4.33)就变为

$$\Delta\ddot{x} = \left(\frac{1}{\beta}\right)\Delta F - \left(\frac{k_s\Delta t}{\beta}\right)\dot{x}_k - \left(\frac{c\Delta t + \frac{1}{2}k_s(\Delta t)^2}{\beta}\right)\ddot{x}_k \tag{4.37}$$

注意当 $\delta = 0$,$\alpha = 0$ 时,式(4.37)与式(4.25)相同,在第 $k+1$ 时间步的加速度值

$$\ddot{x}_{k+1} = \ddot{x}_k + \Delta\ddot{x} = \ddot{x}_k + \left(\frac{1}{\beta}\right)\Delta F - \left(\frac{k_s\Delta t}{\beta}\right)\dot{x}_k - \left(\frac{c\Delta t + \frac{1}{2}k_s(\Delta t)^2}{\beta}\right)\ddot{x}_k$$

$$= \left(\frac{1}{\beta}\right)\Delta F - \left(\frac{k_s\Delta t}{\beta}\right)\dot{x}_k + \left(\frac{\beta - c\Delta t - \frac{1}{2}k_s(\Delta t)^2}{\beta}\right)\ddot{x}_k \tag{4.38}$$

将式(4.38)代入式(4.7)和式(4.8),得

$$\dot{x}_{k+1} = \dot{x}_k + (1-\delta)\ddot{x}_k\Delta t + \delta\Delta t\left[\left(\frac{1}{\beta}\right)\Delta F - \left(\frac{k_s\Delta t}{\beta}\right)\dot{x}_k + \left(\frac{\beta - c\Delta t - \frac{1}{2}k_s(\Delta t)^2}{\beta}\right)\ddot{x}_k\right]$$

$$= \left(\frac{\delta\Delta t}{\beta}\right)\Delta F + \left(\frac{\beta - \delta k_s(\Delta t)^2}{\beta}\right)\dot{x}_k + \left(\frac{\beta\Delta t - c\delta(\Delta t)^2 - \frac{1}{2}k_s\delta(\Delta t)^3}{\beta}\right)\ddot{x}_k \tag{4.39}$$

$$x_{k+1} = x_k + \dot{x}_k\Delta t + \left(\frac{1}{2} - \alpha\right)\ddot{x}_k(\Delta t)^2 +$$

$$\alpha(\Delta t)^2\left[\left(\frac{1}{\beta}\right)\Delta F - \left(\frac{k_s\Delta t}{\beta}\right)\dot{x}_k + \left(\frac{\beta - c\Delta t - \frac{1}{2}k_s(\Delta t)^2}{\beta}\right)\ddot{x}_k\right]$$

$$= \left(\frac{\alpha(\Delta t)^2}{\beta}\right)\Delta F + x_k + \left(\frac{\beta\Delta t - k_s\alpha(\Delta t)^3}{\beta}\right)\dot{x}_k + \left(\frac{\frac{1}{2}\beta(\Delta t)^2 - c\alpha(\Delta t)^3 - \frac{1}{2}k_s\alpha(\Delta t)^4}{\beta}\right)\ddot{x}_k$$

$$\tag{4.40}$$

因此,将式(4.38)~式(4.40)表示为矩阵形式,为

$$\begin{bmatrix} x_{k+1} \\ \dot{x}_{k+1} \\ \ddot{x}_{k+1} \end{bmatrix} = \boldsymbol{F}_N^{(n)} \begin{bmatrix} x_k \\ \dot{x}_k \\ \ddot{x}_k \end{bmatrix} + \boldsymbol{H}_N^{(n)} \Delta F \tag{4.41}$$

这里

$$\boldsymbol{F}_N^{(n)} = \frac{1}{\beta} \begin{bmatrix} \beta & \beta \Delta t - k_s \alpha (\Delta t)^3 & \frac{1}{2} \beta (\Delta t)^2 - c \alpha (\Delta t)^3 - \frac{1}{2} k_s \alpha (\Delta t)^4 \\ 0 & \beta - \delta k_s (\Delta t)^2 & \beta \Delta t - c \delta (\Delta t)^2 - \frac{1}{2} k_s \delta (\Delta t)^3 \\ 0 & -k_s \Delta t & \beta - c \Delta t - \frac{1}{2} k_s (\Delta t)^2 \end{bmatrix} \tag{4.42}$$

$$H_N^{(n)} = \frac{1}{\beta} \begin{bmatrix} \alpha (\Delta t)^2 \\ \delta \Delta t \\ 1 \end{bmatrix} \tag{4.43}$$

注意式(4.43)上标 n 代表非线性时程分析,让

$$\boldsymbol{q}_k = \begin{bmatrix} x_k \\ \dot{x}_k \\ \ddot{x}_k \end{bmatrix}$$

那么式(4.41)就变为

$$\boldsymbol{q}_{k+1} = \boldsymbol{F}_N^{(n)} \boldsymbol{q}_k + \boldsymbol{H}_N^{(n)} \Delta F = \boldsymbol{F}_N^{(n)} \boldsymbol{q}_k + \boldsymbol{H}_N^{(n)} F_{k+1} - \boldsymbol{H}_N^{(n)} F_k \tag{4.44}$$

对于单自由度结构体系受地面地震运动作用,$\boldsymbol{H}_N^{(n)}$ 和 ΔF 变为 $\boldsymbol{H}_N^{(n\mathrm{EQ})}$ 和 Δa,式(4.44)仍然有效,这里

$$\boldsymbol{H}_N^{(n\mathrm{EQ})} = -\left(\frac{m}{\beta}\right) \begin{bmatrix} \alpha (\Delta t)^2 \\ \delta \Delta t \\ 1 \end{bmatrix} \tag{4.45}$$

式(4.44)就变为

$$\boldsymbol{q}_{k+1} = \boldsymbol{F}_N^{(n)} \boldsymbol{q}_k + \boldsymbol{H}_N^{(n\mathrm{EQ})} a_{k+1} - \boldsymbol{H}_N^{(n\mathrm{EQ})} a_k \tag{4.46}$$

注意在式(4.44)和式(4.46)中第 k 时间步出现了力或加速度如 F_k 或 a_k,在非线性时程分析中,运动的动力平衡方程无法使用,因为 k_s 代表一增量刚度值,并不能通过基于原点的 x_k 就能算出来的,其结果是通过式(4.44)和式(4.46)中 $\boldsymbol{F}_N^{(n)}$ 矩阵变化和 F_k 或 a_k 来表达的。

因为 k_s 可能为负值,式(4.33)中分母有可能很小或为零,当分母为零时,即

$$m + c \delta \Delta t + k_s \alpha (\Delta t)^2 = 0 \tag{4.47}$$

或除以 m,即

$$1 + \left(\frac{c}{m}\right) \delta \Delta t + \left(\frac{k_s}{m}\right) \alpha (\Delta t)^2 = 0 \tag{4.48}$$

提出 k_s/m 至方程式左端,得

$$\frac{k_s}{m} = -\left(\frac{1}{\alpha(\Delta t)^2}\right) - \left(\frac{c}{m}\right)\frac{\delta}{\alpha \Delta t} \tag{4.49}$$

对于单自由度结构体系 $(c/m) = 2\zeta_e \omega_{ne}$,其中频率 $\omega_{ne} = \sqrt{k_e/m}$, k_e 为屈服前弹性刚度值,就有

$$\frac{k_s}{m} = -\left(\frac{1}{\alpha(\Delta t)^2}\right) - (2\zeta_e \omega_{ne})\frac{\delta}{\alpha \Delta t} \tag{4.50}$$

Δt 越小, $-k_s$ 就越大,分母趋近于零,如果假定结构的阻尼为零,则式(4.50)就进一步简化为

$$\left(\frac{k_s}{m}\right) = -\left(\frac{1}{\alpha(\Delta t)^2}\right) \tag{4.51}$$

4.3 带非线性刚度的多自由度结构体系响应

现在考虑多自由度结构体系响应,其任意单元的刚度矩阵反映了力与变形之间的关系,多自由度结构体系的运动矩阵方程形式为

$$\boldsymbol{M}\ddot{\boldsymbol{X}}(t) + \boldsymbol{C}\dot{\boldsymbol{X}}(t) + [\boldsymbol{K}(\boldsymbol{X})]\boldsymbol{X}(t) = -\boldsymbol{M}\boldsymbol{a}(t) \tag{4.52}$$

在前节里,式(4.52)刚度矩阵 $\boldsymbol{K}(\boldsymbol{X})$ 是常数项的话,即 $\boldsymbol{K}(\boldsymbol{X}) = \boldsymbol{K}$,刚度矩阵与位移 $\boldsymbol{X}$ 无关,因此,也就不是时间的函数了,现在考虑刚度矩阵是与结构的变形位置有关的函数,也就是与 $\boldsymbol{X}(t)$ 有关。

前节结构体系的响应解已经通过 Newmark-β 法求解出来,由多自由度结构体系振动相关内容得到[3]

$$\boldsymbol{M}\ddot{\boldsymbol{X}}_{k+1} + \boldsymbol{C}\dot{\boldsymbol{X}}_{k+1} + \boldsymbol{K}\boldsymbol{X}_{k+1} = \boldsymbol{F}_{k+1} \tag{4.53a}$$

$$\dot{\boldsymbol{X}}_{k+1} = \dot{\boldsymbol{X}}_k + (1-\delta)\ddot{\boldsymbol{X}}_k \Delta t + \delta \ddot{\boldsymbol{X}}_{k+1} \Delta t \tag{4.53b}$$

$$\boldsymbol{X}_{k+1} = \boldsymbol{X}_k + \dot{\boldsymbol{X}}_k \Delta t + \left(\frac{1}{2} - \alpha\right)\ddot{\boldsymbol{X}}_k (\Delta t)^2 + \alpha \ddot{\boldsymbol{X}}_{k+1}(\Delta t)^2 \tag{4.53c}$$

式(4.53a)表示此例的动力平衡方程,其第 $k+1$ 区间的刚度矩阵 $\boldsymbol{K}$ 不是 $\boldsymbol{X}$ 的函数,如果刚度矩阵 $\boldsymbol{K}$ 依赖于 $\boldsymbol{X}(t)$ 的变化,则上式就必须被写为增量的形式

$$\boldsymbol{M}\Delta\ddot{\boldsymbol{X}} + \boldsymbol{C}\Delta\dot{\boldsymbol{X}} + \boldsymbol{K}_s \Delta\boldsymbol{X} = \Delta\boldsymbol{F} \tag{4.54a}$$

$$\Delta\dot{\boldsymbol{X}} = (1-\delta)\ddot{\boldsymbol{X}}_k \Delta t + \delta\ddot{\boldsymbol{X}}_{k+1}\Delta t \tag{4.54b}$$

$$\Delta\boldsymbol{X} = \dot{\boldsymbol{X}}_k \Delta t + \left(\frac{1}{2} - \alpha\right)\ddot{\boldsymbol{X}}_k (\Delta t)^2 + \alpha\ddot{\boldsymbol{X}}_{k+1}(\Delta t)^2 \tag{4.54c}$$

这里 $\boldsymbol{K}_s$ 表示位移 $\boldsymbol{X}_k$ 和 $\boldsymbol{X}_{k+1}$ 之间区间对应的刚度值。

$$\Delta\boldsymbol{X} = \boldsymbol{X}_{k+1} - \boldsymbol{X}_k, \quad \Delta\dot{\boldsymbol{X}} = \dot{\boldsymbol{X}}_{k+1} - \dot{\boldsymbol{X}}_k, \quad \Delta\ddot{\boldsymbol{X}} = \ddot{\boldsymbol{X}}_{k+1} - \ddot{\boldsymbol{X}}_k, \quad \Delta\boldsymbol{F} = \boldsymbol{F}_{k+1} - \boldsymbol{F}_k \tag{4.55}$$

将式(4.54b)和式(4.54c)代入式(4.54a),则得

$$\boldsymbol{M}\Delta\ddot{\boldsymbol{X}} + \boldsymbol{C}\left[(1-\delta)\ddot{\boldsymbol{X}}_k \Delta t + \delta\ddot{\boldsymbol{X}}_{k+1}\Delta t\right] + \boldsymbol{K}_s\left[\dot{\boldsymbol{X}}_k \Delta t + \left(\frac{1}{2} - \alpha\right)\ddot{\boldsymbol{X}}_k (\Delta t)^2 + \alpha\ddot{\boldsymbol{X}}_{k+1}(\Delta t)^2\right] = \Delta\boldsymbol{F}$$

$$\tag{4.56}$$

由式(4.55),得

$$\ddot{\boldsymbol{X}}_{k+1} = \ddot{\boldsymbol{X}}_k + \Delta\ddot{\boldsymbol{X}} \tag{4.57}$$

将式(4.57)代入式(4.56),得

$$\boldsymbol{M}\Delta\ddot{\boldsymbol{X}} + (1-\delta)\Delta t\boldsymbol{C}\ddot{\boldsymbol{X}}_k + \delta\Delta t\boldsymbol{C}\ddot{\boldsymbol{X}}_k + \delta\Delta t\boldsymbol{C}\Delta\ddot{\boldsymbol{X}} +$$

$$\Delta t\boldsymbol{K}_{\mathrm{s}}\dot{\boldsymbol{X}}_k + \left(\frac{1}{2}-\alpha\right)(\Delta t)^2\boldsymbol{K}_{\mathrm{s}}\ddot{\boldsymbol{X}}_k + \alpha(\Delta t)^2\boldsymbol{K}_{\mathrm{s}}\ddot{\boldsymbol{X}}_k + \alpha(\Delta t)^2\boldsymbol{K}_{\mathrm{s}}\Delta\ddot{\boldsymbol{X}} = \Delta\boldsymbol{F} \tag{4.58}$$

对式(4.58)合并同类项后得

$$[\boldsymbol{M} + \delta\Delta t\boldsymbol{C} + \alpha(\Delta t)^2\boldsymbol{K}_{\mathrm{s}}]\Delta\ddot{\boldsymbol{X}} + [(1-\delta)\Delta t + \delta\Delta t]\boldsymbol{C}\ddot{\boldsymbol{X}}_k +$$

$$\Delta t\boldsymbol{K}_{\mathrm{s}}\dot{\boldsymbol{X}}_k + \left[\left(\frac{1}{2}-\alpha\right)(\Delta t)^2 + \alpha(\Delta t)^2\right]\boldsymbol{K}_{\mathrm{s}}\ddot{\boldsymbol{X}}_k = \Delta\boldsymbol{F} \tag{4.59}$$

进一步对式(4.59)化简,得

$$[\boldsymbol{M} + \delta\Delta t\boldsymbol{C} + \alpha(\Delta t)^2\boldsymbol{K}_{\mathrm{s}}]\Delta\ddot{\boldsymbol{X}} + \Delta t\boldsymbol{C}\ddot{\boldsymbol{X}}_k + \Delta t\boldsymbol{K}_{\mathrm{s}}\dot{\boldsymbol{X}}_k + \frac{1}{2}(\Delta t)^2\boldsymbol{K}_{\mathrm{s}}\ddot{\boldsymbol{X}}_k = \Delta\boldsymbol{F} \tag{4.60}$$

解出 $\Delta\ddot{\boldsymbol{X}}$ 为

$$\Delta\ddot{\boldsymbol{X}} = [\boldsymbol{M} + \delta\Delta t\boldsymbol{C} + \alpha(\Delta t)^2\boldsymbol{K}_{\mathrm{s}}]^{-1}\left[\Delta\boldsymbol{F} - \Delta t\boldsymbol{C}\ddot{\boldsymbol{X}}_k - \Delta t\boldsymbol{K}_{\mathrm{s}}\dot{\boldsymbol{X}}_k - \frac{1}{2}(\Delta t)^2\boldsymbol{K}_{\mathrm{s}}\ddot{\boldsymbol{X}}_k\right] \tag{4.61}$$

式(4.61)提供了区间加速度增量 $\Delta\ddot{\boldsymbol{X}}$ 的解,用式(4.54)就可以进一步求解出区间位移和速度增量 $\Delta\boldsymbol{X}$ 和 $\Delta\dot{\boldsymbol{X}}$,然后代入式(4.55)就可以得到下一步的位移和速度值分别为 $\boldsymbol{X}_{k+1}$ 和 $\dot{\boldsymbol{X}}_{k+1}$。

用矩阵的形式表示,首先让

$$\boldsymbol{B} = \boldsymbol{M} + \delta\Delta t\boldsymbol{C} + \alpha(\Delta t)^2\boldsymbol{K}_{\mathrm{s}} \tag{4.62}$$

则式(4.61)就变为

$$\Delta\ddot{\boldsymbol{X}} = \boldsymbol{B}^{-1}\Delta\boldsymbol{F} - \Delta t\boldsymbol{B}^{-1}\boldsymbol{K}_{\mathrm{s}}\dot{\boldsymbol{X}}_k - \left[\Delta t\boldsymbol{B}^{-1}\boldsymbol{C} + \frac{1}{2}(\Delta t)^2\boldsymbol{B}^{-1}\boldsymbol{K}_{\mathrm{s}}\right]\ddot{\boldsymbol{X}}_k \tag{4.63}$$

则第 $k+1$ 时间步的加速度值为

$$\ddot{\boldsymbol{X}}_{k+1} = \ddot{\boldsymbol{X}}_k + \Delta\ddot{\boldsymbol{X}} = \ddot{\boldsymbol{X}}_k + \boldsymbol{B}^{-1}\Delta\boldsymbol{F} - \Delta t\boldsymbol{B}^{-1}\boldsymbol{K}_{\mathrm{s}}\dot{\boldsymbol{X}}_k - \left[\Delta t\boldsymbol{B}^{-1}\boldsymbol{C} + \frac{1}{2}(\Delta t)^2\boldsymbol{B}^{-1}\boldsymbol{K}_{\mathrm{s}}\right]\ddot{\boldsymbol{X}}_k$$

$$= \boldsymbol{B}^{-1}\Delta\boldsymbol{F} - \Delta t\boldsymbol{B}^{-1}\boldsymbol{K}_{\mathrm{s}}\dot{\boldsymbol{X}}_k + \left[\boldsymbol{I} - \Delta t\boldsymbol{B}^{-1}\boldsymbol{C} - \frac{1}{2}(\Delta t)^2\boldsymbol{B}^{-1}\boldsymbol{K}_{\mathrm{s}}\right]\ddot{\boldsymbol{X}}_k \tag{4.64}$$

将式(4.64)代入式(4.53b)、式(4.53c),得

$$\dot{\boldsymbol{X}}_{k+1} = \dot{\boldsymbol{X}}_k + (1-\delta)\ddot{\boldsymbol{X}}_k\Delta t +$$

$$\delta\Delta t\left[\boldsymbol{B}^{-1}\Delta\boldsymbol{F} - (\Delta t\boldsymbol{B}^{-1}\boldsymbol{K}_{\mathrm{s}})\dot{\boldsymbol{X}}_k + \left(\boldsymbol{I} - \Delta t\boldsymbol{B}^{-1}\boldsymbol{C} - \frac{1}{2}(\Delta t)^2\boldsymbol{B}^{-1}\boldsymbol{K}_{\mathrm{s}}\right)\ddot{\boldsymbol{X}}_k\right]$$

$$= \delta\Delta t\boldsymbol{B}^{-1}\Delta\boldsymbol{F} + [\boldsymbol{I} - \delta(\Delta t)^2\boldsymbol{B}^{-1}\boldsymbol{K}_{\mathrm{s}}]\dot{\boldsymbol{X}}_k +$$

$$\left[(\Delta t)\boldsymbol{I} - \delta(\Delta t)^2 B^{-1}\boldsymbol{C} - \frac{1}{2}\delta(\Delta t)^3\boldsymbol{B}^{-1}\boldsymbol{K}_{\mathrm{s}}\right]\ddot{\boldsymbol{X}}_k \tag{4.65}$$

$$\boldsymbol{X}_{k+1} = \boldsymbol{X}_k + \Delta t\dot{\boldsymbol{X}}_k + \left(\frac{1}{2}-\alpha\right)(\Delta t)^2\ddot{\boldsymbol{X}}_k +$$

$$\alpha(\Delta t)^2\left[\boldsymbol{B}^{-1}\Delta\boldsymbol{F}-(\Delta t\boldsymbol{B}^{-1}\boldsymbol{K}_{\mathrm{s}})\dot{\boldsymbol{X}}_k+(\boldsymbol{I}-\Delta t\boldsymbol{B}^{-1}\boldsymbol{C}-\frac{1}{2}(\Delta t)^2\boldsymbol{B}^{-1}\boldsymbol{K}_{\mathrm{s}})\ddot{\boldsymbol{X}}_k\right]$$

$$=[\alpha(\Delta t)^2\boldsymbol{B}^{-1}]\Delta\boldsymbol{F}+\boldsymbol{X}_k+[(\Delta t)\boldsymbol{I}-\alpha(\Delta t)^3\boldsymbol{B}^{-1}\boldsymbol{K}_{\mathrm{s}}]\dot{\boldsymbol{X}}_k+$$

$$\left[\frac{1}{2}(\Delta t)^2\boldsymbol{I}-\alpha(\Delta t)^3\boldsymbol{B}^{-1}\boldsymbol{C}-\frac{1}{2}\alpha(\Delta t)^4\boldsymbol{B}^{-1}\boldsymbol{K}_{\mathrm{s}}\right]\ddot{\boldsymbol{X}}_k \tag{4.66}$$

因此,式(4.64)~式(4.66)以矩阵形式表示为

$$\begin{bmatrix}\boldsymbol{X}_{k+1}\\\dot{\boldsymbol{X}}_{k+1}\\\ddot{\boldsymbol{X}}_{k+1}\end{bmatrix}=\boldsymbol{F}_N^{(n)}\begin{bmatrix}\boldsymbol{X}_k\\\dot{\boldsymbol{X}}_k\\\ddot{\boldsymbol{X}}_k\end{bmatrix}+\boldsymbol{H}_N^{(n)}\Delta\boldsymbol{F} \tag{4.67}$$

这里

$$\boldsymbol{F}_N^{(n)}=\begin{bmatrix}\boldsymbol{I}&(\Delta t)\boldsymbol{I}-\alpha(\Delta t)^3\boldsymbol{B}^{-1}\boldsymbol{K}_{\mathrm{s}}&\frac{1}{2}(\Delta t)^2\boldsymbol{I}-\alpha(\Delta t)^3\boldsymbol{B}^{-1}\boldsymbol{C}-\frac{1}{2}\alpha(\Delta t)^4\boldsymbol{B}^{-1}\boldsymbol{K}_{\mathrm{s}}\\\boldsymbol{0}&\boldsymbol{I}-\delta(\Delta t)^2\boldsymbol{B}^{-1}\boldsymbol{K}_{\mathrm{s}}&(\Delta t)\boldsymbol{I}-\delta(\Delta t)^2\boldsymbol{B}^{-1}\boldsymbol{C}-\frac{1}{2}\delta(\Delta t)^3\boldsymbol{B}^{-1}\boldsymbol{K}_{\mathrm{s}}\\\boldsymbol{0}&-\Delta t\boldsymbol{B}^{-1}\boldsymbol{K}_{\mathrm{s}}&\boldsymbol{I}-\Delta t\boldsymbol{B}^{-1}\boldsymbol{C}-\frac{1}{2}(\Delta t)^2\boldsymbol{B}^{-1}\boldsymbol{K}_{\mathrm{s}}\end{bmatrix} \tag{4.68}$$

$$\boldsymbol{H}_N^{(n)}=\begin{bmatrix}\alpha(\Delta t)^2\boldsymbol{B}^{-1}\\\delta\Delta t\boldsymbol{B}^{-1}\\\boldsymbol{B}^{-1}\end{bmatrix} \tag{4.69}$$

式(4.68)和式(4.69)的上标(n)表示非线性时程分析,让

$$\boldsymbol{q}_k=\begin{bmatrix}\boldsymbol{X}_k\\\dot{\boldsymbol{X}}_k\\\ddot{\boldsymbol{X}}_k\end{bmatrix}$$

则式(4.67)就可以写为

$$\boldsymbol{q}_{k+1}=\boldsymbol{F}_N^{(n)}\boldsymbol{q}_k+\boldsymbol{H}_N^{(n)}\Delta\boldsymbol{F}=\boldsymbol{F}_N^{(n)}\boldsymbol{q}_k+\boldsymbol{H}_N^{(n)}\boldsymbol{F}_{k+1}-\boldsymbol{H}_N^{(n)}\boldsymbol{F}_k \tag{4.70}$$

如结构受到地震地面运动的作用,则式(4.70)仍然是有效的,此时$\boldsymbol{H}_N^{(n)}$矩阵和$\Delta\boldsymbol{F}$变为$\boldsymbol{H}_N^{(n\mathrm{EQ})}$和$\Delta\boldsymbol{a}$,即

$$\boldsymbol{H}_N^{(n\mathrm{EQ})}=-\begin{bmatrix}\alpha(\Delta t)^2\boldsymbol{B}^{-1}\boldsymbol{M}\\\delta\Delta t\boldsymbol{B}^{-1}\boldsymbol{M}\\\boldsymbol{B}^{-1}\boldsymbol{M}\end{bmatrix} \tag{4.71}$$

因此式(4.70)就变为

$$\boldsymbol{q}_{k+1}=\boldsymbol{F}_N^{(n)}\boldsymbol{q}_k+\boldsymbol{H}_N^{(n\mathrm{EQ})}\boldsymbol{a}_{k+1}-\boldsymbol{H}_N^{(n\mathrm{EQ})}\boldsymbol{a}_k \tag{4.72}$$

注意式(4.72)中矩阵$\boldsymbol{F}_N^{(n)}$和$\boldsymbol{H}_N^{(n\mathrm{EQ})}$是时间的函数,因此,该矩阵必须基于时间步逐步积分计算,另外注意,计算矩阵$\boldsymbol{F}_N^{(n)}$和$\boldsymbol{H}_N^{(n\mathrm{EQ})}$需要算出每一时间步矩阵$\boldsymbol{B}$的转置矩阵。

最后,当采用常系数加速度法时,比如$\delta=0$和$\alpha=\boldsymbol{0}$,则式(4.62)、式(4.68)式(4.71)

就可以简化为

$$\boldsymbol{B} = \boldsymbol{M} + (0)\Delta t\boldsymbol{C} + (0)(\Delta t)^2\boldsymbol{K}_s = \boldsymbol{M} \tag{4.73a}$$

$$\boldsymbol{F}_N^{(n)} = \begin{bmatrix} \boldsymbol{I} & (\Delta t)\boldsymbol{I} & \dfrac{1}{2}(\Delta t)^2\boldsymbol{I} \\ \boldsymbol{0} & \boldsymbol{I} & (\Delta t)\boldsymbol{I} \\ \boldsymbol{0} & -\Delta t\boldsymbol{M}^{-1}\boldsymbol{K}_s & \boldsymbol{I} - \Delta t\boldsymbol{M}^{-1}\boldsymbol{C} - \dfrac{1}{2}(\Delta t)^2\boldsymbol{M}^{-1}\boldsymbol{K}_s \end{bmatrix} \tag{4.73b}$$

$$\boldsymbol{H}_N^{(n)} = \begin{bmatrix} \boldsymbol{0} \\ \boldsymbol{0} \\ \boldsymbol{M}^{-1} \end{bmatrix}, \quad \boldsymbol{H}_N^{(n\,\mathrm{EQ})} = - \begin{bmatrix} \boldsymbol{0} \\ \boldsymbol{0} \\ -\boldsymbol{I} \end{bmatrix} \tag{4.73c}$$

4.4　塑性位移与力分析方法

4.3 节讨论了考虑结构单元特性中与时间相关的刚度特性时的塑性结构响应方法,从本节开始探讨在非线性时程分析中的另外一种方法,力分析方法,简称力法。该法是由 T. H. Lin 教授首先提出来的[4-5],后续一些学者又对此进行了进一步的探讨[6-11]。

前面几节中讲述刚度改变的目的在于确定结构在屈服以后所受的力,图 4.6(a)所示为单自由度弹簧-质量体系,图 4.6(b)所示为相应的力-位移变形曲线,弹簧力 F_s,当位移大于屈服位移时的弹簧力可以表示为

$$F_s = F_y + F_{is} \tag{4.74}$$

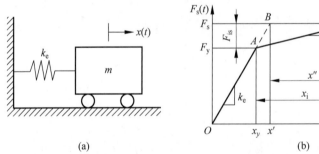

(a)　　　　　　　　　　　(b)

图 4.6　单自由度双线型示意图

(a) 单自由度弹簧-质量体系;(b) 力-位移变形关系

式中,F_y 表示与位移成弹性关系的屈服力,F_{is} 表示达到屈服后的弹簧力。也可以采用起始(屈服前)刚度 k_e 和屈服后刚度 k_i 表示为

$$F_s = k_e x_y + k_i x_i \tag{4.75}$$

这里 x_y 是弹簧屈服位移,x_i 是位移超出屈服位移后的多出位移,因此总位移 x

$$x = x_y + x_i \tag{4.76}$$

式(4.74)就等于

$$F_s = k_e x_y + k_i (x - x_y) \tag{4.77}$$

式(4.77)表示的是弹簧中屈服前和屈服后刚度与力的关系式。

在力法中,结构的塑性响应集中在结构位移而不是刚度的变化上,如图 4.6(b)所示,弹

性位移 x' 通过起始刚度的虚扩展线可以得到与对应的弹簧力 F_s 的交点为 B 点。当力等于 F_s 时，总位移等于 x，总位移与弹性位移之间的差值被称为塑性位移，标注为 x''：

$$x = x' + x'' \tag{4.78}$$

在位移等于 x 时弹簧力通过方程式表示为

$$F_s = k_e x' \tag{4.79}$$

将式(4.78)转换后代入式(4.79)，得

$$F_s = k_e(x - x'') \tag{4.80}$$

式(4.80)表示了在力的方程中所反映的结构体系上位移的变化。弹性位移不是固定值，它随力的改变而改变，并且弹性位移不等于屈服位移，即

$$x' \neq x_y \tag{4.81}$$

力分析方法的基本思路是通过一个假设的力来代替塑性位移 x''，在单自由度弹簧-质量体系中，假定有未知力作用结构，总位移为 x，目的就是计算出弹簧力 F_s 和塑性位移 x''，式(4.80)给出了计算位移量的一个方程，另外一个方程通过图 4.6(b)所示屈服力 F_y 和屈服位移 x_y 的关系得到。式(4.80)还可以改写为

$$F_s + k_e x'' = k_e x \tag{4.82}$$

由于式(4.82)左端的 F_s 和 x'' 未知，为了求解式(4.82)，需要对总位移和屈服位移进行对比分析，如果结构总位移小于屈服位移，则结构响应就是弹性响应，即结构没有塑性位移，$x'' = 0$。由式(4.82)可得弹簧力为

$$F_s = k_e x, \quad x'' = 0 \tag{4.83}$$

如果总位移大于屈服位移，则式(4.82)中的 F_s 就变为

$$F_s = F_y + k_i(x - x_y) \tag{4.84}$$

将式(4.84)代入式(4.82)，得

$$F_y + k_i(x - x_y) + k_e x'' = k_e x \tag{4.85}$$

对式(4.85)重新整理，解得 x'' 为

$$x'' = x - \left(\frac{F_y}{k_e}\right) - \left(\frac{k_i}{k_e}\right)(x - x_y) = \left(\frac{k_e - k_i}{k_e}\right)x + \left(\frac{k_i}{k_e}\right)x_y - \left(\frac{F_y}{k_e}\right) \tag{4.86}$$

考虑到图 4.6(b)中 $F_y/k_e = x_y$，则式(4.86)可以进一步转换为

$$x'' = \left(\frac{k_e - k_i}{k_e}\right)x + \left(\frac{k_i - k_e}{k_e}\right)x_y = \left(\frac{k_e - k_i}{k_e}\right)(x - x_y) = \left(1 - \frac{k_i}{k_e}\right)(x - x_y) \tag{4.87}$$

因此，结果汇总为

$$x'' = \begin{cases} 0 & x \leqslant x_y \\ (1 - k_i/k_e)(x - x_y) & x > x_y \end{cases}, \quad F_s = \begin{cases} k_e x & x \leqslant x_y \\ F_y + k_i(x - x_y) & x > x_y \end{cases} \tag{4.88}$$

注意力分析法的提取并没有事先假定是否采用双线型应变硬化型、弹塑性类型或应变软化型本构模型，该法可以被应用于任意类型应变硬化模型。

另外，注意式(4.87)中 $x - x_y = x_i$，其为屈服后的位移，由式(4.88)可得：

$$x'' = \left(1 - \frac{k_i}{k_e}\right)x_i \tag{4.89}$$

由式(4.89)和图 4.7 可看出，一个带应变硬化的弹簧其塑性位移始终小于屈服后位移；

如弹簧是应变软化类型,则塑性位移始终大于屈服后位移;对于理想弹塑性弹簧,$x_i = 0$,其塑性位移就等于屈服后的位移。

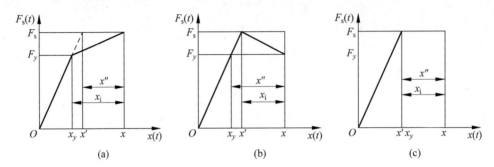

图 4.7 屈服后位移与塑性位移对比

(a) 应变硬化模型;(b) 应变软化模型;(c) 理想弹塑性模型

塑性位移表示结构的塑性,即弹簧-质量体系中的力 F_s 撤去后,结构塑性位移仍然保留,如图 4.8 所示,当力 F_s 从位移 x 中卸载后,沿路径 CD 卸载,其斜率等于起始刚度 k_e。当力 F_s 完全卸载后,残余位移就等于塑性位移:

$$x'' = x - x' \tag{4.90}$$

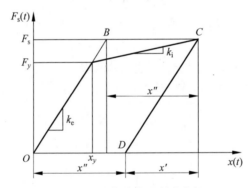

图 4.8 力-位移关系变形路径

4.5 力分析法的单自由度结构响应

4.4 节探讨了基于弹簧-质量体系的力分析法的基本概念,本节进一步探讨单自由度结构的响应计算。首先,考虑结构的总位移可以被写为:

$$x(t) = x'(t) + x''(t) \tag{4.91}$$

这里 $x(t)$ 代表总位移,$x'(t)$ 是弹性位移,$x''(t)$ 是塑性位移,考虑到 4.4 节所述塑性位移是总位移一部分,是超过起始线性位移的部分。结构的塑性位移是结构单元的塑性变形的结果。本节举例单自由度柱结构当弯矩大于屈服弯矩时出现塑性转角,考虑到如图 4.9(a) 所示情形,结构基础部位的总弯矩为

$$M(t) = M'(t) + M''(t) \tag{4.92}$$

这里 $M(t)$ 是总弯矩,$M'(t)$ 是基于弹性位移的弹性弯矩,$M''(t)$ 是基于塑性位移的塑性弯

矩。基于结构力学的虚功原理,弹性弯矩和在弹性响应域内弹性位移之间的关系通过图乘法计算,可以被表示为

$$M'(t) = LF(t) = L\left[\left(\frac{3EI}{L^3}\right)x'(t)\right] = \left(\frac{3EI}{L^2}\right)x'(t) \tag{4.93}$$

这里 E 是结构材料的弹性模量,I 为结构单元的惯性矩,L 为杆长。

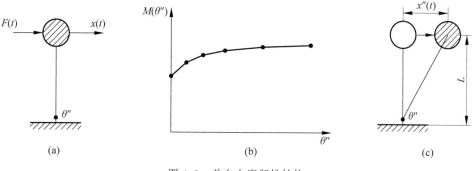

图 4.9 单自由度塑性结构

为了计算结构的塑性弯矩,塑性弯矩和塑性位移之间的关系必须确定出来,考虑到单自由度结构体系中弯矩与柱转角之间的关系可以假定为如图 4.9(b)所示的多线性关系,结构基础处的塑性转角导致结构顶部产生一不可恢复性变形如图 4.9(c)所示,即

$$x''(t) = L\theta''(t) \tag{4.94}$$

可以用一个力来表示这一不可恢复性变形,假定有一个力作用于结构质量集中处并使结构恢复为初始状态,如图 4.10(b)所示,这一虚拟的恢复力可表示为:

$$F_{RF}(t) = -\left(\frac{3EI}{L^3}\right)x''(t) = -\left(\frac{3EI}{L^2}\right)\theta''(t) \tag{4.95a}$$

$$M_{RF}(t) = LF_{RF}(t) = -\left(\frac{3EI}{L^2}\right)x''(t) = -\left(\frac{3EI}{L}\right)\theta''(t) \tag{4.95b}$$

式(4.95)的力并不是作用于结构上的外加力,因此必然有与其大小相等、方向相反的力作用于结构中,其中弯矩 $M_{RF}(t)$ 作用于结构的基础处,一般可以被忽略;力 $F_{RF}(t)$ 必然有一相反的力与其平衡,如图 4.10 所示,可以表示为:

$$F_a(t) = -F_{RF}(t) = \left(\frac{3EI}{L^2}\right)\theta''(t) \tag{4.96}$$

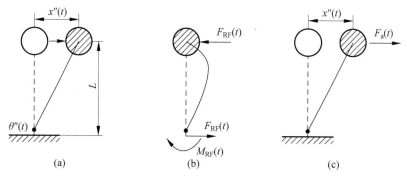

图 4.10 力分析方法

由于力 $F_a(t)$ 的施加，相应结构顶部的位移 $x''(t)$ 就等于

$$x''(t) = \left(\frac{L^3}{3EI}\right)F_a(t) \tag{4.97}$$

将式(4.96)代入式(4.97)，并考虑式(4.94)，在力分析法中塑性转角和非线性位移之间的本构关系是重要的，并将式(4.97)代入式(4.95)～式(4.96)，另外，由于力 $F_a(t)$ 在结构基础部位产生弯矩，即

$$M_p(t) = LF_a(t) = \left(\frac{3EI}{L}\right)\theta''(t) \tag{4.98}$$

这里 $M_p(t)$ 是结构基础部位基于力 $F_a(t)$ 的弯矩，因此，基于塑性转角的非线性弯矩就是将式(4.96)和式(4.98)合并为

$$M''(t) = M_{RF}(t) + M_p(t) = -\left(\frac{3EI}{L}\right)\theta''(t) + \left(\frac{3EI}{L}\right)\theta''(t) = 0 \tag{4.99}$$

式(4.99)显示了一个塑性铰的单自由度体系的特例，其基于塑性转角的非线性弯矩为零。

最后，将式(4.91)、式(4.93)和式(4.99)代入式(4.92)，即得到

$$M(t) = M'(t) + M''(t) = \left(\frac{3EI}{L^2}\right)x'(t) + 0 = \left(\frac{3EI}{L^2}\right)\left[x(t) - x''(t)\right] \tag{4.100}$$

将式(4.94)代入式(4.100)并整理后得

$$M(t) + \left(\frac{3EI}{L}\right)\theta''(t) = \left(\frac{3EI}{L^2}\right)x(t) \tag{4.101}$$

式(4.101)就是力分析法的非弹性分析主方程。

4.6　力分析法的多自由度结构响应

对于 n 个自由度体系，其塑性位移可以写为向量的形式如式(4.102)：

$$\boldsymbol{X}(t) = \boldsymbol{X}'(t) + \boldsymbol{X}''(t) = \begin{bmatrix} x'_1(t) \\ x'_2(t) \\ \vdots \\ x'_n(t) \end{bmatrix} + \begin{bmatrix} x''_1(t) \\ x''_2(t) \\ \vdots \\ x''_n(t) \end{bmatrix} \tag{4.102}$$

式中，$\boldsymbol{X}(t)$ 代表总位移向量，$\boldsymbol{X}'(t)$ 是弹性位移向量，$\boldsymbol{X}''(t)$ 是非弹性位移向量。

结构每一个单元力必须计算出来用于确定结构的响应是弹性响应域或是非弹性响应域。单元的两端弯矩值因为在地震动力分析中该区域弯矩容易超过结构的弯矩限值，因此在计算中非常关键，即该区域弯矩一旦超过屈服弯矩值，结构在该部位会发生屈服。该部位结构工程上通常称为塑性铰。

该部位在形成塑性铰时的总弯矩可表示为：

$$\boldsymbol{M}(t) = \boldsymbol{M}'(t) + \boldsymbol{M}''(t) = \begin{bmatrix} M'_1(t) \\ M'_2(t) \\ \vdots \\ M'_m(t) \end{bmatrix} + \begin{bmatrix} M''_1(t) \\ M''_2(t) \\ \vdots \\ M''_m(t) \end{bmatrix} \tag{4.103}$$

这里 $M'(t)$ 是基于弹性位移的弹性弯矩向量，$M''(t)$ 是基于非弹性位移的残余弯矩向量，m 为潜在塑性铰的总数量。

考虑到残余弯矩向量 $M''(t)$，如 4.5 节所述，计算残余弯矩的方法同力分析方法。当结构中塑性铰产生时，在该部位的塑性转角被虚拟力代替，通过使用作用于结构的虚拟力可以计算出结构状态的变形，为了证明力分析方法，定义塑性转角向量 $\boldsymbol{\Theta}''(t)$ 为

$$\boldsymbol{\Theta}''(t) = \begin{bmatrix} \theta''_1(t) \\ \theta''_2(t) \\ \vdots \\ \theta''_m(t) \end{bmatrix} \tag{4.104}$$

上述在力分析法中标号转换如图 4.11 所示，其中图 4.11(a) 显示为两个梁与两个柱的节点，当对该节点作用一主动弯矩，梁和柱的反方向的响应显示如图 4.11(b) 所示，当这个响应大于主动屈服弯矩，则"主动"塑性转角显示如图 4.11(c) 所示。

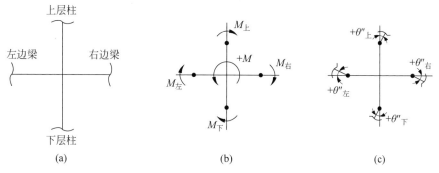

图 4.11　塑性铰的简图标识

举一个塑性转角的例子，如图 4.12(a) 所示，当然此类型结构实际是不存在的，但为了清楚表达结构的变形，结构杆件都被断开，外加力将结构各杆件恢复至初始未变形状态，如图 4.12(b) 所示，这就是这些结构单元内部恢复力，在结构单元杆件端部的恢复力表示为

$$F_{\mathrm{RF}}(t) = \begin{bmatrix} F_{\mathrm{RF}1}(t) \\ F_{\mathrm{RF}2}(t) \\ \vdots \\ F_{\mathrm{RF}n}(t) \end{bmatrix} = -\boldsymbol{K}_{\mathrm{p}}\boldsymbol{\Theta}''(t) \tag{4.105}$$

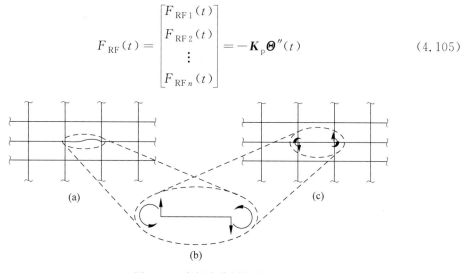

图 4.12　虚拟力分析方法

式中，$\boldsymbol{K}_P$ 是对应于力的单元恢复矩阵，其定义结构中与变形相适应的作用于每一个结构塑性转角部位的力，类似的，在潜在的塑性铰区域，基于塑性转角的恢复弯矩为

$$\boldsymbol{M}_{RF}(t)=\begin{bmatrix}M_{RF1}(t)\\M_{RF2}(t)\\\vdots\\M_{RFm}(t)\end{bmatrix}=-\boldsymbol{K}_R\boldsymbol{\Theta}''(t) \tag{4.106}$$

式中，$\boldsymbol{K}_R$ 是对应于弯矩的单元恢复矩阵，为了施加一个主动的塑性转角使单元总转角为零，必须施加一反方向的恢复力，这就是在式(4.105)和式(4.106)右端项有负号的原因，单元被重新组装，位移相合，由于图 4.12(c)所示的恢复力实际是不存在的，因此，一个与它相等的反向力必须作用于结构上，此力可以表示为

$$\boldsymbol{F}_a(t)=-\boldsymbol{F}_{RF}(t)=\boldsymbol{K}_P\boldsymbol{\Theta}''(t)=\boldsymbol{K}\boldsymbol{X}''(t) \tag{4.107}$$

式中，$\boldsymbol{K}$ 是结构刚度矩阵，通过这个过程解上式的非弹性位移向量，得

$$\boldsymbol{X}''(t)=\boldsymbol{K}^{-1}\boldsymbol{K}_P\boldsymbol{\Theta}''(t) \tag{4.108}$$

潜在塑性铰部位的弯矩 $\boldsymbol{M}_P(t)$，如图 4.12(c)所示，是基于方程中非线性位移的力 $\boldsymbol{F}_a(t)$

$$\boldsymbol{M}_P(t)=\boldsymbol{K}_P^T\boldsymbol{X}''(t)=\boldsymbol{K}_P^T\boldsymbol{K}^{-1}\boldsymbol{K}_P\boldsymbol{\Theta}''(t) \tag{4.109}$$

式(4.109)中 $\boldsymbol{K}_P$ 转置的原因在于使用了麦克斯韦(Maxwell)互换定理[2-3]，即

$$\begin{bmatrix}M_1\\M_2\\\vdots\\M_m\end{bmatrix}=\begin{bmatrix}k_{11}&k_{12}&\cdots&k_{1n}\\k_{21}&k_{22}&\cdots&k_{2n}\\\vdots&\vdots&&\vdots\\k_{m1}&k_{m2}&\cdots&k_{mn}\end{bmatrix}\begin{bmatrix}x_1\\x_2\\\vdots\\x_n\end{bmatrix}\text{和}\begin{bmatrix}F_1\\F_2\\\vdots\\F_n\end{bmatrix}=\begin{bmatrix}k_{11}&k_{21}&\cdots&k_{m1}\\k_{12}&k_{22}&\cdots&k_{m2}\\\vdots&\vdots&&\vdots\\k_{1n}&k_{2n}&\cdots&k_{mn}\end{bmatrix}\begin{bmatrix}\theta_1\\\theta_2\\\vdots\\\theta_m\end{bmatrix}$$

这里的左端来自于式(4.109)，右端来自于式(4.107)。注意在进行了结构分析的刚度法后，结构所有自由度上的位移均可以计算得出，单元上的所有力都可以基于矩阵 $\boldsymbol{K}_P$ 从位移域中恢复。

最后，因为恢复力开始只是施加于结构单元之间，这些力需要在残余弯矩方程中得到体现：

$$\boldsymbol{M}''(t)=\boldsymbol{M}_{RF}(t)+\boldsymbol{M}_P(t)=-(\boldsymbol{K}_R-\boldsymbol{K}_P^T\boldsymbol{K}^{-1}\boldsymbol{K}_P)\boldsymbol{\Theta}''(t) \tag{4.110}$$

式(4.110)就是残余弯矩向量的方程式，这些弯矩为结构内不带外作用力的基于塑性转角的弯矩。例如，如果地震导致结构内产生部分塑性铰，则残余弯矩为地震后在这些单元中保留力所作用的结果。

使用单元力恢复矩阵可以计算出来所有的弹性弯矩，采用方程可以表示为

$$\boldsymbol{M}'(t)=\boldsymbol{K}_P^T\boldsymbol{X}'(t) \tag{4.111}$$

式(4.111)采用总位移向量的形式还可以表示为

$$\boldsymbol{M}'(t)=\boldsymbol{K}_P^T\boldsymbol{X}'(t)=\boldsymbol{K}_P^T[\boldsymbol{X}(t)-\boldsymbol{X}''(t)] \tag{4.112}$$

由式(4.108)，在潜在塑性铰部位的弯矩也可以写为基于非弹性位移向量的形式

$$\boldsymbol{M}'(t)=\boldsymbol{K}_P^T[\boldsymbol{X}(t)-\boldsymbol{X}''(t)]=\boldsymbol{K}_P^T[\boldsymbol{X}(t)-\boldsymbol{K}^{-1}\boldsymbol{K}_P\boldsymbol{\Theta}''(t)] \tag{4.113}$$

在得到弹性和残余弯矩后，在所有潜在塑性铰区域的总弯矩就可以汇总得出

$$\begin{aligned}\boldsymbol{M}(t)&=\boldsymbol{M}'(t)+\boldsymbol{M}''(t)\\&=\boldsymbol{K}_P^T[\boldsymbol{X}(t)-\boldsymbol{K}^{-1}\boldsymbol{K}_P\boldsymbol{\Theta}''(t)]-[\boldsymbol{K}_R-\boldsymbol{K}_P^T\boldsymbol{K}^{-1}\boldsymbol{K}_P]\boldsymbol{\Theta}''(t)\\&=\boldsymbol{K}_P^T\boldsymbol{X}(t)-\boldsymbol{K}_R\boldsymbol{\Theta}''(t)\end{aligned} \tag{4.114}$$

重新整理式(4.114),得到

$$\boldsymbol{M}(t) + \boldsymbol{K}_R\boldsymbol{\Theta}''(t) = \boldsymbol{K}_P^T\boldsymbol{X}(t) \tag{4.115}$$

图 4.13 表示了式(4.115),显示了在结构不同位移量下一个区域的典型弯矩,类似的代表性图形还可以通过应变软化获得,此处弯矩减小而转角增加。

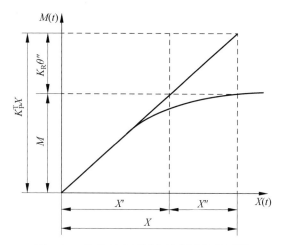

图 4.13 结构对应不同位移值下的弯矩图

式(4.115)包含了结构的总位移向量,有 m 阶未知总弯矩向量就有 m 阶未知塑性铰向量,总共就有 $2m$ 未知阶项,矩阵方程给定了 m 个独立方程,结合 m 个弯矩与转角关系,共有 $2m$ 个方程,当总位移向量已知后,就可进一步计算所有的弯矩和塑性转角。

塑性位移向量可以通过式(4.108)计算得到,塑性转角在式(4.115)中计算,该塑性位移卸载后仍然存在,是总位移的一部分。

4.7 力分析法的塑性动力状态空间响应

考虑运动的动力平衡方程为

$$\boldsymbol{M}\ddot{\boldsymbol{X}}(t) + \boldsymbol{C}\dot{\boldsymbol{X}}(t) + \boldsymbol{K}\boldsymbol{X}'(t) = -\boldsymbol{M}\boldsymbol{a}(t) \tag{4.116}$$

弹性位移 $\boldsymbol{X}'(t)$ 被定义为总力除以起始刚度,因此,刚度矩阵乘以弹性位移就得到总力。总力维持了式(4.116)中力的平衡,由式(4.102)可得:

$$\boldsymbol{X}'(t) = \begin{bmatrix} x_1'(t) \\ x_2'(t) \\ \vdots \\ x_n'(t) \end{bmatrix} = \boldsymbol{X}(t) - \boldsymbol{X}''(t) = \begin{bmatrix} x_1(t) \\ x_2(t) \\ \vdots \\ x_n(t) \end{bmatrix} - \begin{bmatrix} x_1''(t) \\ x_2''(t) \\ \vdots \\ x_n''(t) \end{bmatrix} \tag{4.117}$$

因此,式(4.116)可进一步改写为

$$\boldsymbol{M}\ddot{\boldsymbol{X}}(t) + \boldsymbol{C}\dot{\boldsymbol{X}}(t) + \boldsymbol{K}\boldsymbol{X}(t) = -\boldsymbol{M}\boldsymbol{a}(t) + \boldsymbol{K}\boldsymbol{X}''(t) \tag{4.118}$$

在状态空间法中定义为

$$\boldsymbol{z}(t) = \begin{bmatrix} \boldsymbol{X}(t) \\ \dot{\boldsymbol{X}}(t) \end{bmatrix} \tag{4.119}$$

则式(4.119)就变为

$$\dot{z}(t) = \begin{bmatrix} \dot{X}(t) \\ \ddot{X}(t) \end{bmatrix} = \begin{bmatrix} \mathbf{0} & \mathbf{I} \\ -\mathbf{M}^{-1}\mathbf{K} & -\mathbf{M}^{-1}\mathbf{C} \end{bmatrix} \begin{bmatrix} \mathbf{X}(t) \\ \dot{\mathbf{X}}(t) \end{bmatrix} + \begin{bmatrix} \mathbf{0} \\ -\mathbf{a}(t) \end{bmatrix} + \begin{bmatrix} \mathbf{0} \\ \mathbf{M}^{-1}\mathbf{K}\mathbf{X}''(t) \end{bmatrix}$$

(4.120)

令

$$\mathbf{A} = \begin{bmatrix} \mathbf{0} & \mathbf{I} \\ -\mathbf{M}^{-1}\mathbf{K} & -\mathbf{M}^{-1}\mathbf{C} \end{bmatrix}, \quad \mathbf{H} = \begin{bmatrix} \mathbf{0} \\ -\mathbf{I} \end{bmatrix}, \quad \mathbf{F}_{\mathrm{p}}^{\mathrm{c}} = \begin{bmatrix} \mathbf{0} \\ \mathbf{M}^{-1}\mathbf{K} \end{bmatrix}$$

则进一步

$$\dot{z}(t) = \mathbf{A}z(t) + \mathbf{H}\mathbf{a}(t) + \mathbf{F}_{\mathrm{p}}^{\mathrm{c}}\mathbf{X}''(t)$$

(4.121)

其中矩阵 $\mathbf{H}$ 包括 6 列,对应于 6 个不同方向的地面加速度;12 行,上面的 6 行分别对应沿 x、y 和 z 轴的线位移以及垂直于 x、y、z 轴的角位移;下面的 6 行分别对应沿 x、y、z 轴的线速度和垂直于 x、y、z 轴的角速度。

$$\mathbf{H} = \begin{bmatrix} 0 & 0 & 0 & 0 & 0 & 0 \\ 0 & 0 & 0 & 0 & 0 & 0 \\ 0 & 0 & 0 & 0 & 0 & 0 \\ 0 & 0 & 0 & 0 & 0 & 0 \\ 0 & 0 & 0 & 0 & 0 & 0 \\ 0 & 0 & 0 & 0 & 0 & 0 \\ -1 & 0 & 0 & 0 & 0 & 0 \\ 0 & -1 & 0 & 0 & 0 & 0 \\ 0 & 0 & -1 & 0 & 0 & 0 \\ 0 & 0 & 0 & -1 & 0 & 0 \\ 0 & 0 & 0 & 0 & -1 & 0 \\ 0 & 0 & 0 & 0 & 0 & -1 \end{bmatrix} = \begin{bmatrix} \mathbf{0} \\ -\mathbf{I} \end{bmatrix}$$

式(4.121)的解为

$$z(t) = \mathrm{e}^{\mathbf{A}(t-t_0)}z(t_0) + \mathrm{e}^{\mathbf{A}t}\int_{t_0}^{t} \mathrm{e}^{-\mathbf{A}s}[\mathbf{H}\mathbf{a}(s) + \mathbf{F}_{\mathrm{p}}^{\mathrm{c}}\mathbf{X}''(s)]\mathrm{d}s$$

(4.122)

让

$$t_{k+1} = t, \quad t_k = t_0, \quad \Delta t = t - t_0$$

(4.123)

由式(4.122)得

$$z_{k+1} = \mathrm{e}^{\mathbf{A}\Delta t}z_k + \mathrm{e}^{\mathbf{A}t_{k+1}}\int_{t_k}^{t_{k+1}} \mathrm{e}^{-\mathbf{A}s}[\mathbf{H}\mathbf{a}(s) + \mathbf{F}_{\mathrm{p}}^{\mathrm{c}}\mathbf{X}''(s)]\,\mathrm{d}s$$

(4.124)

当使用三角级数力方程表示地面运动和塑性位移,得

$$\mathbf{a}(s) = \mathbf{a}_k\delta(s - t_k)\Delta t, \quad \mathbf{X}''(s) = \mathbf{X}''_k\delta(s - t_k)\Delta t, \quad t_k \leqslant s < t_{k+1}$$

(4.125)

则式(4.124)就变为

$$z_{k+1} = \mathrm{e}^{\mathbf{A}\Delta t}z_k + \mathrm{e}^{\mathbf{A}\Delta t}\mathbf{H}\Delta t\mathbf{a}_k + \mathrm{e}^{\mathbf{A}\Delta t}\mathbf{F}_{\mathrm{p}}^{\mathrm{c}}\Delta t\mathbf{X}''_k$$

(4.126)

当使用常系数力方程表示地面运动和塑性位移,得

$$\mathbf{a}(s) = \mathbf{a}_k, \quad \mathbf{X}''(s) = \mathbf{X}''_k, \quad t_k \leqslant s < t_{k+1}$$

(4.127)

则式(4.124)就变为

$$z_{k+1} = e^{A\Delta t} z_k + A^{-1}(e^{A\Delta t} - I)Ha_k + A^{-1}(e^{A\Delta t} - I)F_p^c X_k'' \quad (4.128)$$

化简式(4.126)或式(4.128),得

$$F_s = e^{A\Delta t}, \quad H_d^{(EQ)} = e^{A\Delta t} H\Delta t, \quad F_p = e^{A\Delta t} F_p^c \Delta t \quad (4.129)$$

或为

$$F_s = e^{A\Delta t}, \quad H_d^{(EQ)} = A^{-1}(e^{A\Delta t} - I)H, \quad F_p = A^{-1}(e^{A\Delta t} - I)F_p^c \quad (4.130)$$

如采用式(4.128),则得

$$z_{k+1} = F_s z_k + H_d^{(EQ)} a_k + F_p X_k'' \quad (4.131)$$

给出第 k 时间步的所有信息,则第 $k+1$ 时间步的位移和速度向量均可依据式(4.131)算出,其中位移向量 X_{k+1} 为结构单元所有自由度的总位移,组合至 z_{k+1} 里,第 $k+1$ 时间步的非弹性位移或塑性位移可以通过位移向量 X_{k+1} 和 4.6 节讨论的内容算出,由式(4.115)可得

$$M_{k+1} + K_R \Theta_{k+1}'' = K_P^T X_{k+1} \quad (4.132)$$

其中 Θ_{k+1}'' 代表的是每一个潜在塑性铰部位的塑性转角,依赖于 Θ_{k+1}'' 的上一个时程,让

$$\Theta_{k+1}'' = \Theta_k'' + \Delta\Theta'' \quad (4.133)$$

由式(4.132)可得

$$M_{k+1} + K_R \Delta\Theta'' = K_P^T X_{k+1} - K_R \Theta_k'' \quad (4.134)$$

由 4.6 节的讨论可知, M 和 $\Delta\Theta''$ 可以被相继求解出,通过增量塑性转角,非弹性位移向量可以由式(4.116)得到

$$X_{k+1}'' = K^{-1} K_P \Theta_{k+1}'' = K^{-1} K_P (\Theta_k'' + \Delta\Theta'') \quad (4.135)$$

参考文献

[1] 克拉夫,彭津.结构动力学[M].2 版.王光远,译.北京:高等教育出版社,2006.

[2] CHOPRA A K.结构动力学理论及其在地震工程中的应用[M].北京:清华大学出版社,2005.

[3] ATLURI SATYA N. Path-independent integrals in finite elasticity and inelasticity, with body forces, inertia, and arbitrary crack-face conditions[J]. Engineering Fracture Mechanics,1982,16(3):341-364.

[4] LIN T H. Analogy between body force and inelastic strain gradient in cubic crystals and isotropic bodies[J]. Proceeding of National Academy of Science of the U S A,1966,55,(3):477-479.

[5] LIN T H. Reciprocal Theorem for Displacements In Inelastic Bodies[J] Journal of composite materials,1967,1(2).

[6] IRSCHIK DOZ H. Dynamics of Linear Elastic Structures with Selfstress:A Unified Treatment for Linear and Nonlinear Problems[J]. Journal of applied mathematics and mechanics,1988,68(6):199-205.

[7] RICE J R. Inelastic constitutive relations for solids:An internal-variable theory and its application to metal plasticity[J]. Journal of the Mechanics and Physics of Solids,1971,19(6):433-455.

[8] SILLING S A. Reformulation of elasticity theory for discontinuities and long-range forces[J]Journal of the Mechanics and Physics of Solids,2000,48(1):175-209.

[9] MAUGIN G A, TRIMARCO C. Pseudo momentum and material forces in nonlinear elasticity: variation formulations and application to brittle fracture[J]. Acta Mechanica,1992,94(1/2):1-28.

[10] SIMO J C,OLIVER J,ARMERO F. An analysis of strong discontinuities induced by strain-softening in rate-independent inelastic solids[J]. Computational Mechanics,1993,12(5):277-296.

[11] HART GARY C,WONG KEVIN W. Structural Dynamic and Structural Engineers[M]. New York:John Wiley & Sons,Inc,1999.

第5章

建筑工程全寿命周期地震损伤、地震成本与巨灾保险分析

目前国内将基于性能的地震工程研究方法贯穿于工程结构全寿命周期来开展的研究正处于起步阶段。在国际上,地震巨灾保险赔款一般占到灾害损失的 30%～40%,可大大减轻政府的财政负担。而完善的地震保险政策的出台核心是依据不同地区的地震巨灾保险费率,而它的确定必须建立在工程结构全寿命周期地震损失成本研究的基础上。

2014 年 3 月 11 日,中国保监会主席项俊波在第十二届全国人大会议期间表示:"保监会正在深圳市和云南省分别进行巨灾保险的试点工作,其中在云南省主要开展涉及 50 万户的农村房屋地震灾害保险研究工作"[1]。2017 年 4 月中国保监会和中国地震局为认真贯彻落实党的十八届三中全会精神和国务院《关于加快发展现代保险服务业的若干意见》中关于建立国家巨灾保险制度的决策部署,促进地震科技与保险的融合发展,完善国家灾害救助体系,共同推进防震减灾和地震巨灾保险事业发展,双方签订了《战略合作协议》,联合成立了中国地震风险与保险实验室,以探索建立和完善我国自主知识产权的地震巨灾模型为核心任务,研发满足地震巨灾保险需求的地震危险性评价、地震灾害风险评估方法和技术,努力实现政府、市场、社会、企业、个人等共同承担地震灾害风险,促使防震减灾工作与社会经济融合发展,提高社会的安全程度,全面提升保险业服务经济社会发展的能力[2]。我国在工程全寿命周期地震成本研究领域还处于探索阶段,当前工程地震全寿命周期研究着重在以下三个方面开展具体研究工作:①如何处理与地震风险和结构动力损伤行为(包括结构中结构性和非结构性构件)有关联的不确定性变量概率算法问题;②基于随机概率和社会经济性原则分析评估重建时间和地震损失;③包括地震易损性和地震损失在内的高效率整合算法的研究。

Lamprou 等[3]首先对影响工程结构全寿命周期地震成本值偏差的不确定性变量来源进行分类分析,发现不确定性变量主要来源于三部分:与地震荷载有关变量、与结构参数有关变量和结构损失及修复有关时间经济性指标变量。因此,研究中对这三个方面不确定性因素均进行了探讨,有关的参数变量如地震震级、震中距、地震波剪切波速、场地条件、地震波作用角度、结构尺度、材料特征值、阻尼值、现金折现率的不确定性均通过拉丁超立方抽样(latin hypercube sampling,LHS)法整合考虑进结构的增量动力分析过程中,LHS 法是基

于有限区间随机抽样的有效方法，Lagaros 等[4] 的研究证明了该法的有效性，研究中通过设定合理的变量区间，通过有限样本随机数保证了统计结果的精确性。

5.1　工程全寿命周期地震成本分析概述

基于性能的工程全寿命周期地震成本分析研究包含 4 个阶段：①地震危险性分析；②工程结构分析；③结构损伤分析；④地震成本损失分析。当然不同学者实现这四步工作的具体分析方法会有所不同，这恰恰体现了基于性能的地震工程研究的发展进步[5]。

最新的全寿命周期地震损失成本研究相关的重要概念包括：地震概率危险性研究、性能水平的定义、非线性静态和动态分析方法、易损性分析、参数概率敏感性分析、结构工程和全寿命周期经济成本评估等[6]。

地震概率危险性研究也可以理解为对建筑抗震规范、工程所在地的地震动参数相关数据和抗震设防烈度等的研究。该研究具体关键参数为：①在全寿命周期 t 内（如 50 年）地震发生的次数和对应的随机时间点：$T_1, T_2, \cdots$；②对应每一个时间点发生的地震震级 M 和震中距 R 随机参数值，也是与当地地震活性相关的随机变量；③确定时间点上 T_1，$T_2, \cdots$ 对应的地震震级 M 和震中距 R 值后，构建对应的概率随机地震加速度时程记录。研究中需要考虑对于地震激励的随机反应谱特性和瞬时特征值的概率表达，体现强震持时与地震震源类型、地震强度、震中距和建筑物所在场地剪力波速、局部场地条件的内在关联性。为了尽可能全面预测和描述这些不确定性随机地震波的特征，通过构建合适的概率模型来全面且细致地对未来可能发生的地震时程进行描述是可能的，通常采用蒙特卡罗算法（Monte Carlo sampling method，MCS）基于以上规则建立全寿命周期内的地震动随机样本。

结构分析过程中的结构质量、阻尼以及力-变形特征量的随机性和风险性变量来源如图 5.1 所示。结构的损伤分析是通过建立结构中物理损伤的不同限值级别后的结构地震易损性曲线或损伤概率方程来实现的，建筑的物理损伤依据细节损伤变形或杆件内部力而有详细的分级。针对损伤的程度、不同结构材料和系统的表现在一些文献中已有研究[7-24]，总体来说损伤参数被分为两个相对水平：局部损伤和整体损伤。在结构中，损伤参数被理解为对应于结构抗震需要的结构能力性能的不足系数，即对应于结构单调包络曲线的反弯点。

在过去 30 年间国内外学者对于结构损伤进行了大量的研究，其中最重要的几个局部损伤参数包括：延性系数、最大层间位移、斜率系数、最大永久位移。其中在易损性分析中常用到的为最大层间位移损伤系数，也为 HAZUS99-2003 推荐的结构损伤评价参数[25-26]。

还有一类损伤参数考虑了反复荷载作用下的累计效应，包括基于变形的损伤参数和基于能量的损伤参数[27-28]，它们都是基于低循环的疲劳理论来解释损伤的累计效应的，当然还有既考虑过度变形又考虑循环荷载累计效应的损伤参数，它既可以用于结构局部也可以用于结构整体的损伤考量，这其中最重要的一个参数是由 Y. J. Park 和 H. S. Ang 于 1995 年提出的 $P\text{-}A$ 损伤参数[29]，该参数由两部分组合而成，第一部分代表了结构的过度损伤，第二部分表达了结构在滞回能量损耗中的损伤累积，该损伤参数的应用更依赖于结构的材

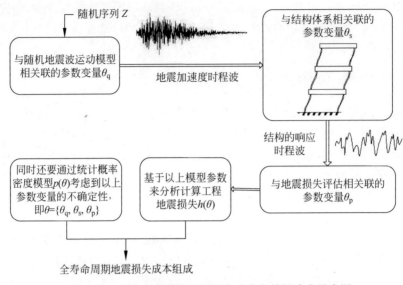

图 5.1　工程全寿命周期地震损失成本相关风险变量来源

料性能。

　　整体损伤参数的建立是基于局部损伤参数的权衡[30]，或是反映结构模态的全部特征。易损性方程为单个梁、柱和非结构构件基于不同分级损伤级别的超越概率。

　　基于性能的地震工程研究中通过假定分别计算和汇总将结构和构件的物理损伤恢复为初始无损伤状态的维修费作为建筑物的地震经济损失，包括由地震导致的建筑物损伤维修费用、人员伤亡损失以及由维修导致的停工/停产/出租停业等间接损失之和。

　　对工程结构体系的研究工作主要包括工程材料的力学性能概率研究、构件力学性能概率研究、结构整体力学性能与静动力分析方法的选择和静动力性能研究，以及上述工作的试验研究。通常这项工作和结构损伤研究可以合并为一项连续的系统工作来完成，结构损伤研究工作涵盖了从材料到构件再到整体结构的力学损伤定义、性能水平的分析、损伤敏感性参数的研究、易损性分析等子项研究工作。结构损伤研究通常基于试验模型和有限元数字模型来分别进行，以往的数字损伤分析限于计算方法和时效、易损性方程建立的方法差异、建模方式和手段、计算要求和精度等的局限所以发展缓慢。

　　早期国外学者对结构进行的地震损伤评估主要基于静态推覆（push over）法来进行结构整体的概率非线性响应研究，并估计结构的地震损失，但这种方法是一种概略性的无法进行结构精确化描述的简化拟动力研究方法。如 2004 年 Yuji Takahashi 等学者对日本东京的一栋考虑加或不加装油阻尼器的七层钢结构房屋未来预期全寿命周期最小地震损失成本进行了随机对比分析评估，该研究侧重考虑了地震本身的不确定性对损失成本的影响[31]；2007 年 Christine A. Goulet 等遵循 PBEE 的原则对一栋钢筋混凝土框架房屋的预期年地震损失成本进行了分析评估，该研究侧重考虑了基于不同地震反应谱形的随机地震波在强震情况下对结构地震损伤的影响差异，通过构建纤维单元和塑性铰单元两种数字结构模型，有效消除了以往在强震下对结构模型进行数字模拟可能导致高估误差的情况，研究中还考虑了地震本身和工程结构本身的不确定性[32]。

2013 年 Bora Gencturk 按照基于性能的地震设计步骤对传统钢筋混凝土结构和钢纤维混凝土结构的全寿命周期地震损失成本进行了对比研究,研究中采用了拟合地震反应谱的方法得到大、中、小震级对应的随机地震波,基于静态推覆法采用了两类对比评估结构损伤性能水平的指标,以结构的层间位移角作为结构整体地震损失成本的主要损伤依据,同时辅助采用了钢筋的应变作为局部结构损伤性能水平的评价指标,相对以前的研究思路有所进展[33]。但这类研究还是主要以通过对比得出哪一种方案的全寿命周期地震损失相对成本值更优为目的,避开了直接以结构全寿命周期地震损失成本分析本身的实用化和精确化为研究目的;还有其他学者 Wen、Kang、Liu 等[34-36]也对诸如钢结构、核电厂房、桥梁等进行了此类研究。上述研究均仅可对工程结构地震损失成本进行简化估算,无法深入到结构构件级别来对建筑结构的易损性进行细致的"刻画",即静态推覆法无法分辨各个典型构件的损伤程度和维修成本差异,也就无法详细估算出结构的地震损失成本。经济上的成本无法计算,直接影响到业主的工程投资决策、设计方案比选优化、施工-维护成本收益比以及建筑地震保险费率等后续一系列至关重要问题的解决。

随着基于性能的工程设计原则的推广和发展,基于组合的地震易损性分析方法近两年得到学术界的关注与应用,被用于研究工程结构全寿命周期地震损失成本的评估中,成为目前结构工程和地震工程领域的一个新的研究热点。该方法由 K. A. Porter 在 2000 年首次提出[37],它在结构易损性分析思路上与以往分析方法的关键区别在于通过精细化模型和对模型构件的分类易损性定义。基于概率评估房屋构件的抗震损伤性能水平,采用基于组合的易损性方程来直接分析工程结构中每一个结构性和非结构性构件的损伤水平,将地震损伤研究的精细化程度从层结构进一步细化至结构主要构件,这无疑使工程结构的地震损伤分析研究在实用化和精确化程度上大大向前迈进了一步,从而推动未来工程地震损失成本研究实现质的跃升。

工程全寿命周期地震损失成本分析研究是基于概率法则来进行分析计算的。对于具体的工程结构体系和外加地震激励来说,工程结构体系地震损伤成本相关的性能指标可以表示为 $h(\theta)$,该指标与下列因素相关:①基于结构响应计算地震损失;②假定的地震发生率;③将未来的预期损失值通过折现率 i 转换为损失现值,即 $P = F \times (1+i)^{-n}$,这属于工程经济学中的一部分内容。

那么预期的全寿命周期成本就可以通过简化概率积分方程表示为

$$C = \int_{\theta} h(\theta) p(\theta) \mathrm{d}\theta \tag{5.1}$$

这里 θ 为风险因子,它主要包括地震本身的不确定性、工程结构抗力性能的不确定性以及随机概率性能评估结果的不确定性。这三方面因素汇总在一起最后就表现为由地震导致的工程全寿命周期损失成本的风险性,可以用概率模型 $p(\theta)$ 表示。从式(5.1)可知,工程结构全寿命周期成本与结构系统受地震激励响应的性能水平和对应概率的随机积分形式相关,而为了准确评估结构体系中不同构件的地震损失成本,研究中需要将结构的性能水平细化到每一个构件 $h_k(\theta)$。

工程全寿命周期地震损失成本研究实际上是人类对工程结构研究进行反思后所经历的一个逐步发展的思想过程所产生的必然结果。最初的工程研究是对结构的某一个部件进行单纯的静力加载分析;进一步发展到构件的动力加载分析;然后是各种类型结构的静力加载分析和动力加载振动台分析、基于概率的结构体系易损性分析,到这一步仍然是工程技术分析;进一步发展就过渡到基于随机概率的结构体系的动力损伤分析;然后到基于随机概率的结构体系全寿命周期动力损失成本分析研究,此时转变为一个成熟的技术经济综合分析研究。当我们回顾这项研究的发展历史会发现,它经历了一个从纯工程技术研究到工程技术应用,再到概率经济成本核算的实践过程,即这项技术在朝着越来越实用化的方向逐步推进。

目前影响最广泛的地震损伤评估方法体系(如 ATC-13 和 HAZUS 系列)在实际应用中都存在一些问题。这类体系仅涉及一些常规类型的房屋结构并预先给出它们的性能水平即各级损伤限值(参考中位值),一般分为四级:轻度损伤、中度损伤、严重损伤和倒塌,同时以结构整体或层间的变形作为损伤的指标来研究结构的损伤性能水平,因此该类方法无法实际应用到如核电站厂房、重要的高层或超高层结构、大型体育场馆、历史文化建筑物等重要的单体或典型建筑物的损伤性能评估中,因此上述方法在实际应用中有很大的局限性[13-14,17-18]。基于此,20 世纪 80 年代初就有学者意识到了这个问题,1980 年 Scholl 提出了一种针对高层特定建筑的地震损伤评估的新策略[38];1986 年 Kustu 进一步发展了这一基于细部构件的损伤评估策略,即通过探测在结构动力响应中的最大层间位移和最大层间加速度值,将结构响应代入到构件损伤方程中,建立结构响应与典型构件损伤状态值之间的关系,由此了解到房屋构件的损伤状态[39]。虽然这些早期的方法仍然是采用以往将整个结构简化为单自由度结构、集成层为结点的近似方法,这显然无法区分同一层结构中不同结构构件以及构件加固前后的地震响应差异,但这些分析方法已经在遵守随机统计概率的原则,通过考虑对应于每一级损伤状态的地震损失成本的统计平均值,研究者就可以基于该建筑物的所有构件目录来汇总计算出总的地震损失成本值。它们拉开了基于组合的地震易损性崭新方法的序幕。

基于组合的地震易损性方法最早始于核电站厂房的概率风险评估,该方法主要的计算思路概述如下:

(1)首先确定建筑物所在的地点、场地条件、建筑结构的全部细节,包括结构性的和非结构性的部分;

(2)选择或创建合适的随机地震加速度时程波作为外在激励;

(3)对结构进行动力时程分析,提取最大响应数据,各类不同的结构响应参数值尽可能都记录,如最大层间加速度、最大瞬间位移、最大构件单元力等;

(4)对于建筑中的每一个构件,可选择一个或几个合适的响应参数指标作为评价构件易损性的指标,基于概率确定构件的每一级损伤限值,以此作为其维修或更换的依据;

(5)采用基于单位成本的概率分布计算构件的维修费用,单位成本这部分内容可以考虑参考概预算定额中相应施工内容的分项工程项目预算价来确定,同时也可以基于定额中分项内容消耗的工日来考虑由维修导致的适当的时间损失,模拟计算出在不同损伤级别下每一个损伤构件直接维修费用和间接时间损失后,汇总就得到总的维修成本。

以上五步包含了外加振动、结构响应、损伤分析、维修模拟计算和成本损失核定的一个完整过程,为了建立基于概率分布的地震易损性方程,需要对以上计算流程重复计算若干次,地震时程波的强度也要同时服从我国建筑抗震规范中规定的大、中、小地震的不同超越概率,因此上述计算中涵盖了大、中、小不同强度级别的地震,基于组合的地震易损性计算流程如图 5.2 所示。

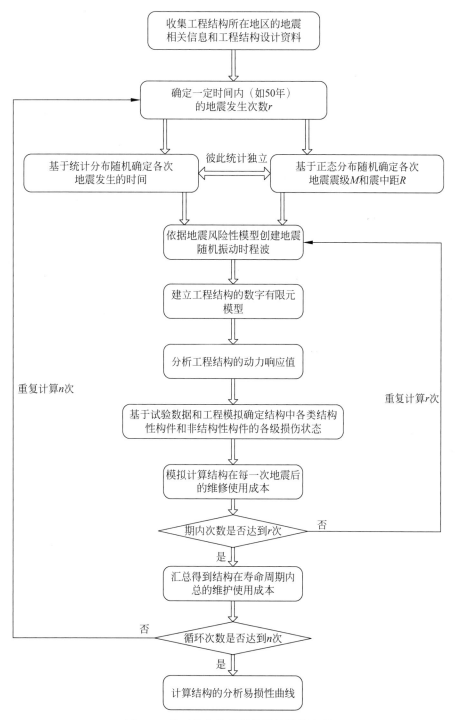

图 5.2 基于组合的地震易损性计算流程

这里 r 为在工程全寿命周期内地震发生的次数,每计算 r 次后就得到一个结构全寿命周期内的总维护成本样本值,为了得到寿命周期内总维护使用成本的统计期望值,就需用基于随机概率重复计算 n 次,这里 n 为研究者依据具体工程结构的规模、复杂程度、计算硬件条件、业主对结果的要求等来确定,循环次数 n 一般为 $100\sim1000$。

5.2 国内工程全寿命周期地震成本研究现状及存在问题

目前我国对于地震、飓风、海啸等自然灾害对工程项目影响的研究普遍集中在自然灾害作用于结构的受力性能研究上,这属于预防性和工程技术性层面的研究,如在土木工程中研究结构在各种地震或强风荷载瞬时动力作用下的力学性能和损伤性能、各类隔/减震及消能加固措施等。而对于结构在全寿命周期这样一个较长时间跨度内的地震损失成本的研究,因为它需要整合评估工程结构在全寿命周期内所受地震灾害的频度、强度、场地条件、基于性能的损伤程度、概率统计模型、维护加固成本算法等多方面因素,所以比单纯分析构件或结构的动力性能要复杂得多。其意义在于将工程整体防灾减灾研究朝着实用性的目标向前大大地推进了一步,也为将来制订切实可行的地震灾害保险政策奠定基础,因此它成为目前防震减灾研究的热点领域。国内近些年才刚刚开始有学者开展这方面研究,2011 年金伟良、牛荻涛[40]就对我国工程耐久性和全寿命周期理论的研究现状进行了分析,指出我国目前在工程全寿命设计理论和方法方面还处于起步阶段,文章在当时就列出了(2011—2020年)该领域战略研究的 5 个重点,其中就包括结构全寿命性能研究和结构全寿命经济分析研究,显示出对于该方向的研究国内学界是有共识的。

2012 年国内的唐玉等[41]以层间位移角为损伤指标值,将结构分为 5 个限值水平,基于《建筑抗震设计规范》(GB 50011—2010)分析了结构的地震易损性,并以成本最优化为原则提出了简化的结构全寿命周期地震成本模型,但该法还是采用层间位移角作为结构损伤参数,显然无法满足地震维护成本的计算精度需要;Li 等[42]采用静态推覆分析法,在考虑了钢结构全寿命周期地震成本最小化的原则下,基于我国抗震规范提出了对钢结构的优化设计原则;2013 年 Wang 等[43]对采用隔震技术的核电厂房和普通厂房全寿命周期地震成本进行了对比研究,显示采用隔震技术能显著地降低地震维护成本;Chiu 等[44]通过使用加速度反应谱风险曲线,结合台北市的 16 栋学校建筑样本提出了一种评估低层钢筋混凝土房屋地震损伤以及损伤后结构加固寿命周期成本-收益的简化方法,给出了从经济性角度考虑对于评估地震后受损的房屋应不应该加固的决策建议。

从以上研究成果中不难发现目前国内研究还存在以下问题:我国地域广阔,不同地区之间地质水文气候等条件差异较大,并且很多大中城市处于地震高烈度地区,因此如何构建有效的包含地震次数、地震震级、震中距等要素在内的不同地区地震风险概率算法模型框架是非常重要的;目前针对地震高烈度地区的地震风险概率算法模型研究倾向于同时考虑近断层强脉冲效应,如何将近断层强脉冲地震波考虑进这一算法框架内也需要认真考虑。

考虑全寿命周期内研究工程结构的地震维护成本损失,其中在结构分析和损伤分析方面也有几个关键问题是目前国内很少涉及但必须突破的新领域,如结构损伤参数的选择,以往采用层间位移角作为结构损伤参数显然无法满足地震维护成本的计算精度和实际工程的需要;损伤限值的确定也需要依据具体不同的结构构件类型来分别确定,而不是基于类似HAZUS 目录体系来简单选取;因此如何深入不同结构的构件级别来分析研究结构的地震易损性成为目前亟须解决的问题。

工程全寿命周期成本研究连接了结构分析和经济分析,如何将经济成本分析与地震易损性分析计算结果很好地结合起来,合理地进行建筑结构构件损伤级别与对应的损失值之间的估算;如何将各地的概预算定额更好地引入成本研究中;如何创建完善的结构性和非结构性构件分级目录库检索体系;如何基于地震成本最优化来进行结构的基于性能的维护加固方案的优化,这些都是目前国内研究面临的新挑战。

5.3　国外工程全寿命周期地震成本研究现状

国外对工程结构全寿命周期地震损失成本分析研究可以追溯到20世纪70年代,早在1973年美国学者Whiteman就提出了预测地震后结构损伤的经验性方法:易损性概率矩阵方法(damage probability matrix,DPM),应用于调查1971年美国洛杉矶地震后的1600栋房屋损伤以及经济损失情况,这实际开启了工程全寿命周期地震损失成本研究的序幕[45]。由于美、日等发达国家实施房屋地震保险政策多年,客观上也为工程结构全寿命周期地震损失成本分析研究提供了坚实的基础和应用外部环境,因此在过去50年的时间里国外对地震易损性和工程全寿命周期地震损失成本进行了循序渐进的持续性研究。本领域的研究也是朝着越来越实用化和概率精确化的方向前进,总体来讲按照研究的目的可分为两个方向。一个方向侧重于通过正向的技术分析讨论经济成本问题,即主要通过工程结构分析来实现结构的地震成本分析,并进一步探讨实现周期成本的最小化、地震保险费率的确定甚至于地震损失导致的社会和自然环境等的成本分析。如Ramirez等[46]对所选取的30栋美国加州地震高烈度地区的办公楼样本采用基于性能的地震工程分析流程计算了概率预期的地震年损失和全寿命周期地震成本损失;Seo等[47]对长跨桥梁基于强风的全寿命周期易损性与维护成本进行了分析,统计算法被用于研究不确定性来源的风导致的桥面颤动响应及其损伤,研究中使用到了易损性曲线、易损性面并进一步分析了经济损失;Alexandros等[48]对基于随机地面运动模型的简单结构全寿命周期地震损失进行了理论研究,文中采用了非线性动力时程法来分析结构性和非结构性构件的损伤和维修成本;Domenico等[49]对意大利8088个社区的5种建筑结构类型进行了研究,基于全寿命周期概率地震损失估计和地震易损性研究成果,计算了期望的保险费率,对包括保险公司和业主的收益和损失全面衡量后提出了适合当地的保险模型;Wong[50]基于优化线性主动控制算法对两栋钢结构框架结构采用100条地震时程波进行了模拟地震易损性研究,结果显示在地震易损性与损伤后的维修成本之间具有良好的相关性,加入主动控制后对低层钢结构影响显著,但对高层钢结构的维护成本节约效果不明显;Costantino[51]基于社会、经济和环境角度探讨了建筑物全寿命周期内的地震所导致的生态可持续性问题,将地震后建筑物的损伤从社会和环境损失的角度进行了评价,将损失的定义跳出了经济范畴,这是非常新颖的思路。

另一个方向则侧重于通过逆向的分析来探讨技术性问题,即基于通过工程地震成本分析来实现对结构的设计参数和加固维护决策的优化。如2013年Giorgio等[52]对大桥随时间的性能劣化不确定性过程进行了研究,对年久的建筑物提出了一种新的工程全寿命周期检查和维修策略,该策略依据每一次检查的结果和损伤的程度来决定不同的维修方案,通过考虑未来系统的失效率和工程项目全寿命周期检查和维修成本最小化来作为检查和维修的最优化方案;Lagaros等[53]则对四榀钢结构和钢-混凝土组合结构样本在地震响应下的不确定性来源参数进行研究,为了达成研究目的采用增量动力时程分析方法对结构样本进行了抗力能力和全寿命周期成本分析;Taflanidis 等[54]采用概率模拟的方法基于全寿命周期成本原则对流体黏滞阻尼器设计优化参数进行探讨,使用组合易损性方法随机模拟计算了一栋加固后的三层钢筋混凝土结构样本的全寿命周期地震维护成本期望值,使用考虑全寿命周期成本的优化算法确定阻尼器的设计参数;Grace 等[55]对采用碳纤维布加固前后的高速公路在 20~40 年的全寿命周期成本进行了研究,研究中考虑了车辆动荷载因素,基于成本最优化得到了碳纤维布加固方案。

另外国内外还有一些学者的研究成果虽然不是直接针对工程全寿命周期地震成本的研究,但这些成果与本领域的研究有紧密的联系,如基于性能的设计、结构寿命周期成本相关参数的研究等,因此这些成果对于更好地促进本领域的研究也很重要。如 Berto 等[56]分析了钢筋混凝土结构在全寿命周期内面临的高风险不确定因素的影响而导致的性能劣化,包括地震荷载、材料非线性、几何非线性、损伤限值等,并基于使用期内的地震风险性将地震荷载导致的结构承载性能退化作为主要因素进行了研究;Vetter 等[57]对地震风险性估计中的随机地面运动模型敏感性参数进行了研究。

综上所述,工程结构全寿命周期地震成本研究是基于性能的全寿命周期设计理论及方法的重要内容,是未来结构设计理论与方法应用发展的方向和趋势,是一种正在孕育和发展中的新的结构成本计算和应用理论与方法,是多学科交叉和综合的实践与应用,相比国外的研究成果,目前我国在基于性能的工程结构全寿命周期地震成本方面的研究还刚起步,但鉴于其前沿重要性,未来一段时间这方面必须要做大量的基础性研究工作。

5.4　钢筋混凝土框架结构建模与非线性动力损伤分析

5.4.1　钢筋混凝土多层框架结构模型

为了验证提出的工程全寿命周期地震成本理论方法的正确性和可行性,在研究中建立了一栋简化多层钢筋混凝土(简称钢混)框架结构和一栋对应的基础隔震加固多层钢混框架结构用于进行结构全寿命周期地震成本对比分析。具体结构分析模型如图 5.3 和图 5.4 所示。

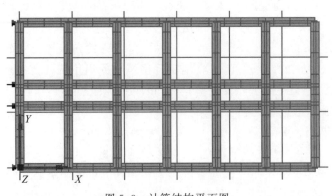

图 5.3　计算结构平面图

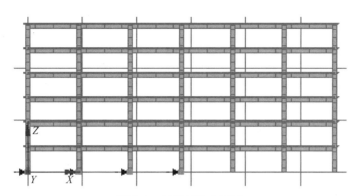

图 5.4　计算结构立面图

计算结构为简化的内廊式三榀三跨结构,纵向进深柱跨距选择 7.2m、2.5m、7.2m,横向开间跨距 6m,结构层高度 3.3m,整个结构共 6 层,在平面和立面都是对称的,柱间维护墙计算时只考虑其对结构的竖向荷载作用,由于砌体材料的脆性特征,其对结构侧向抗力的影响暂不考虑。

多层钢混结构按二级抗震等级要求设计,柱截面选取 600mm×600mm,柱截面纵筋配筋率 1.74%(4Φ32+8Φ22);梁截面选取 300mm×600mm,梁截面纵筋配筋率 1.39%(4Φ22+2Φ22+2Φ12),梁、柱箍筋直径均选择 10mm,柱内箍筋间距 15cm,梁端箍筋间距 10cm,梁跨中箍筋间距 20cm,柱内配单向四肢箍,梁内配双肢箍,结构设计满足抗震设计规范中二级抗震等级要求,梁柱截面尺寸均考虑±5%的偏差。采用基础隔震加固后,上部结构可减按 7 度(0.1g)设防烈度设计,按照三级抗震等级要求设计,柱截面选为 500mm×500mm,柱截面纵筋配筋率 1.60%(4Φ25+8Φ18);梁截面选取 250mm×550mm,梁截面纵筋配筋率 1.20%(4Φ18+2Φ16+2Φ12),箍筋与多层钢混框架结构相同。

混凝土强度等级 C25(轴心抗压强度标准值 16.7MPa),钢筋强度等级为 HRB335 级钢筋(屈服强度 335MPa),两种材料的强度及对应的弹性模量均考虑对数随机偏差值。钢混楼板厚度 12cm,恒载 6.0kN/m²,活载 2.0kN/m²,所有的结构分析均在 Seismostruct V7.0 版本有限元平台运行计算,有限元模型构件基于纤维梁柱单元来建模,这种单元类型很好地兼顾了精确性和计算效率,其中混凝土材料基于 Mander 本构模型来模拟[58],该本构模型具有方程简练、模拟混凝土杆件抗屈曲性精确的特征、钢筋材料采用 Menegotto-Pinto 本构模型来模拟[59],该模型基于材料的剪力-剪切变形来解释材料的受剪失效机制,应用广泛。同时重力荷载和二阶效应通过采用几何刚度矩阵给予了考虑。结构阻尼率取 5%并考虑±10%的随机偏差。

铅芯橡胶隔震装置安装在结构的基础部位,仅支持水平方向消能减震,研究未考虑竖直方向三维隔震消能,隔震器采用随动强化双线型对称曲线应力-应变模型,铅芯橡胶隔震装置经优化计算确定了 GZY500 型,隔震支座的 4 个参数确定为:等效阻尼比为 27%并考虑±10%的随机偏差,起始刚度取 7750kN/m 并考虑±10%的偏差,屈服力取 62.6kN,后屈服系数取 0.1。

地震风险性分析需要研究辨别所有外加激励、建模、材料强度、时间经济性参数变量的不确定性,而这种不确定性有可能是来自于可重复性试验结果的随机变量,也有可能是来自于人们自身知识缺陷所导致的不确定性。在研究中,对于前述三个方面不同来源的不确定性因素均进行了考虑,包括与地面振动激励有关的不确定性因素(反映的是抗震需要荷载水平)、与结构建模和建筑材料有关的不确定性因素(反映的是结构承载能力水平)、与时间经济性有关的参数变量(反映了时间所导致的人力和资源价格的变化)。结构的刚度直接与混凝土的弹性模量 E_c 和钢材的弹性模量 E_s 有关,结构的强度又受到混凝土的轴心抗压强度 f_c、钢材的屈服强度 f_s、构件配筋率和配箍率的影响。因此,研究中考虑了 5 组随机变量:弹性模量(E_c 和 E_s)、屈服强度(f_c 和 f_s)、结构阻尼率 ξ_1、构件截面尺寸 B 与 H、隔震垫等效阻尼比 ξ_2、起始刚度 K_1 和起始建造成本 C_{in}、现金折现率 λ,对于外加地震波荷载大小通过引入前述的比值因子 γ_i 间接考虑地震震级强度 M、震中距 R 和频率 f 不确定性影响;因此,上述三个方面随机变量(外加激励、建模与材料、时间经济性因素)的不确定性特征研究中均予以考虑,基于正态和对数正态随机统计分布,计算中随机参数的概率分布和离散设定参考了文献[6]、[24]的研究,详见表 5.1。

表 5.1　全寿命周期地震成本随机变量特征值表

随机变量	符号	概率密度分布(PDF)	平均值(Mean)	协方差(Cov)/%	随机类型
地震	—	平均分布	—		随机不可知型
混凝土材料	f_c 平均值	对数正态分布	16.7MPa	4	随机可知型
	f_c	对数正态分布	f_c 平均值	15	随机不可知型
	E_c	对数正态分布	$2.8\times10^7 \mathrm{kN/m^2}$	15	随机不可知型
钢筋材料	f_s 平均值	对数正态分布	335MPa	4	随机可知型
	f_s	对数正态分布	f_s 平均值	5	随机不可知型
	E_s	对数正态分布	$2.0\times10^8 \mathrm{kN/m^2}$	5	随机不可知型
结构阻尼率	ξ	平均分布	5%	10	随机不可知型
现金折现率	λ	平均分布	5%	15	随机不可知型
结构变量	B	正态分布	设计值	5	随机不可知型
	H	正态分布	设计值	5	随机不可知型

注:随机可知型代表该随机概率依赖于掌握的样本数据;随机不可知型代表该随机概率与掌握的样本数据无关。

5.4.2　钢混框架结构非线性时程动力损伤分析

我国地域辽阔,国内不同地区震后房屋损伤查勘方面的数据统计历史较短且均不对外公开,而震后普查工作需要大量的人力和财力,因此未来我国房屋地震损伤的勘察数据有待进一步整理完善和公开。本节依据我国《建筑抗震设计规范》(GB 50011—2010)[60]中的相关规定,随机数值模拟计算建立了我国西部地震高烈度地区地震年平均超越概率 $\overline{P}_i$ 与对应级别的结构性损伤统计中值 DI_i(如最大层间位移角 θ_i)之间的非线性拟合关系如下。

$$\overline{P}_{50\%} = 1.39\% \Leftrightarrow \theta_{\max 50\%} = 0.18\%$$

$$\overline{P}_{10\%} = 0.21\% \Leftrightarrow \theta_{\max 10\%} = 0.331\%$$

$$\overline{P}_{2\%} = 0.0404\% \Leftrightarrow \theta_{\max 2\%} = 1.685\%$$

　　基于以上关键点可进一步建立我国西部地震高烈度地区多层钢筋混凝土结构 DI_i-P_i 非线性回归关系,如图 5.5 所示。研究中对涉及的变形损伤量进行了量化分级比较,一般国内外的研究文献通常都是将变形损伤量化为无损伤、轻度损伤、中度损伤、重度损伤、严重损伤和倒塌,这样的限值状态分级在单纯的结构易损性分析中是没有问题的,但在全寿命周期地震成本分析中就暴露出以下问题:由于无损伤级在评估时被认为没有发生经济损失,所以该级在地震成本实际计算中可以省略,而结构在遭遇极低发生概率的罕遇地震并发生倒塌级损伤时,即认为该结构已完全破坏且失效,已经不存在维修恢复的经济性价值,因此倒塌级在限值状态地震成本计算分析中同样不是分析的重点。

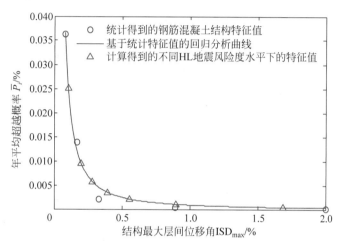

图 5.5　结构层间位移角中位值非线性拟合

　　结合以上分析并对比国内外研究文献限值状态分级,本书提出针对全寿命周期地震成本研究的 7 级结构损伤限值状态。与以往研究相比,其差异之处在于对结构损伤限值状态的分级策略重点放在了中、小震风险度水平上,具体表现在将轻度损伤和中度损伤又各自分为两个子级。这样做的主要依据在于这两个损伤限值状态对应的结构性损伤率为 2%~20%,这恰恰是地震发生概率较高而发生地震后损伤维护加固工作量最频繁的阶段,因此,研究中基于实际的工程经济性考量,对常用的限值状态级数进行了创新性优化。

　　房屋的损伤程度是与地震振动强度大小密切相关的,不同强度的地震发生的概率是不同的,对房屋造成的损伤也是不同的。研究中采用地震风险度水平(HL)这一国际通用概念来表示不同强度的地震振动,对应的在房屋损伤中采用损伤限值状态(limit states,LS)这一概念来表示对应于不同 HL 下房屋的物理损伤级别。工程研究中通常采用与不同结构性损伤状态有关的损伤参数来表征 LS,在结构全寿命周期分析中,损伤不仅仅指结构性损伤,也包含非结构性损伤,研究中最大层间位移角(inter story drift,ISD)被广泛地应用于结构性响应的损伤指标参数,国内外大量的研究文献均证明该指标值能较好地反映结构性损伤[61-62];最大层加速度指标(peak diaphragm acceleration,PDA)被用于衡量部分对加速度敏感的非结构性附属设施(如屋内的家具、连接上下的设备管路和吊顶)的损伤,该指标值在以往国内的地震损伤研究中使用非常少,基于 Elenas 等[63]的工作本书采用了该指标,并建立了钢筋混凝土延性抗弯框架结构 PDA 与不同限值状态值之间的联系。同时将两类构件变形损伤(结构梁最大瞬间构件曲率转角θ_B、结构柱最大瞬间构件曲率转角θ_C)创新性地引入用于结构性损伤的辅助评估。

非线性回归拟合方程见式(5.2),依据该方程可初步得到设定的 7 级 HL 的地震发生年平均超越概率$\overline{P}_i$和对应的该地区钢筋混凝土结构平均最大层间位移角 ISD(θ_i)统计中值见图 5.5。

$$\overline{P}_i(\theta > \theta_i) = \gamma(\theta_i)^{-k} \tag{5.2}$$

经统计回归分析,此处$\gamma = 0.0011, k = 1.4063$。在此需要强调的是房屋结构损伤如超过严重损伤级(对应我国的抗震设防水平在大震级别),从经济和安全的角度出发都不具有维护再次使用的价值,此时根据美国 FEMA 227 标准衡量其平均物理损伤率接近 80%[64],根据 ATC-13[65]其损失率也超过了 65%,对于此类房屋拆除重建应该是明智的选择。因此工程结构全寿命周期地震成本分析重点应放在我国建筑抗震规范中的中、小震级。结合以上分析并对比国内外研究文献限值状态分级,研究中基于实际的工程经济性考量,对限值状态级数优化后的数据见表 5.2。

表 5.2 对应于我国西部银川地区的钢筋混凝土框架结构/构件平均损伤限值状态及概率参考值

限值状态级别	ISD	PDA/gal	θ_B	θ_C
无损伤	ISD≤0.0010	PDA≤50	θ_B≤0.0004	θ_C≤0.0002
微小损伤	0.0010<ISD≤0.0020	50<PDA≤100	0.0004<θ_B≤0.0008	0.0002<θ_C≤0.0004
轻度损伤 I	0.0020<ISD≤0.0028	100<PDA≤160	0.0008<θ_B≤0.0010	0.0004<θ_C≤0.0005
轻度损伤 II	0.0028<ISD≤0.0040	160<PDA≤200	0.0010<θ_B≤0.0018	0.0005<θ_C≤0.0009
中度损伤 I	0.0040<ISD≤0.0055	200<PDA≤300	0.0018<θ_B≤0.0022	0.0009<θ_C≤0.0012
中度损伤 II	0.0055<ISD≤0.0090	300<PDA≤500	0.0022<θ_B≤0.0028	0.0012<θ_C≤0.0020
重度损伤	0.0090<ISD≤0.0170	500<PDA≤750	0.0028<θ_B≤0.0044	0.0020<θ_C≤0.0033
严重损伤	ISD>0.0170	PDA>750	θ_B>0.0044	θ_C>0.0033

注:1gal=1cm/s^2=0.001g

对工程结构进行损伤分析是基于 IDA 计算来进行的,因此需要在计算前设定地震振动强度的相对比值,依据前述 IM 法设定强度比值因子后,就可以在不同 HL 下使用修正的地震波记录对工程结构进行非线性 IDA 计算。

现仅以 1976 年意大利富瑞立-02(Friuli-02)地震波为例,详述研究中采用增量动力分析结构的损伤过程。两类结构增量动力计算结果如图 5.6 所示,分析结果可知,对于常规框架结构,层间位移角的最大损伤来自于低层,这符合基本常识和震后勘察结果,随着振动强度的增加,层间位移角损伤有加速扩大的趋势,显示结构已由弹性轻微损伤变形转变为塑性非线性损伤,并逐渐向整体屈服方向发展。但基础隔震器改变了常规结构整体的层间位移角损伤分布形态,首先隔震结构的层间位移角的最大损伤来自中低层,随着振动强度的增加,层间位移角损伤相应增大并逐渐向"弓形"形态变化,隔震结构的减震消能效果在大震时更加明显,这表现在大震时隔震结构各层的层间位移角损伤没有加速扩大的趋势,保持了较好的稳定性,最大层间位移角损伤值大约比常规结构减小了超过 50%,这是个巨大的变化。实际计算过程中,衡量结构性损伤限值主要考虑各层中的最大层间位移角值,尤其在中、小震时,从实际的地震限值成本来分析,地震后结构各层的层间位移损伤是不同的,从计算策略来考虑,计算时除了要明确计算破坏最严重层的层间位移角以外,基于随机概率的原则还需要适当考虑该层上下一层的层间位移角损伤变形值,并在地震限值成本计算时予以考虑。

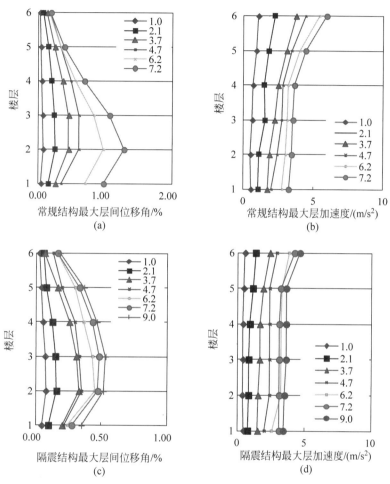

图 5.6　多层结构 IDA 对比图

(a)、(b):常规结构 ISD 和 PDA;(c)、(d):隔震结构 ISD 和 PDA

除了结构性损伤外,也对表征非结构性损伤的最大层加速度指标 PDA 进行了比较,从中发现通常结构顶层的 PDA 值最大,在各级 HL 下,结构最大层加速度 PDA 值随 IM 地震振动强度的增加而增加,同一地震波作用下,对于钢混结构,PDA 通常在结构的底层最小,PDA 值随层数的增加呈发散状分布;而对于基础隔震结构,这一趋势并不明显,PDA 随层数的增加基本呈现不变或略微减小或增加的特征。同时,对应于同一级地震振动强度,隔震结构最大层加速度 PDA 均小于钢混框架结构,并且随层数的增加而减小的幅度越大。如在 72/50HL 水平下,钢混框架结构底层 PDA=0.53m/s^2,顶层 PDA=1.05m/s^2,增加了近1 倍;而隔震结构底层 PDA=0.35m/s^2,顶层 PDA=0.65m/s^2,增加了 0.85 倍;当地震振动强度提高至 5/50HL 水平时,钢混框架结构底层 PDA=3.2m/s^2,顶层 PDA=5.9m/s^2,增加了 0.84 倍；而隔震结构底层 PDA＝3.1m/s²，顶层 PDA＝4.3m/s²，仅增加 0.39 倍。可见随着地震振动强度的提高，基础隔震在大震时消能减震作用尤其显著，这也有效地减少了建筑中的非结构性损伤。

除了依据各层的 ISD 和 PDA 来推测结构性和非结构性损伤外，研究中对于主要的结构性构件损伤，也尝试进行了分析计算。如图 5.7 所示以编号为 No.3222～3272 的各层代表性梁构件曲率转角值为例，可以发现隔震结构和常规结构在梁的变形损伤方面差异不大，但隔震结构中梁构件的转角变形损伤一般小于常规结构，并且随着振动强度的增加，减小幅度略有增加，表现在图中的各线条更趋于紧密。将构件编号为 No.3212～3262 代表性柱构件的各层构件曲率转角进行对比，可以发现隔震结构与常规结构在柱构件曲率转角损伤方面差异巨大，与常规结构比较，基础水平隔震结构对于柱构件的损伤消减幅度很大，该计算结果与前述 ISD 的计算结果可以互相印证，表明基础水平隔震器对于结构的减震消能主要体现在柱构件上，并通过柱构件影响到结构的层间变形，两种类型结构 ISD、PDA 和梁、柱代表性构件损伤对比详见表 5.3。

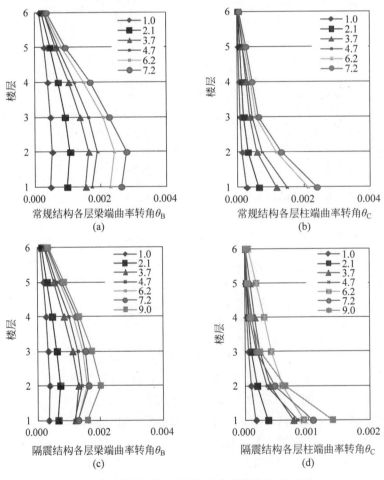

图 5.7　多层结构各层梁、柱曲率转角 IDA 对比

(a)、(b)：常规结构 θ_B 和 θ_C；(c)、(d)：隔震结构 θ_B 和 θ_C

表 5.3 两类结构 IDA 动力损伤参数指标级增对比（富瑞立-02）

级别	常规结构						隔震结构						
	1	2.1	3.7	4.7	6.2	7.2	1	2.1	3.7	4.7	6.2	7.2	9.0
ISD/%	0.11	0.32	0.46	0.60	0.97	1.23	0.07	0.15	0.31	0.33	0.42	0.47	0.66
比值	1.00	2.88	4.18	5.45	8.79	11.21	1.00	2.14	4.43	4.71	6.00	6.71	9.43
PDA/(m/s²)	1.05	2.25	3.70	4.40	5.40	5.91	0.65	1.32	2.40	3.00	3.80	4.40	5.30
比值	1.00	2.14	3.52	4.19	5.14	5.63	1.00	2.03	3.69	4.62	5.85	6.77	8.15
θ_B/% 3222	0.054	0.131	0.170	0.20	0.250	0.290	0.041	0.075	0.135	0.150	0.165	0.175	0.220
比值	1.00	2.43	3.15	3.70	4.63	5.37	1.00	1.85	3.33	3.70	4.07	4.32	5.43
θ_c/% 3212	0.027	0.083	0.120	0.150	0.220	0.240	0.017	0.036	0.076	0.083	0.093	0.103	0.170
比值	1.00	3.07	4.44	5.56	8.15	8.89	1.00	2.12	4.47	4.88	5.47	6.35	10.00

5.5 工程全寿命周期地震成本混合法分析流程

首先需要明确工程全寿命周期地震损失成本研究是在一个较长的时间跨度内（如建筑设计年限 70 年）来进行分析研究的，因此时间跨度在全寿命周期地震成本研究中不可或缺。

工程结构全寿命周期地震成本 C_{tot} 一般指一栋新建筑在设计使用年限内所可能遭遇到地震后的所有损失值之和，也可以指一栋已用建筑在设计使用剩余年限内可能遭遇到地震后的所有损失值之和，C_{tot} 一般由起始建造成本 C_{in} 和全寿命周期内地震损失限值成本 C_{ls} 组成：

$$C_{tot} = C_{in}(s) + C_{ls}(t,s) \tag{5.3}$$

式中，C_{in} 表示新建筑或加固旧有建筑的起始建造成本，包括建造、加固房屋所需的材料费、机械台班费、建筑人工费、土地费、拆迁费等直接成本及其他间接税费总和，根据拟计算地区当地的社会经济消费生产水平，研究以西部宁夏银川地区为分析样本地区，计算中参考当地社会经济水平均选取 $C_{in}=2500$ 元/m²，如采取基础隔震加固措施后会增加基础隔震层构造措施费用和隔震器的设备费用，但相应会减小地上梁、柱构件的截面尺寸，相当于节约了建筑的直接费用，综合评估多层隔震结构造价与钢混框架结构造价基本持平甚至略低[66]，并考虑 ±10% 偏差。在此强调不同地区 C_{in} 值可能差异巨大，这部分数值的确定需要参考政府统计数据合理评估当地的土地拆迁成本费用。C_{ls} 代表在建筑使用年限内发生地震后导致的不同限值状态成本的现值，即对于地震所造成的建筑物的损伤和经济损失通过限值状态予以分级计算考虑，这是一个非常重要的概念，具体包括地震后的维修成本、建筑内的附属物损失成本、损伤恢复成本和人员伤亡的补偿费用以及其他与房屋出租和收入损失相关的直接、间接成本之和来计算。因此，全寿命周期地震损失成本计算的重点在于计算全寿命周期地震损失限值成本 C_{ls}。

目前影响最广泛的地震损伤评估方法体系如 ATC-13 和 HAZUS 系列，在结构地震易损性研究中发挥了重要作用，但它们均是考虑结构最大瞬时变形响应[25-26,65,67]。它们在工程全寿命周期地震损失成本研究应用中有明显的局限性，突出体现在这类评估体系对时间变量有关参数均没有考虑，同时对工程结构的限值损伤分级较粗略，仅以结构整体或其中最大层间的变形作为单一化损伤参数指标来评估结构的损伤水平显然无法满足对工程结构全寿命周期地震损失成本研究的计算需求。2000 年 K. A. Porter 提出了基于组合的地震易损性方法构想,但该方法在实际应用中面临着巨大的挑战,主要原因来自于完全应用该方法来统筹分析建筑物中所有构件的地震损伤需要强大和完善的计算机软硬件条件支撑,而目前结构抗震工程在这两大软硬件系统方面发展均不完善,因此该方法提出至今在大型结构工程中应用很少。

基于此,如何在遵守随机统计概率的原则下,既可以进一步分类和细化结构以达到精确分析计算评估全寿命周期地震损失的目的,又能兼顾目前的实际计算软硬件条件以达到节省计算耗时、提高计算效率的目标。本书创新性地提出了工程结构全寿命周期地震成本研究的混合法思路,具体如下:

(1)首先确定建筑物所在的地点、场地条件、建筑结构的全部细节,包括结构性的和非结构性的部分以及当地的气候、经济条件等。

(2)选择或创建合适的随机地震加速度波作为外在激励,所谓合适就是指通过分析建筑物所在地区的历史地震资料、当地的地质地基条件、地理气候因素、地震断裂带情况等,并将所有这些因素通过若干个控制性指标反映到所选择的或所创建的理论分析地震波上面。

(3)依据《建筑抗震设计规范》(GB 50011—2010)确定工程所在地的地震风险度水平,对结构进行设计定义,确定出若干结构控制变量参数,如梁柱截面尺寸、建筑物的层高跨度、混凝土和钢筋的抗压强度、弹性模量、构件配筋率、结构所有恒载和活载等值,然后基于LHS法对分析模型进行增量动力分析,提取结构或构件的最大响应特征值,如结构谱值、最大层间加速度、最大瞬间位移、构件最大单元转角变形等。研究中对混凝土材料由时间导致的碳化、蠕变、冻融损伤等劣化因素和钢筋材料由锈蚀导致的强度减小进行了忽略简化。

(4)对于结构分析计算过程中的基础损伤单元的确定,采取灵活的混合过渡性策略,既选择层变形损伤为主又选择若干重要的构件(梁、柱、墙体等)变形作为辅助损伤指标,综合考虑业主需要的计算精度、房屋构造的复杂程度、结构物的重要性和当前计算硬件能达到的水平。损伤响应参数指标选择几个作为评价对象易损性的指标,基于概率确定对象的每一级损伤限值,通过权重因子作为最终确定结构维修或更换的依据。

(5)采用基于建筑物当地社会经济水平的单位成本随机概率分布计算层或构件的维修费用,由于建筑设计使用年限为较长时间跨度,此处可通过现金折现率来考虑时间成本,单位成本这部分内容可以参考概预算定额中的相应施工内容的分项工程项目预算价来确定,同时也可以基于定额中分项内容消耗的工日来考虑适当的由维修导致的时间损失,从而模拟计算出对应于不同限值损伤概率的每一层或每一个损伤构件限值损伤地震成本期望值,包括直接维修费用和间接时间损失,汇总就可以得到工程全寿命周期地震维护成本。

以上五步包含了从外加振动、结构响应、损伤分析、维修模拟计算和成本损失核定的一次完整过程,为了建立基于概率分布的工程结构全寿命周期地震成本方程,需要在结构全寿命周期时间跨度内基于LHS法进行结构的大样本运算。地震强度也要同时服从各国建筑抗震规范中规定的不同抗震设防标准或不同限值状态对应的不同超越概率,因此IDA计算涵盖了不同强度级别的地震,计算流程如图5.8所示。

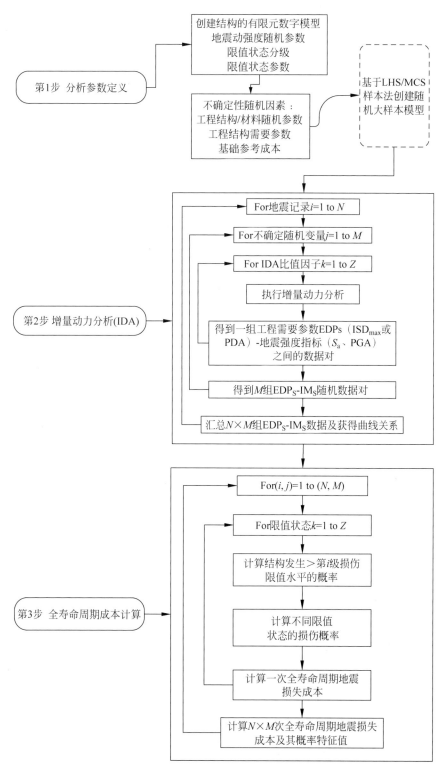

图 5.8　基于 IDA 的工程全寿命周期地震成本混合法计算流程

对应于第 i 级损伤限值状态的限值成本 C_{ls} 就可以表示为式(5.4)和式(5.5),此处 $C_{ls}^{i,\theta}$ 统一对应于 ISD_{max} 和重要构件端曲率转角 θ_{max} 的结构性损伤指标参数,$C_{ls}^{i,a}$ 对应于 PDA 的非结构性损伤指标参数:

$$C_{ls}^{i,\theta} = C_{dam}^i + C_{con}^{i,\theta} + C_{ren}^i + C_{inc}^i + C_{inj}^i + C_{fat}^i \tag{5.4}$$

$$C_{ls}^{i,a} = C_{con}^{i,a} \tag{5.5}$$

式中,C_{dam}^i 为房屋损伤维修成本,$C_{con}^{i,\theta}$ 为房屋中附属物品的损失,C_{ren}^i 为房屋业主出租成本损失,C_{inc}^i 为经营者收入损失,C_{inj}^i 为业主轻伤医疗成本,C_{fat}^i 为业主伤亡医疗保险成本,以上子成本均与建筑结构性损伤相关联;$C_{con}^{i,a}$ 为对层间加速度敏感的附属物的损失值。

考虑到地震发生一般假设为泊松模型,并且假设每次地震发生后受损的房屋可以立即得到维护加固,并恢复为初始完好状态,则地震损伤限值状态成本 C_{ls} 可以表示为式(5.6)~式(5.8):

$$C_{ls} = C_{ls}^{\theta} + C_{ls}^a \tag{5.6}$$

$$C_{ls}^{\theta}(t,s) = \frac{\nu}{\lambda}(1 - e^{-\lambda t})\sum_{i=1}^N C_{ls}^{i,\theta} \cdot P_i^{\theta} \tag{5.7}$$

$$C_{ls}^a(t,s) = \frac{\nu}{\lambda}(1 - e^{-\lambda t})\sum_{i=1}^N C_{ls}^{i,a} \cdot P_i^a \tag{5.8}$$

此处 C_{ls}^{θ} 和 C_{ls}^a 分别为基于 ISD_{max} 和 PDA 损伤指标的损伤成本,可以统一用 C_{ls}^{DI} 表示。C_{ls}^{θ} 和 C_{ls}^a 又是由对应于各级损伤限值状态概率子成本之和组成的。其中预期伤亡率是指对应于不同结构损伤限值状态下的具体可能伤亡人数,它由建筑内居民总人数×预期伤亡率得到。λ 为年折现率,一般取 5%;ν 为服从泊松模型的地震年发生率;t 为新建建筑的设计使用年限或旧有建筑加固后的剩余使用年限。

则第 i 级损伤限值状态概率 P_i^{θ} 和 P_i^a 可以表示为式(5.9):

$$P_i^{DI} = P(DI > DI_i) - P(DI > DI_{i+1}) \tag{5.9}$$

结构发生大于第 i 级损伤限值状态值 $P(DI > DI_i)$ 的概率可以表示为式(5.10):

$$P(DI > DI_i) = \frac{-1}{\nu t} \cdot \ln[1 - P_t(DI > DI_i)] \tag{5.10}$$

这里 $P_t(DI > DI_i)$ 是建筑物在整个设计使用周期 t 年内的损伤超越概率,由于地震易损性研究中通常对应于不同的地震 HL 有相应的结构损伤限值状态 LS 状态,所以可以建立不同 HL 下的地震发生年平均超越概率与房屋的相应 LS 年平均超越概率对应关系。如我国三级抗震设防标准(小、中、大震)或称为三级 HL(63.2/50、10/50、2/50)50 年内的超越概率分别为 63.2%、10% 和 2%,当 $t=1$ 就为年平均超越概率,则对应的年平均超越概率 $\overline{P}$ 就可以计算出来为 2%、0.21% 和 0.0404%,则我们可以假定与之对应的 LS 也具有相同的年平均超越概率。

5.6　钢筋混凝土框架结构全寿命周期地震成本计算与分析

工程结构全寿命周期地震成本研究的目标在于考虑多重不确定因素耦合影响的情况下,通过随机计算确定我国西部具体地区的多层钢混框架结构的全寿命周期地震成本统计期望值,为未来我国西部地区地震巨灾保险实际推广提供高可靠性的地震保险费率数据参考。同时对于随机参数变量对结构全寿命周期地震成本的影响程度做进一步的探讨,为进一步分析研究影响结构全寿命周期地震成本的关键因素和采取最优化措施打好基础。

5.6.1　钢筋混凝土框架结构全寿命周期地震成本计算

基于式(5.3)~式(5.10),本书在参考国外研究文献的基础上,经分析计算给出多层钢混结构每一级限值状态下的各类子成本损失的理论参考值,该值后期会通过模型试验进行修正,参考以往的文献研究确定了全寿命周期地震成本各相关子成本限值参数[68-69],基于文献[4]、文献[24]的研究,本书列出了房屋平均损失率、经济损失参数、延误时间导致的损失参数、预期人员轻伤率、预期人员重伤率和预期伤亡率等参考基础数据,详见表5.4和表5.5。研究中通过 Matlab 编程实现地震成本的大样本统计计算,考虑 7 级 HL,并算出了每一级地震波所对应的年平均超越概率,通过计算每一级 HL 下所造成的结构性和非结构性损伤,可进一步评估其经济性损失,研究中从前章 60 条筛选产生的已发生地震波中随机选择了 56 条地震记录来表征外加振动的随机性,因此研究的逻辑是严密而清晰的。

表 5.4　限值状态平均统计成本及计算公式

子成本类别	计 算 公 式	基础参考成本值
损伤/维修成本(C_{dam})	维修/更换成本×层面积×平均损失率	1200 元/m^2
附属物件的损失(C_{con})	单位附属物件的成本×层面积×平均损失率	300 元/m^2
业主出租租金(C_{ren})	出租率×可出租的总面积×损失方程	20 元/(月·m^2)
承租经营者收入(C_{inc})	出租率×可出租的总面积×空置时间	400 元/(年·m^2)
轻伤医疗费($C_{inj,m}$)	每个人轻伤成本×层面积×入住率×预期的轻伤率	2000 元/人
严重受伤医疗费($C_{inj,s}$)	每个人重伤成本×层面积×入住率×预期的重伤率	$2×10^4$ 元/人
伤亡抚恤/保险金(C_{fat})	每个人伤亡抚恤成本×层面积×入住率×预期的死亡率	$8×10^5$ 元/人

注:医疗费、抚恤/保险金按照人均 35m^2 住宅建筑面积的标准计算。

表 5.5　对应于限值状态的成本损失及伤亡率评估表

限值状态级别	计算指标(参考 FEMA-227、ATC-13)[64-65]					
	平均损失率/%	预期人员轻伤率	预期人员重伤率	预期伤亡率	经济损失参数/%	延误时间导致的损失参数/%
无损伤	0	0	0	0	0	0
微小损伤	0.5	$3.0×10^{-5}$	$4.0×10^{-6}$	$1.0×10^{-6}$	0.90	0.90
轻度损伤 Ⅰ	2	$1.3×10^{-4}$	$1.8×10^{-5}$	$0.4×10^{-5}$	1.50	1.50
轻度损伤 Ⅱ	5	$3.0×10^{-4}$	$4.0×10^{-5}$	$1.0×10^{-5}$	3.33	3.33
中度损伤 Ⅰ	9	$1.4×10^{-3}$	$1.6×10^{-4}$	$0.4×10^{-4}$	6.20	6.20
中度损伤 Ⅱ	20	$3.0×10^{-3}$	$4.0×10^{-4}$	$1.0×10^{-4}$	12.40	12.40
重度损伤	45	$3.0×10^{-2}$	$4.0×10^{-3}$	$1.0×10^{-3}$	34.80	34.80
严重损伤/倒塌	80	$3.0×10^{-1}$	$4.0×10^{-2}$	$1.0×10^{-2}$	65.40	65.40

　　由于需要考虑工程结构全寿命周期这一较长时间跨度(如 70 年内)可能发生若干次不同强度地震所造成的工程结构损伤及由此导致的地震损伤维修成本。因此,工程结构全寿命周期地震成本计算对工程结构设计使用期内地震的全面考虑尤其重要,研究中假定工程结构在不同时间内发生的地震均具有相同的频谱特征,即仅是强度不同的同一地震记录,当然不同强度的地震荷载对应于不同的年平均超越概率,代入式(5.3)~式(5.10)基于 IDA来计算每一条地震波所对应的工程结构在全寿命周期这一长时间跨度内的 ELCSC 值,在考虑相关变量随机参数的基础上基于 LHS 法,随机计算出所有地震波对应下的 ELCSC 值后,就可以进一步对成果值进行统计分析。

　　假设从 0~1 分为 20 个区间共 1000 个 fs 和 fc 随机变量,即每个区间 50 个随机变量,采用 Matlab 编程基于 LHS 法显示随机选择结果(图 5.9),实际计算中依据表 5.2 概率密度分布特征值生成 10000 个随机参数,基于 LHS 法将变量参数划分为 1000 个区间,在每个区间随机选择一个随机数代表该区间,所有的变量特征值组成一组特征集代入有限元程序在随机选择的地震波作用下基于 IDA 非线性计算,一个区间内的随机特征值一旦被选择后,则在下一次分析中将自动排除该区间,共进行 900 次随机计算,多层隔震结构基于四类损伤指标参数的计算统计结果如图 5.10 所示。

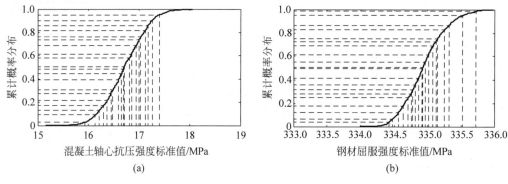

图 5.9　基于 LHS 法随机变量参数值选取

(a) 混凝土；(b) 钢筋

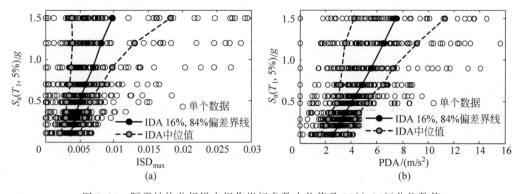

图 5.10　隔震结构分析样本损伤指标参数中位值及 16%、84% 分位数值

(a) ISD_{max}；(b) PDA；(c) θ_B；(d) θ_C

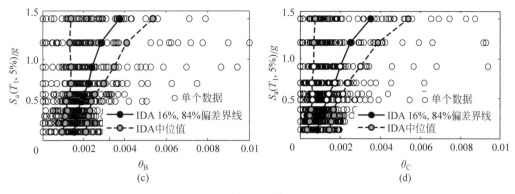

图 5.10(续)

研究采用 Matlab 编程基于 LHS 法随机选定变量特征值组集,建筑面积按照 1825m^2 计算,上述计算结果代入式(5.3)～式(5.10)得到两类结构全寿命周期地震成本柱状概率分布(图5.11),从图中看计算结果概率分布形态良好,结果符合随机正态分布。计算中对于结构 IDA 各级结构性损伤,根据前述的方法确定以层间变形损伤为主,主要承重构件变形损伤为辅的策略,在具体程序实现上采用随机分布加权因子的方式予以统计计算,其中基于 θ_B 参数的初始权重因子 c_1 取 0.1,基于 θ_C 参数的初始权重因子 c_2 取 0.15,且权重因子系数 ζ_1、ζ_2 服从 0～1 之间的随机分布,则基于 ISD 参数的权重就等于 $1-c_1\zeta_1-c_2\zeta_2$,最后计算得到的多层钢混结构性损伤导致的地震年均成本中位值为 2160 元,对室内部分加速度敏感的家具设备的损失基于 PDA 指标,其初始值按照建筑当地起始建造成本 C_{IN} 的 15% 估算,即 375 元/m^2,平均限值损失率参照表 5.4 和表 5.5 的数据,则非结构性附属物的统计地震损失年均成本中位值为 837 元,多层隔震结构性损伤导致的地震年均成本中位值为

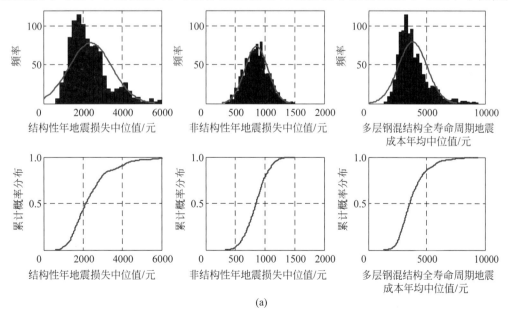

图 5.11 多层结构年均地震成本统计值概率分布对比

(a) 钢混结构;(b) 隔震结构

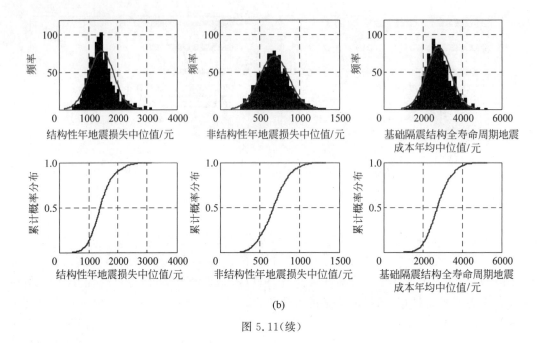

(b)

图 5.11(续)

1376 元,非结构性附属物的统计地震损失年均成本中位值为 671 元,最后对建筑结构全寿命周期 7 个分类地震年平均损失子成本费用汇总见表 5.6。从数据分析来看结构性损伤导致成本费用成为最大子成本项目,其次非结构性的损失和房屋租金收入占比也较大,但是由地震所导致的人员轻伤和重伤亡医疗保险费用占比不大,多层钢混结构占 1.39%,隔震结构占 0.48%。

表 5.6　工程结构全寿命周期地震年均成本统计值对比

成本类别	钢混结构			隔震结构		
	平均值/元	中位值/元	统计平均值 Cov/%	平均值/元	中位值/元	统计平均值 Cov/%
C_{dam}^i	2379.44	2160.14	2.61	1387.02	1376.14	1.075
C_{ren}^i	471.68	417.48	8.16	520.92	514.39	6.264
C_{inc}^i	102.26	85.42	10.43	114.24	111.45	7.913
$C_{con}^{i,\theta}$	844.42	837.47	0.77	673.68	670.61	1.134
C_{inj}^i	5.63	3.20	5.22	0.73	0.72	4.488
C_{fat}^i	82.16	46.30	6.08	10.05	9.97	4.032
C_{tot}	3885.60	3550.00	1.23	2706.64	2683.28	0.680

5.6.2　钢筋混凝土框架结构全寿命周期地震成本结果分析

工程结构的地震成本计算是通过探测结构在地震中的最大物理损伤变形值来评估计算确定的,参考表 5.2 的分级标准,基于研究中提出来的计算流程模型框架,进一步对多层钢混结构及对应的隔震结构的全寿命周期地震成本损失结果分析如图 5.12 所示。

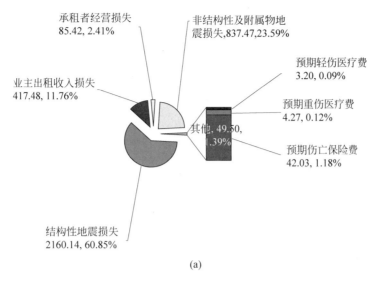

(a)

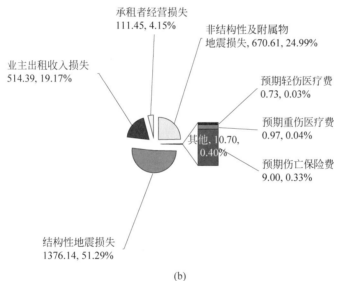

(b)

图 5.12 多层钢混建筑结构年均地震成本统计中位值及组成(单位:元)
(a) 钢混结构;(b) 隔震结构

基于单位建筑面积来核算的计算结果:该地区多层钢混框架结构的年平均地震损失成本统计平均值为 2.12 元/(年·m²),中位值 1.95 元/(年·m²);多层基础隔震结构的年平均地震损失成本统计平均值为 1.48 元/(年·m²),中位值 1.47 元/(年·m²),以我国人均 35m² 住宅建筑面积来估算,如果保险公司开设地震巨灾保险,通常还需要考虑必要的间接费用、利润和税金,按照 50% 的附加费率来考虑这部分费用,得到该地区多层钢混框架结构的地震巨灾保险建议年基准费用在 102~111 元/人,多层隔震结构的地震巨灾保险建议年基准费用在 77~78 元/人,地震巨灾保险可以保障当地由地震导致的房屋损伤维修、倒塌重建费用、人员医疗保险费用及商户出租风险补偿。参考银川地区人均收入水平,该费用标准在当地大多数居民可接受水平内。

5.7 钢混排架单层厂房建模与非线性动力损伤分析

5.7.1 普通钢筋混凝土排架厂房建模

为验证研究工作的可行性,建立了两种屋盖类型的单层钢筋混凝土排架结构厂房用于进行工程全寿命周期地震成本分析,并研究不确定性因素对于全寿命周期地震成本评估值的影响程度。具体结构有限元模型如图5.13所示,一类为传统钢筋混凝土桁架屋盖结构单层厂房,一类为轻钢网架屋盖结构单层厂房。

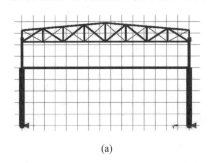
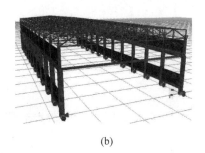

(a)　　　　　　　　　　　　　　　　　(b)

图 5.13　单层单跨厂房结构图
(a) 钢混桁架屋盖厂房立视图;(b) 轻钢网架屋盖厂房三维结构图

计算结构为单层单跨结构,纵向柱距6m,横向跨距24m,厂房屋盖顶高14.2m,排架柱顶标高11.6m,牛腿顶面标高8m,厂房结构总长66m,整个结构在平面和立面都是对称的,柱间维护墙计算时只考虑其对结构的竖向荷载作用,由于砌体材料的脆性特征,其对结构侧向抗力的影响暂不考虑。

按二级抗震等级要求设计,牛腿以下柱截面选取400mm×800mm,下柱截面纵筋配筋率1.96%(4ϕ32+8ϕ22),牛腿以上柱截面选取400mm×400mm,上柱截面纵筋配筋率1.86%(4ϕ25+4ϕ18);吊车轨道梁截面选取300mm×900mm,梁截面纵筋配筋率1.71%(6ϕ28+6ϕ14),梁、柱箍筋直径均选择8mm,柱内箍筋间距15cm,梁端箍筋间距10cm,梁中箍筋间距20cm,柱内配单向四肢箍,梁内配双肢箍,结构设计满足抗震设计规范中二级抗震等级要求,梁柱截面尺寸均考虑±5%的偏差。

混凝土强度等级C30(轴心抗压强度标准值20.1MPa),钢筋强度等级为HRB335级钢筋(屈服强度标准值335MPa),两种材料的强度及对应的弹性模量均考虑对数随机偏差值(表5.7)。屋面荷载考虑如下:屋面积灰荷载0.5kN/m^2,屋面雪荷载西北0.2~0.3kN/m^2,不上人屋面活荷载0.5kN/m^2,按照我国荷载规范规定,合计屋面活荷载共按1.0kN/m^2考虑;屋面恒荷载按照最不利的铺设预制板来考虑,取2.0kN/m^2。有限元模型构件基于纤维梁柱单元来建模,这种单元类型很好地兼顾了精确性和计算效率,其中混凝土材料同样基于Mander本构模型来模拟[58],钢筋材料采用Menegotto-Pinto本构模型来模拟[59],该模型基于材料的剪力-剪切变形来解释材料的受剪失效机制,应用广泛。同时重力荷载和二阶效应通过采用几何刚度矩阵给予了考虑。结构阻尼率取5%并考虑±10%的随机偏差。

两类屋盖系统厂房结构的自振周期分别为:钢筋混凝土预制桁架屋盖单层厂房第一自振周期T_1=1.31~1.55s,轻钢屋盖单层厂房第一自振周期T_1=1.18~1.38s。结构自振周期的变化与结构屋盖质量和材料强度、结构刚度的大小密切相关。

由于地震风险性分析需要研究辨别所有外加激励、建模、材料强度、时间经济性参数变量的不确定性。参照前节研究中对于不同来源的不确定性因素均进行了考虑,包括结构的刚度与材料的特征值:混凝土的弹性模量 E_c 和钢材的弹性模量 E_s 有关,结构的强度又受到混凝土的轴心抗压强度 f_c、钢材的屈服强度 f_s、构件配筋率和配箍率的影响。上述随机变量(外加激励、建模与材料、时间经济性因素)的不确定性特征研究中通过 MCS 均予以考虑,相同指标参数见表 5.1,与表 5.1 不同的指标参数详见表 5.7。

表 5.7　厂房结构全寿命周期部分随机变量特征值

随机变量		概率密度分布(PDF)	平均值(Mean)	协方差(Cov)/%	随机类型
混凝土强度	f_c 标准值	对数正态分布	20.1MPa	4	随机可知型
	f_c	对数正态分布	f_c 标准值	15	随机不可知型
弹性模量	E_c	对数正态分布	$3.0 \times 10^7 \, kN/m^2$	15	随机不可知型

5.7.2　普通钢混厂房排架结构非线性时程动力损伤分析

两型厂房有限元数字模型设计满足我国的抗震设计规范的要求,研究中基于实际的工程经济考量,对限值状态级数进行了优化,见表 5.8 和表 5.9。

表 5.8　钢混排架厂房结构损伤响应参数 EDPs 指标概率损伤限值状态分级表

限值状态级别	ISD	PGA/gal	θ_C	S_a/gal
无损伤	ISD≤0.0010	PGA≤70	$\theta_C \leq 0.0003$	$S_a \leq 34$
微小损伤	0.0010<ISD≤0.0021	70<PGA≤130	$0.0003 < \theta_C \leq 0.0009$	$34 < S_a \leq 57$
轻度损伤Ⅰ	0.0021<ISD≤0.0031	130<PGA≤180	$0.0009 < \theta_C \leq 0.0016$	$57 < S_a \leq 70$
轻度损伤Ⅱ	0.0031<ISD≤0.0044	180<PGA≤220	$0.0016 < \theta_C \leq 0.0024$	$70 < S_a \leq 82$
中度损伤Ⅰ	0.0044<ISD≤0.0066	220<PGA≤290	$0.0024 < \theta_C \leq 0.0036$	$82 < S_a \leq 100$
中度损伤Ⅱ	0.0066<ISD≤0.0110	290<PGA≤330	$0.0036 < \theta_C \leq 0.0052$	$100 < S_a \leq 115$
重度损伤	0.0110<ISD≤0.0255	330<PGA≤400	$0.0052 < \theta_C \leq 0.0080$	$115 < S_a \leq 125$
严重损伤	ISD>0.0255	PGA>400	$\theta_C > 0.0080$	$S_a > 125$

表 5.9　结构增量动力分析分级表

序列	地震风险度水平(HL)	限值状态(LS)	P_i^{DI}/%	IDA 比值因子
1	72/50	微小损伤	1.8100	1.3
2	38/50	轻度损伤	0.3790	2.7
3	25/50	中度损伤Ⅰ	0.2270	3.7
4	16/50	中度损伤Ⅱ	0.1390	4.7
5	10/50	重度损伤Ⅰ	0.1070	6.2
6	5/50	重度损伤Ⅱ	0.0626	7.2
7	2/50	严重损伤	0.0404	9.0

对工程结构进行损伤分析是基于 IDA 计算来进行的,因此需要在计算前设定地震振动强度的相对比值,依据前述 IM 法设定强度比值因子后,就可以在不同 HL 下使用修正的地

震波记录对工程结构进行随机非线性 IDA 计算。计算结果基于结构 ISD、基于柱端最大截面曲率转角 θ_C 和地面峰值加速度 PGA 损伤随机散点分布(图 5.14),分别代表了结构性损伤和非结构性损伤(设备和部分附件)。图 5.14 中通过将厂房结构的不同损伤限值分级进行了分区域表示,从左到右不同条带区间分别清晰地表示为:无损伤、微小损伤、轻度损伤、中度损伤、重度损伤和严重损伤/倒塌,区间随机散点的统计平均值和中位值已通过标记线已表示出来。从图中可以看出结构的分级损伤散点分布合理,清晰地显示出结构的整体损伤趋势。

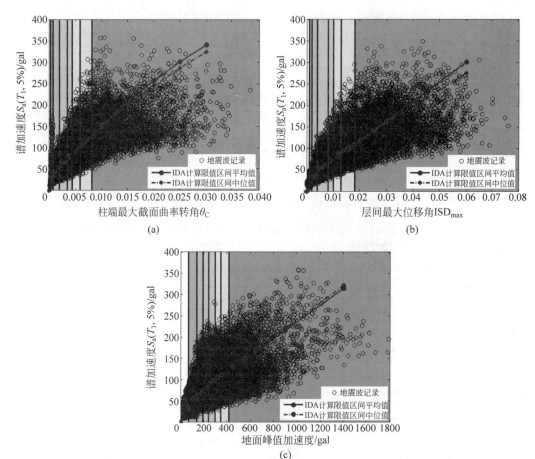

图 5.14　基于限值损伤的结构散点损伤分区
(a) 基于 θ_C；(b) 基于 ISD；(c) 基于 PGA
注:1gal=0.001g

5.7.3　CFRP 加固钢混厂房排架结构非线性时程动力损伤分析

研究中建立了碳纤维布(carbon fiber reinforced polymer,CFRP)加固钢筋混凝土排架柱厂房结构模型。钢混排架厂房的整体结构与布局和上节相同,此处不再赘述。钢混排架厂房结构选取碳纤维布对厂房钢筋混凝土排架柱身进行加固,碳纤维直径在 $5\sim10\mu m$,由碳原子在晶体结构中沿长轴方向排列组成,碳纤维材料具有抗拉伸强度高、强度-质量比高的优点,对比传统钢材料采用碳纤维材料结构可以减重 $50\%\sim60\%$,考虑原材料成本和加工费用后采用 CFRP 加固成本为同质量钢材料价格的 $2\sim10$ 倍。研究中的 CFRP 材料采用三线型本构模型[70-75],材料特征值包括:抗拉强度 $f_t=3000\mathrm{MPa}$,起始刚度 $k_{\mathrm{ini}}=3\times10^5\mathrm{MPa}$,后屈服刚度 $k_{\mathrm{post}}=-5\times10^5\mathrm{MPa}$,弹性模量 $E_c=145\mathrm{GPa}$,容重 $W=18\mathrm{kN/m^3}$,极限应变 0.015。结构恒、活荷载按照我国建筑结构荷载规范取值[76]。

CFRP 加固后的厂房第一自然振动周期中位值 $T_1=0.99\mathrm{s}$。厂房结构取整体阻尼率 5% 并考虑 $\pm10\%$ 的随机偏差。

非线性 IDA 被用于对厂房结构的有限元数字模型进行动力损伤计算,计算中使用了前述筛选得到的地震记录波,动力分析中采用地震强度参数推荐的方法。采用 100% 的东西向地震波和 30% 的南北向地震波组合代表任意方向的地震波荷载施加于结构基础部位。结构响应的评估是通过获得的 EDPs 损伤响应参数指标来开展的,研究中选择了 4 个代表性损伤指标遵循了基于性能的设计原理,即以基于变形/位移为基本选择原则,其中既有基于结构整体的响应指标也有基于结构重要承重构件的指标,其他一些指标如构件最大轴心压力、最大弯矩、最大剪力、最大的应力、最大的应变值等局部构件损伤指标暂未考虑。

工业厂房结构性能的评估需要研究者基于结构全局和局部的变形损伤行为来全面地理解和评估。研究中通过前面的分析选取了 56 条特征地震时程波,对单层工业厂房结构开展了 2000 次 IDA 随机样本计算分析,作用于厂房结构的基于结构整体响应的 IDA 曲线如图 5.15 所示,从结构整体位移变形结果来看,随着地震振动强度的增大,结构相应的谱加速度 S_a 也会增加,ISD 变形值随 S_a 增大而增加,但两种类型的厂房结构的 IDA 曲线斜率有很大差别,CFRP 加固后的厂房结构的 IDA 曲线斜率明显高于普通结构厂房结构。如对应于 ISD 同为 1%,普通厂房结构谱加速度 S_a 均值约在 $62g$,CFRP 加固厂房的 S_a 均值约在 $150g$,CFRP 加固结构对应的谱加速度值提高了 1 倍以上;对应于谱加速度 S_a 同为 $100\mathrm{gal}$,普通厂房 ISD 统计均值约为 1.5%,而 CFRP 加固厂房的 ISD 统计均值约为 0.5%,仅为普通厂房最大层间位移角值的 1/3,从计算结果可看出经过 CFRP 加固后的厂房结构地震抗易损性能得到大幅的提高。

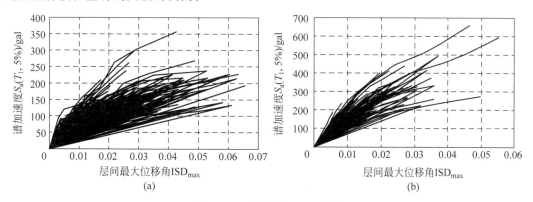

图 5.15 厂房结构 IDA 曲线

(a) 普通厂房;(b) CFRP 加固厂房

5.7.4 考虑 SSI 效应的钢混厂房结构建模与非线性时程动力损伤分析

在对工程结构进行全寿命周期地震成本研究过程中,通常回避不了的一个问题是对结构进行动力损伤分析是否考虑地基与结构基础之间的相互影响(soil-structure interaction, SSI)。如果考虑地基土体的变形即 SSI 效应则会使整个分析体系的柔性增加从而导致地面结构基本自振周期和阻尼增大。由于 SSI 效应对结构的震害程度与多个因素均有复杂关联,其对于建筑结构地震响应的影响相对于刚性地基假定下的地震响应需要具体分析。

Behnamfar 等[77]对在两类软土地基上(土体剪切波速分别为 250m/s 和 150m/s)的 3、5、6、8、9 层钢筋混凝土框架结构和框剪结构考虑 SSI 效应下的地震易损性的研究发现,SSI 效应会导致结构的整体位移变形较忽略 SSI 效应即刚性基础假设减少,而与此同时结构的底层层间水平位移会比忽略 SSI 效应时略大,因此考虑 SSI 效应后会增加结构局部底层柱梁构件的损伤程度;Tomeo 等[78]通过对假设刚性固结的基础与完全考虑 SSI 效应的同一多层简化钢筋混凝土框架结构基于 opensees 有限元模型在软土地基(土体剪切波速分别为 250m/s 和 160m/s)的对比研究发现,考虑 SSI 效应后由于土体对地震能量的吸收损耗,相比刚性假设基础至多会降低 50% 的最大层间位移和降低 20% 的结构最大基底剪力值;王淮峰等[79]分析表明 SSI 效应大小与地震波频谱成分密切相关,剪切波速小、阻尼小、基础埋深浅的情况下该效应显著;王海东等[80]对近场水平和竖向地震双向作用下的十层钢混框架结构考虑 SSI 效应后的结构抗震性能进行了研究,发现刚性地基假设下的结构响应较 SSI 效应下的结构响应小,同时考虑 SSI 效应后结构抗震性能在地震竖向和水平 PGA 比值为 0.6 左右时受影响最小,比值为 0.7 时受影响最大;Li 等[81]对坐落于地震断裂带地区的苏通斜拉索大桥地震响应进行研究,发现 SSI 效应降低了桥梁的模态频率,忽略 SSI 效应可能导致低估桥梁的位移变形,特别是对跨越断裂带的桥梁结构。目前国内外考虑 SSI 效应的研究多聚焦在高层结构和桥梁结构动力响应影响,而 SSI 效应对于西部地震高烈度地区的大跨工业厂房建筑全寿命周期地震成本影响还少有研究。

分析选择宁夏银川平原为样本建筑所在地区,该地地基土物理力学特征见表 2.3。

研究中建立了两栋相同的双跨单层钢筋混凝土排架厂房数值模型结构用于进行工程全寿命周期地震成本的对比分析。一栋为基于刚性基础假定的双跨钢筋混凝土单层排架厂房,一栋为在基础部位构建考虑 SSI 效应非线性单元的相同厂房结构,具体结构如图 5.16 所示。

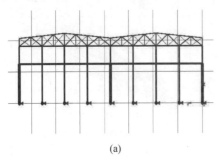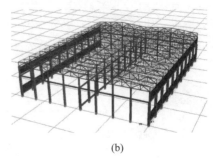

(a)   (b)

图 5.16 多跨厂房结构图

(a) 立视图;(b) 三维图

计算结构为双跨单层典型重工业厂房结构,纵向柱距为 6m,横向双跨 48m,厂房屋盖顶高 14.2m,排架柱顶标高 11.6m,牛腿顶面标高 8m,厂房结构总长 66m,整个结构在平、立面均对称,柱间维护墙只计对结构的竖向荷载作用,对结构侧向抗力的影响暂不考虑。

按二级抗震等级要求设计,牛腿以下柱截面选取 400mm×800mm,下柱截面纵筋配筋率 1.96%(4ϕ32+8ϕ22),牛腿以上柱截面选取 400mm×400mm,上柱截面纵筋配筋率 1.86%(4ϕ25+4ϕ18);吊车轨道梁截面选取 300mm×600mm,梁截面纵筋配筋率 1.82%(6ϕ22+6ϕ16),梁、柱箍筋直径均选择 10mm,柱内箍筋间距 15cm,梁端箍筋间距 10cm,梁中箍筋间距 20cm,柱内配单向四肢箍,梁内配双肢箍,结构设计满足抗震设计规范中二级抗震等级要求,梁柱截面尺寸均考虑±5%偏差。

混凝土强度等级 C30(轴心抗压强度标准值 20.1MPa),钢筋强度等级为 HRB335 级钢筋(屈服强度标准值 335MPa),两种材料的强度及对应的弹性模量均考虑对数随机偏差(表 5.1、表 5.7)。屋面活荷载按 1kN/m² 考虑;屋面恒荷载按最不利铺设预制板来考虑,取 2kN/m²,厂房顶部吊车荷载为移动荷载,按最不利位置分别随机设定在厂房两端和中部,吊车荷载含自重随机取值在 1~30t 之间。结构动力损伤分析均在 Seismostruct V7.0 版本专业有限元平台运行计算,有限元构件基于纤维梁柱单元来建模。SSI 效应复杂,由于桩、土之间的刚度相差较大,且土的拉力较小通常忽略不计,在循环荷载作用下,桩、土之间会出现滑移、脱离、接触等非线性特征,当荷载较大时非线性特征更为显著,研究中采用了计算平台 Seismostruct 自带的基于 Allotey 和 Naggar 工作建立的结构基础与地基之间的非线性动力土-结构相互作用 Winkler 连接模型[82-83],考虑到土体在滞回变力作用下的土体材料强度退化和硬化效应,基于该地地基土特征的二类场地 SSI 数值模型单元前 3 个主要参数在参考表 2.3 数据和文献[82]中公式计算后为:土体起始均布刚度 k_0=7566kN/m²,土体初始均布屈服力 F_c=50kN/m,土体主段均布屈服力 F_y=200kN/m,结构阻尼率取 5%并考虑±10%的随机偏差。两类厂房结构的自振周期分别为:刚性基底假定厂房第一自振周期中位值 T_1=1.26s,考虑 SSI 效应后的中位值 T_1=1.33s。

对工程结构进行损伤分析是基于 IDA 来进行的。

IDA 过程中的相关参数随机变量值基于 MCS 予以考虑,对所选厂房结构进行 5000 次 IDA 随机样本计算,结果如图 5.17 所示,从中看出忽略 SSI 效应和考虑 SSI 效应的同一厂房结构 IDA 曲线整体差异性较大,忽略 SSI 效应后结构的 IDA 曲线分布整体斜率明显大于考虑 SSI 效应后的斜率,但考虑 SSI 效应后结构的自振周期有所增大,会导致结构的相应谱加速度减小,因此,在该地Ⅱ类场地条件下考虑 SSI 效应后对于大跨厂房结构的损伤影响需要进一步的分析才能明确,这对于大跨结构抗震性能的确定尤其关键。

进一步通过地震易损性曲线对比分析差异更加明显,从衡量地震动能量的 PGA 指标来看,从微小损伤到重度损伤,考虑 SSI 效应后的厂房地震易损性超越概率均小于不考虑 SSI 效应的同类型结构,而且两者之间的差距随地震动能量的增加逐级在扩大,即忽略 SSI 效应后此类场地条件下的单层大跨厂房结构不存在低估损伤的情况,这对于结构的损伤分析反而有利。而如果从基于谱加速度 S_a 的指标来分析,则发现考虑 SSI 效应导致厂房结构的第一自振周期增大,在同一地震作用下对应的谱加速度值减小,但这种效应会产生多大的

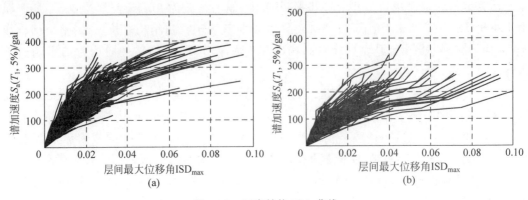

图 5.17 厂房结构 IDA 曲线

(a) 忽略 SSI 效应；(b) 考虑 SSI 效应

差异只有通过地震易损性曲线才能看出来，即考虑 SSI 效应后的厂房地震易损性超越概率均大于刚性假定的同类型结构，而且这种差距随地震动能量的增加随损伤级别在略微扩大，这显示出在地震易损性分析过程中结构的自振周期对于谱加速度值的影响明显，由此可以推测出如果结构所在的地基越软，则考虑 SSI 效应后结构的自振周期会越大。因此对于最大自振周期不同的两类结构，应以衡量地震动能量的地面峰值加速度 PGA 指标作为非结构性损伤的主要评价指标，而谱加速度 S_a 指标则反映出这两类结构的差异，由于两类结构的最大自振周期不同，所以不能简单将基于谱加速度 S_a 的结构损伤数据结果直接作为进行结构易损性能优劣对比的依据，详情如图 5.18 所示。

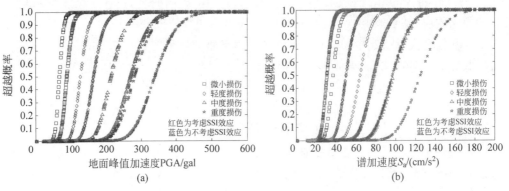

彩图 5.18

图 5.18 厂房地震易损性曲线

(a) 基于 PGA；(b) 基于 S_a

基于上述的限值级数，列出基于结构 ISD、柱端截面最大曲率转角 θ_C 随机损伤散点分区，如图 5.19～图 5.20 所示，代表了整体结构与构件级别的结构性损伤。图 5.19 和图 5.20 中通过将厂房结构的不同损伤限值分级进行了图形化表示，从左到右不同条带区间分别清晰地表示为：无损伤、微小损伤、轻度损伤、中度损伤、重度损伤和严重损伤/倒塌，区间随机散点的包络边缘和统计中位值通过标记线表示出来。从图中可以看出结构的分级损伤散点呈斜向扩散状分布，考虑 SSI 效应结构的随机散点损伤整体"喇叭口"分布斜率略高于原型结构。对于进入最右端区域的损伤散点，即认为结构已经发生了严重损伤，从损伤散点的分布可明显看出,刚性假定下的厂房结构进入右端区域(严重损伤/倒塌级)的散点数量要高于考虑 SSI 效应的厂房结构,这一点在基于柱端截面最大曲率转角 θ_C 损伤分布比较中更加明显。因此考虑 SSI 效应后的厂房损伤状况要略低于刚性基础假定下的情况,这为我们对该地区土木工程结构后续地震损伤/损失分析提供了重要的参考。

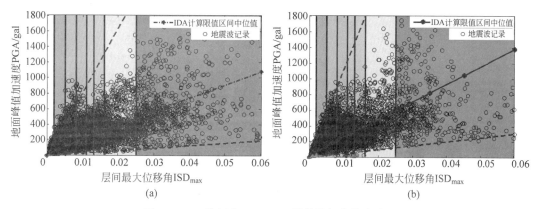

图 5.19 双跨厂房 ISD-PGA 结构性损伤散点分区

(a) 忽略 SSI;(b) 考虑 SSI

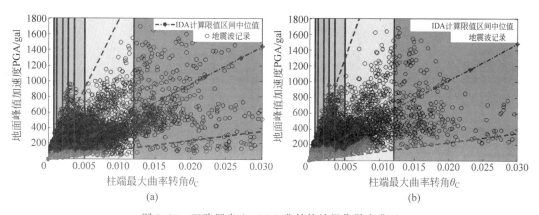

图 5.20 双跨厂房 θ_C-PGA 非结构性损伤散点分区

(a) 忽略 SSI;(b) 考虑 SSI

对各个限值状态分级内的损伤数量进行柱状统计分析汇总(图 5.21~图 5.22),由于研究中已经设定了不同的 LS 对应于不同的 HL,而不同的 HL 具有不同的地震年平均超越概率,因此就建立了 LS 对应于不同地震年平均超越概率的关系。注意对于大震中结构损伤达到严重损伤或倒塌级别的情况按照之前的定义即厂房需要推倒重建,计算中其地震成本等同于厂房的建造起始成本 C_{in}。

从图 5.21(a)和 5.22(a)中基于厂房结构性损伤 ISD 指标来看,刚性基础假定的结构年损伤次数最大为中度损伤 II,其次为重度损伤;而考虑 SSI 效应后最大为轻度损伤,其次为微小损伤。可见由于 II 类场地地基土层对于地震波具有良好的耗能消散作用,能量波传入结构时发生了折减效应。根据前述的研究结果,明确了在分析中将重点通过 PGA 指标来统计在不同强度的地震 HL 下厂房结构地面和屋顶的振动强度,并据此进一步推测出厂房

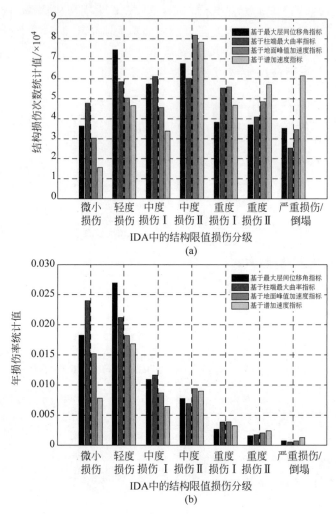

图 5.21　刚性基础假定下双跨重型厂房结构损伤柱状统计

(a) 年损伤次数;(b) 年损伤率

内由此导致的非结构性损伤(包括机器设备和厂房屋顶的管线等附属构件等),通过 PGA 指标来看,刚性基础假定的结构年损伤次数轻度损伤和中度损伤Ⅱ均较高,而考虑 SSI 效应后仅中度损伤Ⅱ最高。因此无论是基于结构性损伤指标损伤统计次数还是非结构性损伤统计次数来看,对于西北广大地区典型的Ⅱ类场地来说,刚性假定下会导致结构的损伤次数较实际情况更严重一些,不存在损伤低估的情况。

考虑不同 HL 地震的年平均发生概率后进一步得到图 5.21(b)和图 5.22(b)对应的结构年损伤概率,基于 ISD 指标来看考虑 SSI 效应后最大为轻度损伤,发生率约在每年 0.03 次,中度损伤Ⅰ也达到每年 0.01 次,而刚性假定下最大也是轻度损伤,不到每年 0.03 次,但刚性假定下中度损伤Ⅱ的发生率达到每年 0.007 次;再通过基于结构性柱端最大曲率转角损伤 θ_C 指标来看,考虑 SSI 效应后损伤次数最大的前两位也为轻度损伤和微小损伤且均大于忽略 SSI 效应的情况。发生这种情况也验证了Ⅱ类场地对于地震波具有一定的能量耗散作用,从而削弱了作用于地面结构的振动能量。

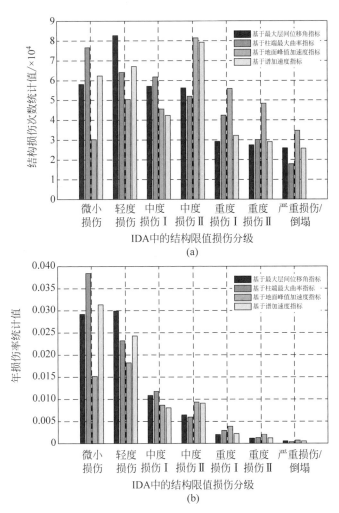

图 5.22　考虑 SSI 效应的双跨重型厂房结构损伤柱状统计

（a）年损伤次数；（b）年损伤率

　　综上分析可以初步得出，对于坐落于西北该地的Ⅱ类场地单层重型工业厂房开展地震损伤分析可以忽略 SSI 效应，进一步的大跨厂房全寿命周期地震损失分析可以揭示刚性假定下和考虑 SSI 效应之间的经济性差异。

5.8　钢混排架单层厂房全寿命周期地震成本计算与分析

5.8.1　普通钢混排架厂房全寿命周期地震成本

　　首先对普通单层单跨工业厂房结构全寿命周期地震成本计算共进行 10000 次样本随机计算，进一步对各个限值状态分级内的损伤数量进行柱状统计分析汇总（图 5.23（a）），每一级损伤限值又分为 3 个统计参数指标：基于最大层间位移角 ISD_{max}，基于柱端最大截面曲率 θ_C 和基于地面峰值加速度 PGA，其中 ISD 和 θ_C 均是结构性损伤的指标，可以相互比较。由于研究中已经设定了不同的 LS 对应于不同的 HL，而不同的 HL 具有不同的地震年平均超越概率,因此就建立了 LS 对应于不同地震年平均超越概率的关系,基于式(5.3)～式(5.10)就可以计算出对应于不同 LS 分级的三个损伤指标的年损伤率,如图 5.23(b)所示。注意对于在大震中结构损伤达到严重损伤或倒塌级别的情况研究中,按照之前的定义即厂房需要推倒重建,其地震成本就等同于厂房的建造起始成本 C_{in}。

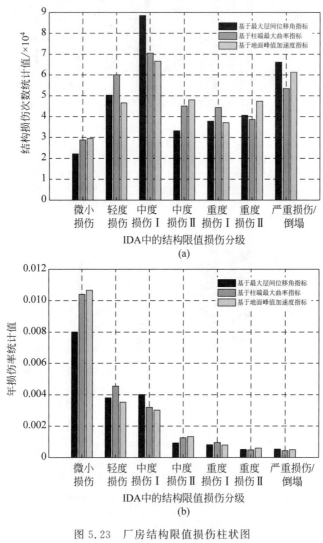

图 5.23 厂房结构限值损伤柱状图
(a) 年损伤次数;(b) 年损伤率

研究中采用 Matlab 编程基于 MCS 随机选定变量特征值,因此计算结果均为基于 MCS 随机样本下的统计计算结果。

单层工业厂房结构建筑面积按照 $1584m^2$ 计算,从图 5.24 所示的年均地震成本概率分布来看,结果符合随机正态分布,在具体程序实现上采用随机分布加权因子的方式予以结构性地震成本统计计算,其中基于 θ_C 参数指标的初始权重因子 c_1 取 0.5,且权重因子系数 ζ_1 服从 0～1 之间的随机分布,则基于 ISD 参数指标的权重就等于 $1-c_1\zeta_1$。PGA 为非结构性损伤指标,主要用来评价厂房内的设备和部分非结构性附件的损伤,并进一步计算出非结构性地震成本。最后计算得出的单层工业厂房的结构性年均地震损失中位值为3419元,平均值为3603元;非结构性年均地震损失(包括设备及非结构性附属物)中位值为8505元,平均值为8286元,此处厂房设备价值按照3000元/m²考虑,厂房其他附件价值折算按照300元/m²考虑,这两个指标值仅作为研究中的参考值,实际计算中不同行业厂房的设备及附件价值差异巨大,需要根据具体行业来评估。

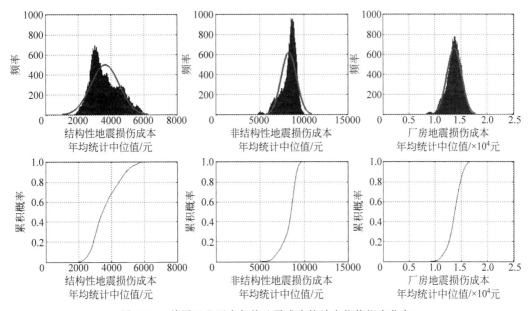

图5.24　单层工业厂房年均地震成本统计中位值概率分布

工程结构的地震成本计算是通过探测结构在地震中的最大物理损伤来计算确定的,参考表5.2的分级标准,基于图5.8所示的计算流程图,研究中对工业厂房结构的全寿命周期地震损失成本对比分析如图5.25所示。

基于单位建筑面积来核算,该地区单层工业厂房的年平均地震损失成本统计平均值在8.57元/(年·m²),中位值8.52元/(年·m²),如果保险公司开设地震巨灾保险,通常还需要考虑必要的间接费用、利润和税金,按照50%的附加费率来考虑这部分费用,研究结果得出该地区单层工业厂房地震巨灾保险参考基准费率在12.78~12.86元/(年·m²),地震巨灾保险可以保障当地工业厂房由地震导致的房屋损伤维修、设备损伤、倒塌重建费用、人员医疗费用及商户出租风险补偿金等损失。单层工业厂房的详细地震年平均损失各项子成本费用及偏差见表5.10,从数据分析来看厂房内设备和附件的地震损伤导致损失费用为最大子成本项目,其次为结构性损伤导致的地震维修成本,这两项损失共占结构地震年成本的88.13%(平均值)和90.29%(中位值)。值得注意的是厂房业主出租损失和承租人损失两项占比也较大,其统计Cov值变动较大,这主要是由于在考虑这两项随机成本值时,假定由地震导致的租期损失在1~6个月内和停工导致的承租人收入损失在1年内为均匀分布随机变化。发生地震后的人员轻重伤医疗费和抚恤保险赔偿金均为初步估计,由于地震所导致的人员轻重伤医疗费和保险抚恤金总占比不大(平均值1.93%,中位值1.38%),未来的精确估算需要收集更多的基础数据予以支持。

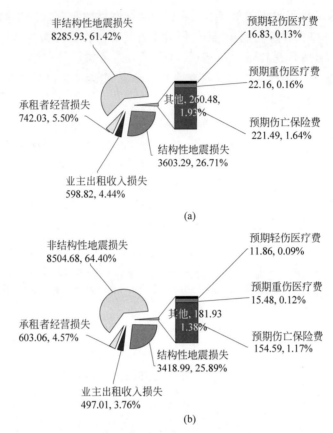

图 5.25   年均地震成本统计成果及组成(单位:元)

(a) 平均值;(b) 中位值

表 5.10   单层工业厂房结构全寿命周期地震年均成本统计值对比

成 本 类 别	单层钢筋混凝土排架结构厂房			
	平均值/元	Cov/%	中位值/元	Cov/%
C_{dam}^i 结构性损伤地震成本	3603	5.67	3419	5.65
C_{ren}^i 业主租金收入损失	599	57.66	497	52.35
C_{inc}^i 停产导致收入损失	742	63.35	603	57.12
$C_{con}^{i,\theta}$ 设备附属物地震损失	8286	1.24	8505	1.34
C_{inj}^i 人员轻重伤医疗费	39	186.20	27	156.70
C_{fat}^i 伤亡保险赔偿金	221	189.80	155	157.70
C_{tot} 地震年均成本汇总	13490	1.11	13206	1.12

5.8.2   CFRP 加固钢混排架厂房全寿命周期地震成本

厂房结构全寿命周期地震成本研究的目标在于考虑多种不确定因素耦合影响的情况下,通过将作用于西部选定地区的 CFRP 加固厂房建筑的地震风险量化为可衡量的 CFRP 加固厂房结构的全寿命周期地震成本统计期望值,从而为项目业主在工程设计阶段的工程加固决策提供可靠的支持。

全寿命周期地震成本由起始建造成本 C_{in} 和损伤限值状态成本 C_{ls} 组成,其中起始建造成本 C_{in} 需要研究者根据工业建筑所在地的建筑市场平均物价水平做合理的评估,研究中经过市场调研,初步暂定采用 CFRP 加固措施后当地的工业厂房结构的起始建造成本 C_{in} 提高了 150 元/m^2,损伤限值状态成本 C_{ls} 的计算需要基于不确定随机参数变量 MCS 来开展计算,计算过程通过 Matlab 编程从有限元动力计算结果提取数据建立 MCS 随机参数大样本,基于随机统计概率根据式(5.3)～式(5.10)计算 C_{in} 和 C_{ls}。

研究中地震强度参数的级数 m 及对应的损伤 LS 分级、IDA 强度系数比值等详细数据参见文献[84]。增量动力计算是开展工业厂房结构全寿命周期地震成本分析的基础,在结构动力计算过程中,为了完整地呈现工程全寿命周期地震成本的统计精确性。研究者不仅要关注结构性 EDP 损伤指标,同时还必须关注非结构性 EDP 损伤指标。研究中采用了组合加权的方法,选择了 4 个代表性损伤指标来开展此次工业建筑全寿命周期地震成本的大样本 5 万次随机计算,计算中全寿命周期地震成本相关的参数服从随机变量分布,地震所导致的业主租金收入损失根据结构性损伤程度计算中服从 1～6 个月随机分布;工厂厂房由地震导致的停产时间损失,根据损伤严重程度服从 0～12 个月间随机分布,工人在岗率按照 95% 期望值随机正态分布并考虑 ±5% 偏差,计算结果基于上述的限值状态予以分区,限于篇幅此处仅列出 EDP 结构性损伤指标:基于结构 ISD 和柱端截面最大曲率转角 θ_C 随机损伤散点分布如图 5.26～图 5.27 所示。通过不同的条带区间将厂房结构性损伤通过损伤限值分级进行了图形化表示,由左至右按照不同区间分别表示不同 IM_m 对应的损伤限值状态。纵坐标采用工程结构地震易损性分析中经常使用的谱加速度 S_a 指标,它可以更加直观地了解到两类工业厂房建筑的地震易损伤性能差异。从图 5.26～图 5.27 可见两类结构的分级损伤散点均呈现斜向喇叭状扩散分布,但两类工业建筑的喇叭状斜向分布差异性非常明显,可见 CFRP 加固厂房结构的随机散点损伤整体“喇叭口”分布斜率明显高于普通厂房,两类结构的均值和中位值曲线差异更加明显。如对应于 ISD 指标 3%,普通厂房的谱加速度 S_a 值在 $192g$,而 CFRP 加固工业厂房的谱加速度 S_a 值提高接近 1 倍达到约 $380g$ 的水平,显然经过 CFRP 加固后的工业厂房抗震易损性得到了明显的提高。另外,对于进入最右端区域即结构进入严重损伤,从损伤散点的分布可见,经过 CFRP 加固后的工业厂房结构进入右端严重损伤/倒塌级区域的散点比例远远少于普通厂房结构,普通厂房散点损伤进入最右端区域后整体呈现水平缓慢下降屈服状态,抗震性能在逐渐降低,而 CFRP 加固结构损伤散点进入最右端区域后仍然保持一定的斜率,即抗震性能还有提高,并没有立刻呈现屈服状态。这一显著性差异在两类结构基于柱端截面最大曲率转角 θ_C 承重构件结构性损伤指标分布中同样明显,普通厂房中 $\theta_C<0.08$ 的点数不足总数的 40%,而 CFRP 厂房结构中 $\theta_C<0.08$ 的点数超过总数的 90%,即 CFRP 加固后的厂房结构在 IDA 大样本计算中大概率保持在重度损伤及以下限值状态,体现出 CFRP 加固后工业厂房建筑物优良的地震抗易损伤性能。

对 7 级损伤限值状态内的损伤散点数量进行统计分析并以柱状图进行表示,在柱状图损伤限值表示中每一级柱状图包含了 4 项 EDP 损伤指标。可以看到同一个损伤指标对应于不同损伤限值状态所统计得到的损伤数量是不同的,同时基于同一个损伤限值状态对应的 4 项不同损伤指标所统计得到的损伤数量也是不同的,可见不同的损伤指标对于不同的损伤限值状态具有不同的损伤敏感性。

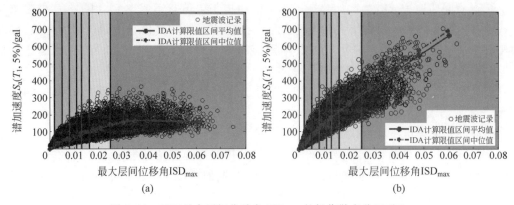

图 5.26　基于最大层间位移角 ISD_{max} 的损伤散点分区对比

（a）普通厂房；（b）CFRP 加固厂房

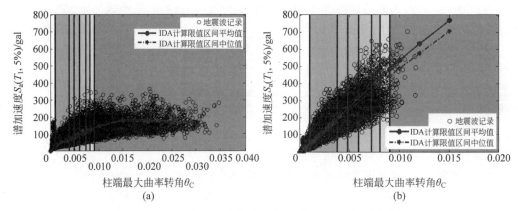

图 5.27　基于柱端最大曲率转角 θ_C 的损伤散点分区对比

（a）普通厂房；（b）CFRP 加固厂房

　　从图 5.28～图 5.29 中的基于 ISD 损伤指标的年损伤次数统计结果来看,普通厂房损伤统计数值最大在轻度损伤次数,严重损伤/倒塌次数也非常高,而 CFRP 加固厂房结构的严重损伤/倒塌次数仅为普通厂房的 1/3,统计损伤数最大在中度损伤,其次在轻度损伤。而如果基于 θ_C 来看,这两类厂房结构地震易损伤差异则更为明显,普通厂房没有变化,而 CFRP 加固厂房损伤次数最大为轻度损伤,其次为微小损伤,而严重损伤/倒塌次数更仅为普通厂房的 1/20。

　　当然由于非结构性损伤主要考虑对加速度敏感的机器设备和附属性构件和设施,而厂房为单层结构,两类结构所面对的地面峰值加速度 PGA 值是相同的,两者的最大谱加速度 S_a 由于这两种类型结构的自振周期不同会有所差异,但这两种结构的最大谱加速度 S_a 值的绝对差异依然是衡量厂房非结构损伤差异的重要参考指标,从 PGA 指标分析来看, CFRP 加固厂房的微小损伤次数最多,严重损伤/倒塌次数其次,而普通厂房轻度损伤次数最多,其次也为严重损伤/倒塌次数,这一定程度上合理反映了厂房排架柱被 CFRP 加固间接提高了厂房顶部局部非结构性构件、管件、屋顶装饰性建筑构件等的抗震易损性,但由于涉及非结构性地震损失主要部分的机器设备还是安装在地面上的,这部分的地震损失对于

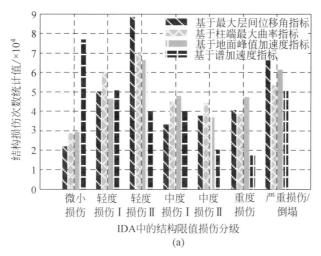

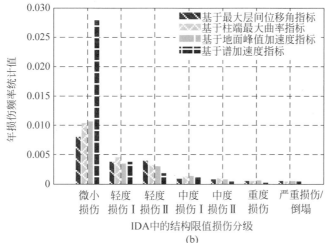

图 5.28　普通厂房结构限值损伤柱状图

（a）年损伤次数；（b）年损伤频率

两类厂房结构是基本相同的,所以计算结果反映出这部分的细微差别。

　　从基于 S_a 指标来观察,两种类型厂房结构的前两位最大损伤次数相同,均为微小损伤次数最多,其次为严重损伤/倒塌次数,需要注意的地方在于普通厂房轻度损伤次数接近严重损伤/倒塌的次数,进一步考虑不同损伤限值状态对应的年发生概率后,就可以得到对应于每一年的平均损伤发生概率。随后的厂房全寿命周期地震成本加权计算具体程序参见前文。

　　从图 5.30 所示的两类工业厂房建筑的结构性及总的年均地震成本概率整体分布来看随机正态分布良好,而非结构性年均地震成本统计分布效果稍差,分析认为这与前述非结构性地震损失计算过程中对于各类组成子成本如业主租金收入损失、停工时间和工人在岗率等参数不确定性随机变量范围设定有关,这部分更准确的定义需要深入企业和地震灾区调研补充数据后才能完善。需要说明的是,对工业建筑全寿命周期成本的计算需要根据组成地震成本的各子成本类别基础公式开展计算,这些子成本类别涵盖了地震所导致的结构性损失、机器设备和管线的非结构性损失、工人的伤亡赔偿抚恤金等费用。计算得到普通厂房

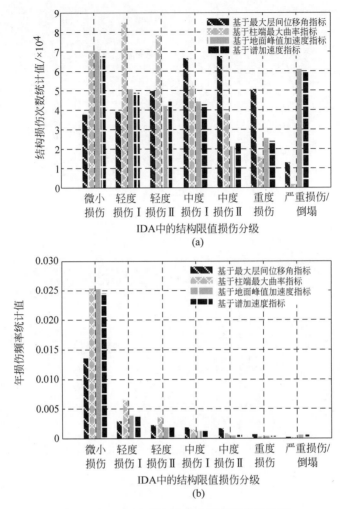

图 5.29　CFRP 加固厂房结构限值损伤柱状图

(a) 年损伤次数；(b) 年损伤频率

的结构性年均地震损失中位值为 4403 元,年均平均值为 4411 元,非结构性年均地震损失中位值为 4749 元,平均值为 4623 元；CFRP 加固后的厂房结构性年均地震损失中位值为 3758 元,年均平均值为 3681 元,非结构性年均地震损失中位值为 4410 元,年均平均值为 4281 元,结果发现经过 CFRP 加固后厂房整体全寿命周期地震成本损失减少了约 16.5%,计算中厂房设备价值按 2000 元/m² 考虑,其他附属构件价值按 300 元/m² 折算考虑,这两个指标值仅作为参考值,实际计算中不同行业厂房的设备及附件价值差异巨大,需要根据具体行业再做详细的针对性估算。

　　两种类型工业厂房结构的全寿命周期地震损失成本对比分析如图 5.31 所示。

　　基于单位建筑面积来计算,该地区单层普通钢混排架厂房的年平均地震损失成本统计中位值 7.01 元/(年·m²),CFRP 加固厂房的统计中位值 5.75 元/(年·m²)。如果保险公司开征地震巨灾保险,假设最大 50% 的间接费和税,则该地区普通厂房地震巨灾保险参考基准费率中位值 10.52 元/(年·m²),CFRP 加固厂房地震保险中位值 8.62 元/(年·m²)。

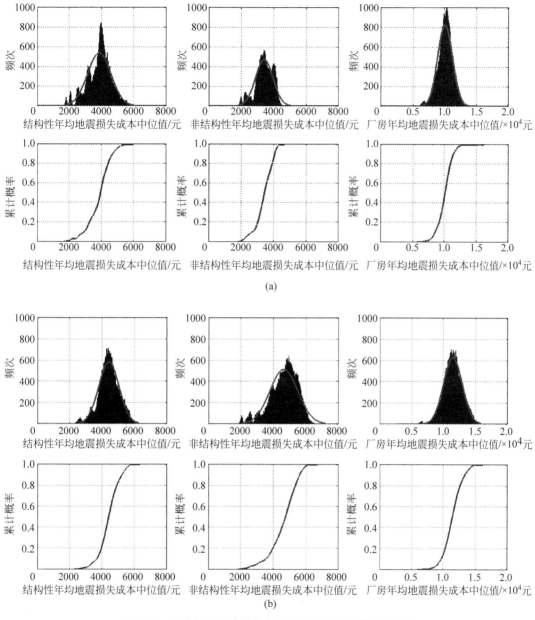

图 5.30　两类钢混厂房结构年均地震成本统计值概率分布

（a）CFRP 加固厂房；（b）普通厂房

基于中位值来衡量，则采用 CFRP 加固技术后厂房的地震保险减少约 18%，注意在计算采用 CFRP 加固厂房地震成本前面已经考虑了加固本身的材料及加工费用 150 元/m²，因此计算后的结果初步显示出了厂房建筑采用 CFRP 技术后对于钢混排架柱构造的工业建筑全寿命周期成本费用具有巨大的效益，该技术应用于我国西部地震高烈度广大地区的钢混排架厂房建筑具有推广的潜力。

　　两类结构的各项对比年均地震损失子成本统计数据见表 5.11，显示非结构性设备及附件损失为最大子成本项目，其次为结构性损伤导致的地震维修成本，这两项损失占到厂房结

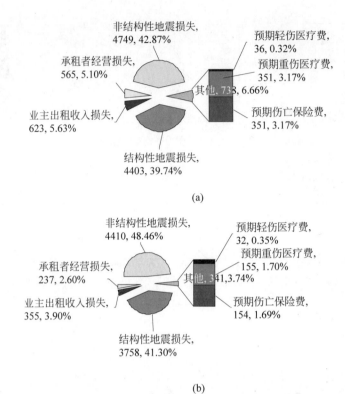

图 5.31　年均地震成本统计中位值及组成(单位：元)

(a) 普通厂房；(b) CFRP 加固厂房

构地震年成本的 82.62%(普通厂房)和 89.76%(CFRP 加固厂房)。发生地震后的人员轻重伤医疗费和伤亡抚恤金均为初步估计,由地震导致的人员轻重伤医疗费和伤亡抚恤金总占比不大(普通厂房 6.66%,CFRP 加固厂房 3.77%),当然本次分析还是基于前面一系列假定的基础数据计算得来,未来更精确估算需要收集更多的来自于地震高烈度地区地震动风险性资料、工业厂房的更精确设备与非结构性构件详细成本组成、材料受长期环境影响微观力学劣化机制等基础数据支持。

表 5.11　两类工业厂房全寿命周期地震年均成本统计值对比

成本类别	全寿命周期地震年均成本统计中位值			
	普通厂房/元	Cov	CFRP 加固厂房/元	Cov
C_{dam}^{i}　结构性损伤地震成本	4403	0.02	3758	0.05
C_{ren}^{i}　业主租金收入损失	623	0.61	355	0.53
C_{inc}^{i}　停产导致收入损失	565	0.66	237	0.57
$C_{con}^{i,\theta}$　设备附属物地震损失	4749	0.05	4410	0.03
C_{inj}^{i}　人员轻重伤医疗费	387	0.86	187	0.78
C_{fat}^{i}　伤亡保险赔偿金	351	0.91	154	0.79
C_{tot}　地震年均成本汇总	11078	0.02	9101	0.01

5.8.3　考虑 SSI 效应的钢混排架厂房全寿命周期地震成本

基于 IDA 计算结果进一步对双跨工业厂房结构全寿命周期地震成本进行 5 万次大样本随机计算,计算中全寿命周期地震成本相关的参数服从随机变量分布,地震所导致的业主租金收入损失根据结构性损伤程度计算中服从 1~6 个月随机分布,由地震导致的停产时间损失根据损伤严重程度服从 0~1 年间随机分布,工人在岗率按照 95% 期望值随机正态分布。

工程结构全寿命周期地震成本研究的目标在于考虑多重不确定因素耦合影响的情况下,通过计算位于确定地区的单层工业厂房的全寿命周期地震成本统计期望值,为未来工业建筑地震巨灾保险实际推广提供高可靠性的地震保险费率数据参考。

基于全寿命周期地震成本计算流程,研究中通过 Matlab 编程基于 LHS 法随机选定变量特征值,因此计算结果均为基于 LHS 随机样本的统计计算结果。基于表 5.1 正态和对数正态随机变量参数统计分布,并基于式(5.3)~式(5.10)评估工业厂房结构全寿命周期地震损失。

单层双跨工业厂房结构建筑面积按照 $3168m^2$ 计算,从图 5.32 所示的年均地震成本统计值概率分布来看,结果符合随机正态分布,在具体程序实现上采用随机分布加权因子的方式进行结构性地震成本统计计算,其中基于柱端 θ_C 参数指标的初始权重因子 c_1 取 0.35,且权重因子系数 ζ_1 服从 0~1 之间的随机分布,则基于 ISD 参数指标的权重就等于 $1-c_1\zeta_1$。PGA 为非结构性损伤指标,用来评价厂房内的设备和部分非结构性附件的损伤并进一步计算出非结构性地震成本。最后计算得出的刚性基础假定下单层厂房的结构性年均地震损失中位值为 9358.66 元,年均平均值为 9195.55 元;非结构性年均地震损失中位值为 8852.08 元,年均平均值为 8754.70 元,此处厂房设备价值按照 2000 元/m^2 考虑,厂房其他附件价值折算按照 200 元/m^2 考虑。考虑 SSI 效应厂房结构性年均地震损失中位值为 8247.07 元,年均平均值为 8209.78 元;非结构性年均地震损失中位值为 7926.30 元,平均值为 7802.22 元,这两个指标值仅作为参考值,实际计算中不同行业厂房的设备及附件价值差异巨大,需要根据具体行业来评估。

重型厂房结构详细全寿命周期地震损失年均成本对比分析如图 5.33 所示。基于单位建筑面积来核算,该地区刚性基础假设的单层工业厂房的年平均地震损失成本统计中位值 7.38 元/(年·m^2),考虑 SSI 效应的厂房统计中位值 6.84 元/(年·m^2)。如果保险公司开设地震巨灾保险,通常还需要考虑必要的间接费用、利润和税金,按照 15% 的附加费率来考虑这部分费用,研究结果得出该地区忽略 SSI 效应的单层厂房地震巨灾保险基准费率中位值 8.49 元/(年·m^2),考虑 SSI 效应的厂房地震巨灾保险基准费率中位值 7.86 元/(年·m^2)。重型厂房的详细地震年平均损失各项子成本费用统计数据详见表 5.12,从数据分析来看厂房内结构性地震损伤导致的地震维修成本为最大子成本项目,其次为机器设备及非结构性构件的损失费用,这两项损失共占结构地震年成本的 77.90%(忽略 SSI 效应)和 74.67%(考虑 SSI 效应)。值得注意的是厂房业主出租损失和停产收入损失两项占比也较大,其统计 Cov 值变动较大,这主要是由于在考虑这两项随机成本值时,假定由地震导致的租期损失在 1~6 个月内和停工导致的经营者收入损失在 1 年内为均匀分布随机变化。发生地震后的人员轻重伤医疗费和抚恤保险赔偿金均为初步估计,由地震导致的人员轻重伤医疗费和保险抚恤金总占比不大,未来的精确估算需要更多的基础数据作为支持。

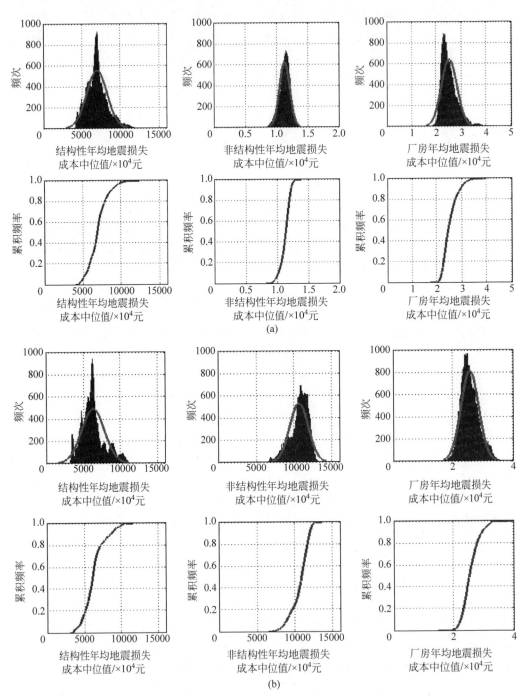

图 5.32　联排钢混厂房结构年均地震成本统计值概率分布(单位：元)

(a) 忽略 SSI；(b) 考虑 SSI

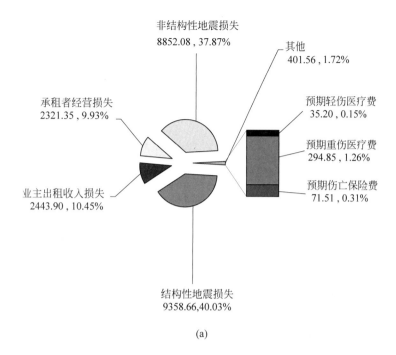

(a)

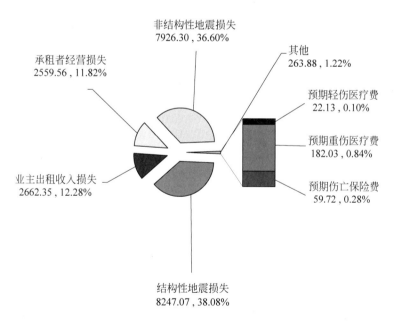

(b)

图 5.33 联排钢混厂房地震巨灾保险统计中位值及组成(单位：元)

(a) 忽略 SSI；(b) 考虑 SSI

表 5.12 联排钢混厂房工程地震巨灾保险年费用统计值对比

成 本 类 别	地震巨灾保险年均成本统计中位值			
	忽略 SSI/元	Cov	考虑 SSI/元	Cov
C_{dam}^i 结构性损伤地震成本	9358.66	0.026	8247.07	0.051
C_{ren}^i 业主租金收入损失	2443.90	0.230	2662.35	0.198
C_{inc}^i 停产导致收入损失	2321.35	0.270	2559.56	0.249
$C_{con}^{i,\theta}$ 设备附属物地震损失	8852.08	0.016	7926.30	0.041
C_{inj}^i 人员轻重伤医疗费	330.05	0.998	204.16	0.963
C_{fat}^i 伤亡保险赔偿金	71.51	0.972	59.72	0.957
C_{tot} 地震年均成本汇总	23377.55	0.010	21659.16	0.018

5.9 建筑工程地震巨灾保险与再保险

我国是地震多发国家,从 20 世纪 60 年代起基本每隔 6 年就发生一次 M_s 7.0 左右的地震,建立适合国情的地震保险制度尤为迫切。《国家防震减灾规划(2006—2020 年)》中指出,我国防震减灾的主要任务是完善地震救援体系。因此,为保障生活在地震高烈度地区的建筑内居民的生命财产安全,推广建立和完善由政府投入、地震灾害保险和社会捐赠相结合的多渠道灾后重建和补偿机制具有长远的现实意义。

工程全寿命周期地震损失成本基于概率风险性作为工程全寿命周期内发生地震所造成的直接损失,可以将其看作地震巨灾保险的基本直接费用,保险公司如果想要向市场推广地震巨灾保险,必须还要考虑相关的附加费。一般保险的经营模型可以用蓄水模型来表示,即保险公司以持续确定的年保费收入累积作为赔偿未来可能发生于任何时间点的不确定损失的准备。对于地震保险等巨灾保险经营者而言,只要保险费率合理,而且资本累积准备足够就能应付临时的巨灾损失而不致失去清偿能力,那么长远来看,保险经营者必须能自其中获取应有的利润才合理,因此问题的关键就成为如何确定足够的赔偿准备金,才能应付未来可能发生在工程全寿命周期内的巨额地震灾害赔付款请求,然而保险公司还可以选择再保险或其他诸如巨灾债券、巨灾选择权交易等新型保险衍生品工具以降低赔偿准备金累积需求,因此确定适当合理的保险费率才是确保赔付能力和稳定盈利的重点。

一般保险费率的确定,主要基于大数法则原理,利用以往大量的损失记录,以保险精算方式推估风险预期损失,据以确定保险费率。然而对于具有发生概率低并且无法预估灾害大小的地震损失,以往所收集到的地震损失资料还不足以充分反映目前建筑物的可能损害,因此如何利用各种工程分析模型,结合结构易损性分析来推估在各种条件下不同建筑物可能的地震损害及损失,并将此分析所得结果作为地震损失资料的补充,将可以较好地解决合理确定地震保险费率的问题。

目前,美国、日本、新西兰和土耳其等地震灾害较重的国家,通过多年探索已经建立了较为完善的地震灾害保险制度,认真研究其先进的经验对于我国地震保险制度的完善具有重要的现实意义。

5.9.1 国外地震灾害保险概况

1994年发生的美国加州北岭大地震(Northridge earthquake)造成美国保险业的严重损失,如图5.34所示。当年加州地震理赔金额为当年保费收入的22.7倍[85],即过去数十年以来的地震灾害险保费收入也无法补偿此次地震造成的损失,致使大部分保险业公司以停止支付地震险理赔业务或设立严格的投保限制条件来应对。针对这种情况,美国加州政府随即进行了相关立法工作,并随后成立了加州地震局(California Earthquake Authority, CEA),该机构会同了加州约70%的保险公司来共同承保居民住宅由地震造成损失的保险理赔工作,初步规划的设计承保能力为北岭地震造成损失的两倍,约合300亿美元,而地震前的总承保能力只有72亿美元。

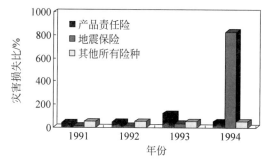

图5.34 美国1991—1994年不同险种损失比率

图5.35所示为CEA承保能力架构图,其中第一层为参保的保险公司依据其业务比例提供给CEA的资本金和保费收入承担;第二层由保险公司承担,于灾后以税收方式征收,责任期10年,当保费累积足够的资本,保险公司便可以免去该责任;第三层则安排第一超额损失再保险;第四层由CEA借债承担;第五层再安排第二超额损失再保险;最后一层由保险公司承担,并于灾后以税收方式征收。

图5.35 CEA承保能力架构图

CEA 所提供的地震保单,保单自付额为 15％,人员死亡赔偿 5000 美元,生活补助金 1500 美元,房屋附属设施如游泳池等不在保障范围,其保险费率平均为 3.91％,最高 5.25％。据统计在 1993 年,旧金山地区 35％~40％的居民投保地震险,而整个加州地区则为 25％[86]。

日本也是地震保险开展较早的国家之一,早在 1966 年依据日本《地震保险法》就提出了以结合政府和民间保险公司的家庭地震保险计划,该计划考虑到民间保险公司的承保能力有限,为提高其承保意愿,规划由政府提供地震再保险,而该计划初期总承保金额为 3000 亿日元,后来逐步扩大至 1999 年的 41000 亿日元。当发生地震后,投保地震险的财物损失总金额在 750 亿日元以下部分由保险公司全额承担,750 亿~8186 亿日元之间由政府和保险公司各承担一半,8186 亿~41000 亿日元部分由政府承担其中的 95％,保险公司只承担 5％,如果地震损失大于承保总金额的 41000 亿日元,则投保人将只能获得按原定赔偿金乘以承保总金额与损失总金额比值的赔付金。

日本地震保险仍以火险附加险方式办理,投保人可依自我需求决定是否加保。其保险金额限制为主险合约金额的 30％~50％,而建筑物最高保险金额为 5000 万日元,动产部分则为 1000 万日元,其对于损失补偿则根据损害程度分为全损(大于投保额 50％)、半损(损失在投保额 20％~50％)、部分损失(损失在投保额 3％~20％)分别给予保险金额的全额、50％ 和 5％ 的赔付,但其中全额赔付额不可超过投保标的物的价值。其保险费率与标的物所在位置及建筑种类有关,其保险相对美国加州地震保险分得更加详细,其中建筑物种类分为木质建筑物及非木质建筑物,费率在 0.05％~0.43％,而在此计划下,全日本的平均地震保险投保率约为 15％[87]。

新西兰由于境内频繁的地震及火山爆发灾害,早在 1945 年就成立了地震与战争保险局 (Earthquake & War Commissions,EWC),并提供私人住宅的地震保险。目前新西兰的地震保险制度,是利用以往保费累积和投资收入作为准备金、再保险安排和政府保证等来应对可能的地震保险损失赔偿,其中政府保证仅用于支付 EWC 及再保险保障不足的赔付损失,由政府拨款补助。

新西兰的地震保险为强制地震保险,收费标准为每户每年约 60 新元,其以自动附加方式附在火险中,当投保人向保险公司购买火险,即自动取得地震保险,而所付的保费也转缴入 EWC 的灾难基金中。

目前新西兰应对地震风险的体系由三部分组成,包括由国家财政部下属的新西兰地震委员会、保险公司和保险协会。这三家机构分属国家机构、商业机构和社会机构,一旦灾害发生,地震委员会负责法定保险的损失赔偿,建筑物保险责任金额的上限为 10 万新元,动产部分为 2 万新元,保险公司则依据保险合同负责超过法定保险责任部分的损失赔偿,而保险协会负责启动应急计划。

除建立巨灾风险基金外,地震委员会还利用国际再保险市场进行分保,从而有效地分散了地震所造成的风险,当巨灾损失金额超过地震委员会支付能力时,政府再发挥作用,由政府负担剩余理赔支付,但地震委员会每年会支付给政府一定的保险金,因此新西兰巨灾保险体系的核心是风险分散机制。

新西兰地震保险费率均为 0.05％,最高保费为每年 67.5 新元。对于地震损失的赔偿,一般财产损失的自付额为每次求偿额的 1％,最低自付额为 200 新元,土地损失的自付额为每次求偿额的 10%，自付额为 500 新元[88]。

5.9.2　我国地震灾害保险概况

我国是世界上自然灾害最为严重的国家之一，20 世纪世界范围内 54 次最严重的自然灾害有 8 次发生在我国。近 10 年来，我国每年自然灾害造成的直接经济损失都在 1000 亿元以上，常年受灾人口达 2 亿多人次。我国同时也是世界上地震灾害最严重的国家之一，20 世纪全球大陆 35%的 7.0 级以上地震发生在我国，全球因地震死亡 120 万人，我国占 59 万人，居各国之首。

我国大部分地区位于地震烈度 6 度以上区域，50%的国土面积位于 7 度以上的地震烈度区域，包括 23 个省会城市和 2/3 的百万人口以上的大城市。同时，随着我国经济逐年增长和财富存量的持续积累，地震灾害对经济和社会的威胁与破坏程度将不断上升。2005 年以来每年因灾直接经济损失都在 2000 亿元以上，其中尤以 2008 年的自然灾害最为严重，年初发生在我国南方的雪灾加上汶川地震共造成的直接及间接经济损失高达 10000 亿元，巨大的灾害损失仅靠政府的财政救济和社会捐赠不但数额上严重不足，而且也并不能持久。

早在 2006 年《国务院关于保险业改革发展的若干意见》中就指出要"建立国家财政支持的巨灾风险保险体系"。由于地震等巨灾损失数额巨大，依靠财政救助和社会捐助，并不足以弥补巨灾损失，通过保险机制，财政对保费、巨灾保险基金提供补贴，可以充分发挥财政投入的放大效应，从而满足快速恢复生产生活的资金需求[89-94]。

2016 年年底国内几家大型保险公司先行推出了房屋地震巨灾保险产品，但该保险首先投保对象单一，仅针对居民住宅投保，其次对住宅保险金额设定有上限值 100 万元，以不同地区房屋的市场价格而不是以房屋的建造成本为依据存在问题，如同样的一套 100m² 砖混房屋在北京市值 600 万元，而在银川仅值 50 万元，房屋价值相差非常悬殊，而实际这套房屋的建筑安装成本在两地相差不大，大概只有十几万元，而地震一般损伤或摧毁房屋，对于房屋所在的地基基础通常影响不大，震后依然可以在原地重建房屋。因此以市场价格为锚定的房屋巨灾保险当前在一、二线城市由于保值太低没有吸引力，而在三、四线城市由于民众的收入较低也很难推广。保险产品推出时间仓促缺乏市场检验，对于保险公司而言，设定的保费如果过低，地震灾害一旦发生后将面临巨额赔付，他们也担心仓促推出来的地震巨灾保险费率过低而亏本，因此对于推广该产品积极性很低；而对于消费者而言，保费是否在自己的收入可承受范围内、一旦发生赔付是否存在设置障碍而拒赔等问题都导致民众心存疑虑而无法对保险公司产生充分的信任。综上所述，由于对前期工程全寿命周期地震成本的基础研究不充分，导致目前国内仓促间推出的地震巨灾保险居民投保率很低，并没有发挥出分担国家、社会和居民地震风险的作用。

2017 年 4 月中国保监会与中国地震局战略合作联合成立了中国地震风险与保险实验室，以探索建立和完善我国自主知识产权的地震巨灾模型为核心任务，这反映出我国仍然缺乏在地震巨灾保险方面广泛而深入的基础性研究[95-98]。

5.9.3　基于易损性模型的保险计价模型

保险费的计算与征收的合理性是保险业的核心业务。通常保险费的制定要遵循以下六条基本原则[99]：

(1) 适当性：保险费率的制定，主要是能应付风险事件发生时所给付的补偿金额、业务上所需的各项费用并提供适当的利润。如果确定的费率过低，将使保险公司缺乏赔付能力，而致财务上发生困难；如费率定得过高，则将使被保险人负担增加，保险人收获不当收益，最后也会使保险公司本身的竞争力降低。

(2) 公正性：保险费率的计算，必须要考虑能适用于个别风险事件，使被保险人所缴纳的保费与保险人对其风险所负担的责任相对称。比如在地震保险中，因标的物所在区域、建筑类型、建造年代及现状等情况的不同，均会使其具有不同的风险程度，而其保费也应该有所区别，从而使费率的确定体现出公正性。

(3) 可行性：就经济上而言，要使所制定的保险费率能保证销售的可能性。如果费率过高，超出一般消费者的经济负担能力，势必将使消费者无力负担。因此，适当的配合措施以降低保险费率是必要的，例如提高自付额以降低保费等。

(4) 稳定性：保险费率制定后，在相当长的一段时间内应保持其不会有过多的变化。

(5) 融通性：保险费率虽应力求稳定，但随着科学的发展，人类对风险认识不断深入，保险费率也应随着对风险事件的掌控力而进行调整，才能反映出风险事件的实际状况。

(6) 损失预防的引导性：从国家社会的稳定和谐考虑，这一原则比以上五点更为重要，即通过保险费率的制定，正确引导和鼓励全社会预防风险损失的各项活动，从而使保险不仅只具有补偿损失的作用，还更进一步具有积极的防控风险的作用。

保险业是高度法制化的行业，保险事项均受到相关法律法规的规范，通常保险费率可以用式(5.11)来计算：

$$p = \frac{\bar{L}}{1-r-e}$$
$$e = e_1 + e_2 + e_3 + e_4 \tag{5.11}$$

式中，p 为保险费率；$\bar{L}$ 为预期损失率；r 为预期利润率；e 为附加费用率，包括 e_1 为赔款特别准备金率、e_2 为佣金率、e_3 为发展基金率、e_4 为其他费用率。

参照我国 2005 年颁布的《地震现场工作 第 4 部分：灾害直接损失评估》(GB/T 18208.4—2011)[100] 中的分级标准，该标准中给出的损失比平均参考值如表 5.13 所示。

表 5.13 住宅建筑不同破坏程度的损失比平均值表

建筑破坏程度	基本完好	轻微破坏	中等破坏	严重破坏	完全破坏
损失比平均值	0	0.15	0.40	0.70	1.00

为了计算出保险费率，首先要计算出预期损失率，本书给出了另一种简化估算房屋的预期损失率的步骤如下：

(1) 结合我国西部实际情况，将建筑大体划分为钢筋混凝土结构（包括框架结构与框架-剪力墙结构）、砖混结构和一般民房（包括砖木结构、木结构和砖柱土坯结构）；

(2) 确定房屋所在地区的地震发生概率；

(3) 确定对应于每一发生概率的大震、中震与小震的强度；

(4) 建立地震强度与地面峰值加速度 PGA、该类典型房屋结构谱值（谱加速度 S_a、谱位移 S_d 和谱速度 S_v）的对应关系；

（5）参照计算出来的典型结构分析易损性曲线，得到分别对应于轻度损伤、中等损伤、严重损伤和完全损伤这四级损伤的易损性概率；

（6）参考表5.13计算得出对应于不同损伤级别的损失比平均值，并按照给出的不同类型结构参考价格计算得到预期损失值；

（7）将不同损伤级别的房屋损伤概率与对应的损失比平均值相乘即得到预期损失率。

参考我国台湾地区的火灾附加保险即地震保险的附加费率，给出各附加费率的参考值分别为：$e_1=4\%$，$e_2=12.5\%$，$e_3=0.5\%$，$e_4=22\%$，r取为5%。

参考文献

［1］ 新华网.项俊波：今年加快推进巨灾保险制度全面落地［EB/OL］.（2016-03-13）［2021-11-01］.http://www.npc.gov.cn/zgrdw/npc/xinwen/2016-03/13/content_1981832.htm.

［2］ 中国保险报.中国保监会与中国地震局战略合作：中国地震风险与保险实验室挂牌成立［EB/OL］.（2017-04-07）［2021-11-01］.http://www.xjbxw.org.cn/Article_Show.asp？ArticleID=33783.

［3］ LAMPROU A,JIA G F,TAFLANIDIS A. A Life-cycle seismic loss estimation and global sensitivity analysis based on stochastic ground motion modeling［J］. Engineering Structures,2013,54：192-206.

［4］ LAGAROS N D,MITROPOULOU C C. The effect of uncertainties in seismic loss estimation of steel and reinforced concrete composite buildings［J］. Structure and Infrastructure Engineering,2013,9(21)：546-556.

［5］ PORTER K A. Proceedings of Ninth International Conference on Applications of Statistics and Probability in Civil EngineeringAn overview of PEER's performance-based earthquake engineering methodology［C］. San Francisco：IOS Press,2003.

［6］ 朱健,赵均海,谭平,等.基于增量动力分析的多层隔震结构全寿命期地震成本研究［J］.自然灾害学报,2017,26(6)：46-60.

［7］ YAMAZAKI F,MURAO O. Vulnerability Functions for Japanese Buildings Based on Damage Data from 1995 Kobe Earthquake in Implications of Recent Earthquakes on Seismic Risk［M］London：Imperial College Press,2000.

［8］ ORSINI G. A Model for Buildings' Vulnerability Assessment Using the Parameterless Scale of Seismic Intensity (PSI)［J］. Earthquake Spectra,1999,15(3)：463-483.

［9］ CARDOSO R,LOPES M,BENTO R. Seismic evaluation of old masonry buildings Part I：Method description and application to a case-study［J］. Engineering Structures,2005,27：2024-2035.

［10］ BENTO R,LOPES M,CARDOSO R. Seismic evaluation of old masonry buildings Part II：Analysis of strengthening solutions for a case study［J］. Engineering Structures,2005,27：2014-2023.

［11］ AUGUSTI G. Seismic vulnerability of monumental buildings［J］. Structural Safety,2001,23：253-274.

［12］ CHOI E,ROCHES R D. Seismic fragilityof typical bridges in moderate seismic zones［J］. Engineering Structures,2004,26：187-199.

［13］ GARDONI P,MOSALAM K M,DER KIUREGHIAN A. Probabilistic Seismic Demand Models and Fragility Estimates for RC Bridges［J］. Journal of Earthquake Engineering,2003,7：79-106.

［14］ KINALI K,ELLINGWOOD B R. Seismic fragility assessment of steel frames for consequence-based engineering：A case study for Memphis［J］. Engineering Structures,2007,29：1115-1127.

［15］ WANITKORKUL A,FILIATRAULT A. Influence of passive supplemental damping systems on structural and nonstructural seismic fragilities of a steel building[J]. Engineering Structures,2008,30: 675-682.

[16] LEE K H,ROSOWSKY D V. Fragility analysis of woodframe buildings considering combined snow and earthquake loading [J]. Structural Safety,2006,28: 289-303.

[17] GARDONIL P,KIUREGHIAN A D. Probabilistic Capacity Models and Fragility Estimates for Reinforced Concrete Columns based on Experimental Observations [J]. Journal of Engineering Mechanics,2002,10: 1024-1038.

[18] ERBERIK M A,ELNASHAI A S. Fragility analysis of flat-slab structures [J]. Engineering Structures,2004,26: 937-948.

[19] ROSSETTO T,ELNASHAI A. A new analytical procedure for the derivation of displacement-based vulnerability curves for populations of RC structures[J]. Engineer Structures,2005,27: 397-409.

[20] KIRCIL M S,POLAT Z. Fragility analysis of mid-rise R/C frame buildings [J]. Engineering Structures,2006,28: 1335-1345.

[21] BORZI B,PINHO R,CROWLEY H. Simplified pushover-based vulnerability analysis for large-scale assessment of RC buildings[J]. Engineer Structures,2008,30: 804-820.

[22] JUN J,ELNASHAI A S,KUCHMA D A. An analytical framework for seismic fragility analysis of RC high-rise buildings [J]. Engineering Structures,2007,29: 3197-3209.

[23] KENNETH A G F,GIAN M G,MAXIMILIANO A A. A seismic vulnerability index for confined masonry shear wall buildings and relationship with the damage[J]. Engineering Structures,2008.

[24] LASAROS N D. Probabilistic fragility analysis: A tool for assessing design rules of RC buildings [J]. Earthquake Engineering and Engineering Vibration,2008,7: 45-56.

[25] Federal Emergency Management Agency. HAZUS99 Technical Manual[R]. Washington D. C. : FEMA,1999.

[26] Department of Homeland Security. Multi-Hazard Loss Estimation Methodology: Earthquake Model [R]. Washington D. C. : FEMA,2003.

[27] HUANG T H,Scribner C F. Reinforced Concrete Member Cyclic Response during Various Loadings [J]. Journal of the Structural Division,1984,116: 477-487.

[28] STEPHENS J E,YAO J T P. Damage Assessment Using Response Measurement[J]. Journal of Structural Engineering,1987,113(4): 787-801.

[29] PARK Y J,ANG H S. Mechanistic Seismic Damage Model for Reinforced Concrete[J]. Journal of Structural Engineering,1985,111(4): 722-739.

[30] KUNNATH S,REINHORN A,PARK Y. Analytical Modeling of Inelastic Seismic Response of RC Structures[J]. Journal of Structural Engineering,1990,116(4): 996-1017.

[31] TAKAHASHI Y,DER KIUREGHIAN A. Life-cycle cost analysis based on a renewal model of earthquake occurrences [J]. Earthquake Engng Struct,2004,33: 859-880.

[32] GOULET C. Evaluation of the seismic performance of a code-conforming reinforced-concrete frame building—from seismic hazard to collapse safety and economic losses [J]. Earthquake Engng & Struct,2007,36: 1973-1997.

[33] GENCTURK B. Life-cycle cost assessment of RC and ECC frames using structural optimization[J]. Earthquake Engineering & Structural Dynamics,2013,42: 61-79.

[34] WEN Y K,KANG Y J. Minimum building life-cycle cost design criteria. I: Methodology[J]. J Struct Eng,2001,127(3): 330-337.

[35] WEN Y K,KANG Y J. Minimum building life-cycle cost design criteria. II: Applications[J]. J Struct

Eng,2001,127(3)：338-46.

[36] LIU M,BURNS S A,WEN Y K. Optimal seismic design of steel frame buildings based on life cycle cost considerations[J]. Earthquake Engineering and Structural Dynamics,2003,32：1313-1332.

[37] PORTER K A. Assembly-Based vulnerability of building and it's uses in seismic performance evaluation and risk-management decision-making[D]. San Francisco：Stanford university,2000.

[38] SCHOLL R E. Seismic Damage Assessment for highrise buildings[R]. Menlo Park：US Geological Survey,1980.

[39] KUSTU O. Earthquake damage prediction for buildings using component test data：Third U. S. National Conference on Earthquake Engineering[C]. Charleston：South Carolina Earthquake Engineering Research Institute,1986.

[40] 金伟良,牛荻涛. 工程结构耐久性与全寿命设计理论[J]. 工程力学,2011,28(S II)：31-37.

[41] 唐玉,郑七振,楼梦麟. 基于"投资-效益"准则的抗震性能目标优化决策[J]. 同济大学学报(自然科学版).2012,40：1613-1619.

[42] LI G,JIANG Y,YANG D X. Modified modal pushover based seismic optimum design for steel structures considering life-cycle cost[J]. Structural and Multidisciplinary Optimization,2012,45(6)：861-874.

[43] WANG H,DAGEN W,XILIN L，et al. Life-cycle cost assessment of seismically base-isolated structures in nuclear power plants[J]. Nuclear Engineering and Design,2013,26(2)：429-434.

[44] CHIU C K,CHIEN W Y,NOGUCHI T. Risk-based life cycle maintenance strategies for corroded reinforced concrete buildings located in the region with high seismic hazard[J]. Structure and Infrastructure Engineering,2012,8(12)：1108-1122.

[45] WHITEMAN R V,REED J W,HONG S T. Earthquake Damage Probability Matrices[C]. Rome：Proceedings of the Fifth World Conference on Earthquake Engineering,1973.

[46] RAMIREZ C M,et al. Expected earthquake damage and repair costs in reinforced concrete frame buildings [J]. Earthquake Engineering & Structural Dynamics,2012,41(11)：1455-1475.

[47] SEO D-W,LUCA C. Estimating life-cycle monetary losses due to wind hazards：Fragility analysis of long-span bridges[J]. Engineering Structures,2013,56：1593-1606.

[48] ALEXANDROS L,JIA G F,TAFLANIDIS A. A. Life-cycle seismic loss estimation and global sensitivity analysis based on stochastic ground motion modeling[J]. Engineering Structures,2013,54：192-206.

[49] DOMENICO A. Seismic insurance model for the Italian residential building stock[J]. Structural Safety,2013,44：70-79.

[50] WONG K F,JOHN L H. Seismic fragility and cost analyses of actively controlled structures[J]. Struct. Design Tall Spec. Build,2013,22：569-583.

[51] COSTANTINO M. Assessment of ecological sustainability of a building subjected to potential seismic events during its lifetime[J]. Int J Life Cycle Assess,2013,18：504-515.

[52] GIORGIO B. Optimization of Life-Cycle Maintenance of Deteriorating Bridges with Respect to Expected Annual System Failure Rate and Expected Cumulative Cost[J]. J. Struct. Eng,2013,1943-541X：1-45.

[53] LAGAROS N D,MITROPOULOU C C. The effect of uncertainties in seismic loss estimation of steel and reinforced concrete composite buildings[J]. Structure and Infrastructure Engineering,2013,9(21)：546-556.

[54] TAFLANIDIS A A,GIDARIS I. Life-cycle cost based optimal retrofitting of structures by fluid

dampers：Structures Congress,2013[C]. Pittsburgh：American Society of Civil Engineers,2013.

[55] GRACE N F,JENSEN E A,EAMON C D,et al. Life Cycle Cost Analysis of Carbon Fiber-Reinforced Polymer Reinforced Concrete Bridges[J]. ACI Structural Journal,2012,109(5)：697-704.

[56] BERTO L,ANNA S,PAOLA S. Structural risk assessment of corroding R. C. structures under seismic excitation[J]. Construction and Building Materials,2012,30：803-813.

[57] VETTER C,TAFLANIDIS A A. Global sensitivity analysis for stochastic ground motion modeling in seismic-risk assessment[J]. Soil Dynamics and Earthquake Engineering,2012,38：128-143.

[58] MANDER J B,PRIESTLEY M J N,PARK R. Theoretical stress-strain model for confined concrete [J]. Journal of Structural Engineering,1988,114(8)：1804-1826.

[59] MENEGOTTO M,PINTO P E. Method of analysis for cyclically loaded R. C. plane frames including changes in geometry and non-elastic behavior of elements under combined normal force and bending [C]. Zurich：Symposium on the Resistance and Ultimate Deformability of Structures Acted on by Well Defined Repeated Loads International Association for Bridge and Structural Engineering,1973.

[60] 中国建筑科学研究院. 建筑抗震设计规范：GB 50011—2010[S]. 北京：中国建筑工业出版社,2016.

[61] RAMIREZ C M. Expected earthquake damage and repair costs in reinforced concrete frame buildings [J]. Earthquake Engineering & Structural Dynamics,2012,41(11)：1455-1475.

[62] KEVIN K F W,JOHN L H. Seismic fragility and cost analyses of actively controlled structures[J]. Struct. Design Tall Spec. Build,2013,22：569-583.

[63] ELENAS A,MESKOURIS K. Correlation study between seismic acceleration parameters and damage indices of structures[J]. Eng Struct,2001,23：698-704.

[64] Building Seismic Safety Council. FEMA 227：A benefit-cost model for the seismic rehabilitation of buildings [R]. Washington D. C. ：Federal Emergency Management Agency,1992.

[65] ATC. ATC-13：Earthquake damage evaluation data for California [R]. Redwood City：Applied Technology Council,1985.

[66] 朱健,赵均海,谭平,等. 基于随机模拟的单层工业厂房全寿命期地震成本研究[J]. 地震工程与工程振动,2018,38(1)：51-64.

[67] Department of Homeland Security. HAZUS-MH MR1：Multi-Hazard Loss Estimation Methodology：Earthquake Model[R]. Washington D. C. ：FEMA,2003.

[68] KIRCH C A,WHITEMAN R V,HOLMES W T. Hazus earthquake loss estimation methods[J]. Nat Hazards Review,2006,7(2)：1-11.

[69] GHOBARAH A. On drift limits associated with different damage levels：Proceedings of the international workshop on performance-based seismic design[C]. Bled：McMaster University,2004.

[70] WEI H,WU Z,GUO X,et al. Experimental study on partially deteriorated strength concrete columns confined with CFRP[J]. Engineering Structures,2009,31(10)：2495-2505.

[71] ZHU J T,WANG X L,XU Z D,et al. Experimental study on seismic behavior of RC frames strengthened with CFRP sheets[J]. Composite Structures,2011,93：1595-1603.

[72] AMRAN Y H M. Properties and applications of FRP in strengthening RC structures：A review[J]. Structures,2018,16：208-238.

[73] GRANDE E,IMBIMBO M,SACCO E. Finite element analysis of masonry panels strengthened with FRPs[J]. Engineering Structures,2013,45(1)：1296-1309.

[74] EID R,PAULTRE P. Compressive behavior of FRP-confined reinforced concrete columns [J]. Engineering Structures,2017,132：518-530.

[75] TABANDEH A,GARDONI P. Probabilistic capacity models and fragility estimates for RC columns

retrofitted with FRP composites[J]. Engineering Structures,2014,74: 13-22.

[76] 中国建设部.建筑结构荷载规范:GB 50009—2012[S].北京:中国建筑工业出版社,2012.

[77] BEHNAMFAR F. BANIZADEH M. Effects of soil-structure interaction on distribution of seismic vulnerability in RC structures [J]. Soil Dynamics and Earthquake Engineering,2016,80: 73-86.

[78] TOMEO R,BILOTTA A,DIMITRIS P. et al. Soil-structure interaction effects on the seismic performances of reinforced concrete moment resisting frames[J]Procedia Engineering,2017,199: 230-235.

[79] 王淮峰,楼梦麟,陈希,等.建筑群结构-土-结构相互作用的影响参数研究[J].同济大学学报(自然科学版),2013,41(4): 510-514.

[80] 王海东,常广乐,盛旺成.近场水平、竖向地震共同作用下地基-基础-RC框架结构抗震性能研究[J].地震工程与工程振动,2017,37(1): 192-198.

[81] LI S, FAN Z,WANG J Q. et al. Seismic responses of super-span cable-stayed bridges induced by ground motions in different sites relative to fault rupture considering soil-structure interaction[J]. Soil Dynamics and Earthquake Engineering,2017,101: 295-310.

[82] ALLOTEY N K. Nonlinear soil-structure interaction in performance-based design[D]. London: University of Western Ontario,2006.

[83] ALLOTEY N K,NAGGAR M H. A numerical study into lateral cyclic nonlinear soil-pile response [J]. Canadian Geotechnical Journal,2008,45(4): 1268-1281.

[84] 朱健,赵均海,谭平,等.基于CFRP加固的单层工业厂房全寿命期地震成本研究[J].工程力学,2019,36(2): 141-152.

[85] KUNREUTHER H. Insurance as an Integrating Policy Tool for Disaster Management: The Role of Public-Private Partnerships[J]. Earthquake Spectra,1999,15 (4): 725-745.

[86] 曾立新.美国巨灾风险融资和政府干预研究[M].北京:对外经济贸易大学出版社,2008.

[87] 姚国章.应急管理前沿书系:日本灾害管理体系[M].北京:北京大学出版社,2009.

[88] 艾瑞克,班克斯.巨灾保险[M].杜墨,任建畅,译.北京:中国金融出版社,2011.

[89] 林毓铭,林博.发展巨灾保险的紧迫性与路径依赖[J].保险研究,2014,2: 35-43.

[90] 李立松.地震巨灾保险试点的实践与思考:基于云南巨灾保险的试验[J].中国保险,2014,18-21.

[91] 王和.推动巨灾保险制度全面落地[J].中国减灾,2016(13):18-21.

[92] 李琛.我国巨灾保险发展回顾与立法前瞻[J].法政探索理论月刊,2017(1): 109-134.

[93] 田玲,姚鹏.我国巨灾保险基金规模研究:以地震风险为例[J].保险研究,2013(4): 13-21.

[94] 田玲,姚鹏.政府行为、风险感知与巨灾保险需求的关联性研究[J].中国软科学,2015,9: 70-81.

[95] 何霖.我国巨灾保险立法研究[M].成都:西南财经大学出版社,2014.

[96] 任自力.中国巨灾保险法律制度研究[M].北京:中国政法大学出版社,2015.

[97] 卓志,丁元昊.巨灾风险:可保性与可负担性[J].统计研究,2011,28(9): 74-79.

[98] 谢家智,陈利.我国巨灾风险可保性的理性思考[J].保险研究,2011(11): 20-30.

[99] 孙祁祥.保险学[M].北京:北京大学出版社,2009.

[100] 中国地震局.地震现场工作 第4部分:灾害直接损失评估:GB/T 18208.4—2011[S].北京:中国标准出版社,2012.

第6章

工程全寿命周期环境影响评价

全寿命周期分析是评估由自然灾害、气候变化、臭氧层破坏、酸性气体腐蚀等环境因素导致的对于人、建筑物或者产品影响的有力工具。现阶段全寿命周期研究的重点就在于工程环境影响领域,我们面临的第一个问题就是全寿命周期环境影响研究的目的是什么,从宏观层面来讲全寿命周期环境影响研究的目的应该是为全人类的长久发展和福利而服务。

6.1 全寿命周期环境影响分析的目标

全寿命周期环境影响研究首先需要研究者站在一个整体的角度来思考,任何在这个体系中局部的收益如果大于其对于整体损害的话,这种局部的收益都是不可取的或者是应该被禁止的。比如人类社会在大量使用燃油汽车,这类交通工具在带来使用者个人交通便利的同时,每时每刻都在向自然环境排放大量的有毒温室气体,损害着包括使用者自己在内的所有人的健康。作为管理者或者建设者来说,如果仅仅站在汽车制造厂或者购买汽车的私人消费者的角度,这类活动的确创造了经济效益并且提供了个人交通便利,然而如果站在整个地球生态圈以及这块土地上长期生存的社会公众健康的角度来评估的话,得到的结论恐怕就不那么乐观了。

这带来一个重要的问题即研究者如何对大量的个人行为的损益进行定义,如何量化损失与收益的长期性影响,这一类的研究由于涉及的因素众多,研究的难度极大。2006 年,时任英国环境大臣大卫·米利班德(David Miliband)就提出了个人碳交易这一划时代的倡议,如今十几年过去了,当我们回首过去会发现这一倡议正是人类解决全寿命周期研究所采取的积极举措。1997 年 12 月《京都议定书》确立的全球碳交易体系拥有三种机制,即国家、企业和个人之间的碳排放权买卖,米利班德的个人碳交易计划,其意义在于把碳交易系统从国家、企业延伸到个人。这样,二氧化碳排放权就有可能成为一种具有完整流通域的货币,即碳货币。其意义远远大于单纯的虚拟货币——比特币。以碳货币为基础就有可能将我们在很多全寿命周期成本研究中面临的不同影响因素统一在一个较为公平的标准之下来衡量和比较。

具体到一个产品、服务或系统的全寿命周期模型的建立,最重要的在于研究者需要意识到针对复杂的现实环境如何展开对模型的有效简化,通常简化模型意味着对于现实环境的扭曲,因此对于 LCA 的研究者来讲,挑战在于建立的 LCA 模型既要有所简化又不能对分析结果有过大的偏离。

针对这一问题最好的解决办法就是准确定义 LCA 的目标和范围,在这一问题中最重要的选择包括以下几项:

(1) 产品的研究者开展 LCA 的原因;

(2) 准确地定义产品,包括产品的全寿命周期性能和所有功能;

(3) 准确地对每一个功能单位的定义,特别是当同类产品之间进行比较时;

(4) 产品系统边界的表述和定义,包括涉及的所有副产品也需要考虑;

(5) 数据和数据质量、需求、假定和限制;

(6) 全寿命周期影响评价阶段的需求及相关联的解释;

(7) 产品未来的目标用户和 LCA 结果表述的方式;

(8) 产品接受同行开展 LCA 评议的可行性;

(9) LCA 研究结果报告的表达类型和格式。

对 LCA 研究目标和范围的定义可以帮助研究者确认有能力开展 LCA 研究,LCA 研究目标和范围并不是一成不变的,如果在接下来的研究中发现最初的选择并不是最优的或者可实行的,就有必要进行调整,对 LCA 研究目标和范围的调整需要被记录下来。

基于 ISO 标准,在此需要强调对于 LCA 研究目标定义的一些特别之处有:

(1) 产品的应用场景和目标用户应该被清晰地定义,这一点非常重要,因为研究的目的在于通过不同产品公开比较对依据 ISO 标准化权重考虑和不考虑开展 LCA,在这一过程中同行评议也是必要的。最后需要强调的是在 LCA 研究过程中公司股权所有者即股东之间对于该产品 LCA 的交流是重要的。

(2) 对一项未来的产品执行 LCA 研究的原因应该描述清楚,例如是从业者竭力想证明一件事情还是执行者想要去提供一项信息等。

另外,有些 LCA 研究承担了多个项目,研究结果有可能被用于公司内部或者向公众公开,对于某些产品来说这种双重目的应该提前讲清楚,比如对于同一类产品对应于公司内部和对应于社会公众采用了不一样的影响评估方法。

总之,LCA 研究的目的在于研究者基于全局整体化的思想,开发可以具体评价影响生产和消费领域的各类影响因素的使用方法,从而指导管理者的行为和决策。

6.2 全寿命周期环境影响分析的范围

全寿命周期环境影响分析的范围研究最重要的是研究方法的选择、简化假定和研究界限。一项 LCA 研究就是一个迭代的过程,研究通常开始于一系列具体方法的选择,当更多的信息数据可得到时可以适应后面的需要。

产品比较中的重要点在于基础功能单元。通常研究者不能对具有不同功能特征的产品 A 和产品 B 直接开展比较,比如一个一次性牛奶纸盒只能使用一次,而一个可回收的牛奶塑料桶可以使用多次,如果 LCA 的目的是比较牛奶容器系统,则不能直接比较牛奶盒和牛奶桶,一个更合适的方法是比较两种容器容纳和运输 1000L 牛奶的过程,在这个比较方法中可能会用到 1000 个牛奶盒和 100 个牛奶桶带 900 把刷子(假定牛奶桶周转使用 9 次)。

通过以上的例子可以发现定义功能单元可能会非常困难,因为它并不总是可以轻易满足产品的功能需要,例如定义一款冰激凌产品、汽车租赁系统或一个节日确切的功能是什么。

产品系统通常倾向于复杂的内部相互联系方式,比如卡车被用于牛奶容器运输的LCA,而卡车本身又是可以开展LCA的一个产品,制造卡车需要钢材,冶炼钢材需要煤炭,开采煤炭又需要卡车等。显而易见并不是所有定义产品体系的输入流和输出流都可以被追踪到,因此产品研究的边界必须被定义清楚。排除特定的流程到产品体系研究边界以外,LCA研究的结果才是可得的。

因此画出待研究产品的体系流程图和界定流程的边界是工程全寿命周期研究中的重点。考虑产品制造和生产原料的处理是否应该包括:比如卡车的制造和处理、压铸成型机器等。从能源利用的角度可以将研究分为三个层次:

(1) 只有原材料的制造和运输被考虑进 LCA 中;

(2) 所有的制造过程包括全寿命周期都被考虑进来(生产原料被排除在外);

(3) 所有的制造过程包括生产原料都被考虑进来,通常生产原料只考虑第一层次,即只有制造原材料的上一级原料制造被考虑进来。

什么是自然的边界?比如纸张的 LCA,很重要的一点在于判断是否包括树木的生长,如果包括的话就可以将树木吸收 CO_2 和保持水土流失的效益考虑进来。在农业项目中如果将农田作为自然或制造体系的一部分的话,那么 LCA 中很重要的在于将所有的杀虫剂看作一种排放的物质;如果农田仅被看作经济体系,那么可将喷洒于农田内的杀虫剂排除,而只考虑渗透、蒸发或者喷洒于田地以外的农药。

另外分析产品体系的边界必须提前确定清楚,对此在 ISO 14044:2006 中对于系统输入流和输出流数据的临界值的建议如下[1]:

(1) 如果原材料的流入量低于一定的比例,则此处可以设定为临界值,除非这种少量物质会带来巨大的环境影响;

(2) 如果流入原材料的经济价值低于整个产品体系总价值的一定比例,则此处也可以设定为临界值,除非这种经济价值很小的材料会带来很大的环境影响;

(3) 如果环境负荷影响低于设定值,通常在生产输入/输出流被探测出来以前其对于环境的影响是未知的,一旦影响被探测出来则可以将其排除。另外一个问题在于 ISO 并没有明确的定义"环境影响负荷"是否可以采用单项环境影响评分来作为衡量环境影响负荷的指标,如果不行的话,则研究者需要确定与所有相关数据和影响级数有关的数据流对于环境影响负荷的贡献值,尤其在应对复杂产品生产流程分析时。

近年来输入和输出数据被建议通过一种可行的方式来估计漏算的环境影响负荷,输入和输出数据是以经济部门作为计算单位的,而不是以生产流程作为计算单位的,比如在输入和输出数据库中分为农业部门、金融部门、交通部门等,这样做的优点在于可以对整个经济开展评估,提供单位成本的环境负荷值,缺点是研究结果并不能很好地针对研究中的一些细节问题,例如如果两栋房屋的建筑材料来自于同一个工厂,则很难对两栋房屋建筑材料开展对比。因此如果有关输入和输出资源流程的成本值掌握了,是可以估算出相应的环境成本的。

由于很多生产流程涉及不止一种制造产品,因此全寿命周期分析有内在关联性,当一个

产品的制造需要另一个产品被制造出来,那么这种内在关联性就是不可分割的,在 LCA 过程中一般有如下两种途径来处理:

(1) 系统扩展,即结论建模;

(2) 分配,即归因建模。

所谓结论建模主要依赖于所要研究项目的目的和范围,它主要用于一种配方或工艺的改变和基本状态之间的比较。例如我们需要研究如果用产品 Y 代替产品 X 后所导致的最终制成品 N 的环境成本变化量,这时产品 X 所产生的环境成本需要剔除,代之以产品 Y 的环境成本,这其中需要考虑到生产这两种产品所导致的副产品的环境成本,因此这种方法通常导致建模较复杂且涉及数据量较大。另外也并非总是能很轻易地将一项产品的副产品导致的环境成本剥离掉,只有相同的计量单位才容易进行副产品的环境成本剥离,需要注意这有可能是研究者个人较为主观性的行为。

归因建模主要用于评价一项产品或一个热点行为的 LCA 环境影响,或者在比较两个具有相同计量单位的同类型或同功能产品时采用。产品从上游的原材料直到产品报废回收全过程涉及的所有原材料的环境影响成本都要收集到,因此这类建模的结果意味着要考虑所有的环境影响因素包括碳足迹、水足迹等,同时生产产品的所有输入和输出流的环境成本也要分担到相应的副产品和流程中,实际应用中主要有三种方式:

(1) 多分支流程的再划分。即一项流程可以通过子流程的输入和输出再细划分,这通常是数据分析研究的需要,但有时这种再划分是不可行的,如工厂中每一种产品所消耗的电力和热量都被测量到是很难的,又比如原油或小麦由不同的成分组成,但再次基于环境影响细化却是不可能的,这时就需要根据物理流程来再分配。

(2) 确定一个物理工艺流程的再分配。这主要基于产品生产工艺流程特征如质量、体积、能量、功率、单元数量、化学组成等来划分,例如不同的产品装入同一辆卡车里运输,环境影响输入和输出量可以基于这些产品的质量来分配,当卡车体积有限时通过体积来分配可能更合理。同时将热量和电力、能源、功率等结合起来分配也比较合理。

(3) 在关键性的分配中使用经济价值原则分配。这种情况仅用在无法通过物理工艺流程再分配、没有明确的物理工艺流程或者无法通过单一输出过程制造副产品等情况下。例如锯木场每生产出 80% 的木板就会产生 20% 的锯末,假设锯末的价值占锯木场总收入的 20%,则锯末就占 20% 的环境影响成本,而木板占 80%。

需要强调的是,虽然采用经济性原则不是 ISO 优先推荐的分配方法,但经济性原则在不同商品中具有天然的通用性,因此该方法实际上是被经常采用的。但该方法也具有天然的缺点,由于不同商品间的价格处于波动中,即使采用多年平均价格也会对 LCA 的分析结果产生显著的影响。另外,所有的商品价格方面的信息未必都会被制造者公开披露出来,关于这一点如饮料产品行业的可口可乐和药品行业的云南白药类保密配方的情况是非常普遍的。

通过上面的分析,应该说对于全寿命周期研究的范围已经有了一个较为清晰的概念,那么接下来我们面临的一个问题就是具体在工程中如何来明确这个范畴,即工程全寿命周期研究的范围有哪些,从目前可能实现的全寿命周期研究方向来看主要包括三大领域的研究,即经济影响方面、环境影响方面和人的心理影响方面的研究。通过图 6.1 可以发现工程全寿命周期研究过程中涉及的来源广泛,不同来源因素之间如何在一个统一的尺度下进行比较和衡量一直以来都是困扰全寿命周期研究过程中一个非常关键的问题,应该说碳货币的建立将工程全寿命周期总成本研究朝着实现可衡量和精确化的方向向前推进了一大步。

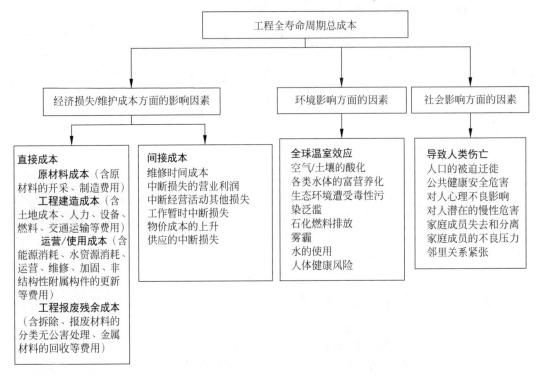

图 6.1　工程/产品全寿命周期总成本来源分析

从图 6.1 可以发现,影响工程全寿命周期总成本的因素来源既有人为的成本因素,也有自然的成本因素,同时还有伴随着时间推移而产生的材料劣化的影响也非常重要,当然在研究中可有所侧重,如对地震导致结构损伤进行研究,同时非结构性建筑构件和房屋内的附属设施的损伤也将考虑到,材料时变劣化因素将结合具体研究地区的地理气候条件给予考虑。

需要说明的一点是,不同用途的建筑物内部的附属设施和非结构性装饰构件的价值差异很大,因此对不同类型建筑结构进行全寿命周期地震损失评估时需要充分考虑到这一点,从图 6.1 可以看到经济损失的直接成本与原材料的开采与加工成本、工程建造成本、运营期维护成本和拆除回收成本相关联。停工时间作为主要的间接成本,主要是因为停工可能导致人工费、材料采购成本的上升,还有供应被干扰,商业活动中断导致的损失以及相关人员的短暂性失业,除此以外尤其是大型工程的停工还可能导致不利的社会影响。当然,停工时间并不能直接转化为资金的损失,这是因为评估干扰工程投入正式运营的间接损失的各种因素具有很大的不确定性。我们以港珠澳跨海大桥为例来说明,该跨海工程耗资 1269 亿元人民币,于 2009 年 12 月 15 日动工建设,2017 年 7 月 7 日港珠澳大桥主体工程全线贯通,2018 年 2 月 6 日,港珠澳大桥主体完成验收,但直到 2018 年 10 月 24 日方才正式开通[2]。从大桥主体通过验收到正式开通过去了 8 个多月时间,仅从经济角度来计算,假设以 5% 计算资金利息的话,这段时间的损失就超过 40 亿元人民币,大桥每天的通行收入至少应该在 1738 万元才可能保本,但是运营初期大桥的通车流量是受到限制的,按照 11 月 5 日 10 万人流量计算,通关费每人 60 元估算的话为 600 万元,再加上通行费按每次 150 元计算,如果单日 1 万辆车流量计算为 150 万元,合计共 750 万元,距离保本尚待时日。当然大桥的远期综合辐射效益要大于简单的通关经济效益,其对于拉动粤西地区的经济增长意义深远,从长期来看有可能收益会大于投入的成本。但同时也应该看到这类大型工程从全寿命周期经济成本、环境成本和社会成本的评估和收益来分析均比较复杂,大量间接因素如大桥对附近海洋生态环境的长期影响、对附近渔业生产的长期影响、大桥建成后对于社会公众的心理影响等如何转化为统一的指标进行量化评估也成为难题。

工程全寿命周期不同阶段的活动对于环境的影响如图 6.2 所示,目前有一类方法是将工程对环境的影响转化为环境影响积分,以此作为其对于环境影响的评价标准,而环境影响积分应该以碳货币为主要基础来开展评价。

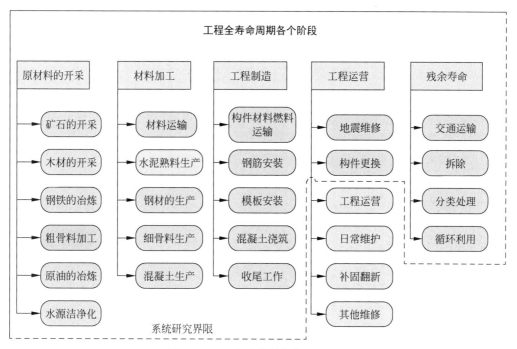

图 6.2　工程全寿命周期各阶段分解

一方面,一项工程活动,如原材料的开采、材料的制造,工程建设和工程的残余价值对于经济和环境的影响应该在工程设计阶段就开展计算和评估。另一方面,工程对经济、环境和社会的影响又和工程结构的抗力性能紧密相关。工程运营期内发生的维修或更换构件活动必须满足经济和环境方面的要求。

6.3　全寿命周期环境影响分析的流程

ISO 对于 LCA 的定义为:对于一项产品系统基于其全寿命周期全过程的输入和输出的组织和评价以及其对于环境的潜在影响。通过 ISO 的定义可以了解到,对于一项活动或产品的 LCA 需要充分地了解输入和输出过程中的能量和材料,需要注意的地方在于通常输入的过程不仅仅只有原材料,能量的加入也是不可缺少的。我们以建筑工业中的制砖为例来说明,制砖需要黏土或黄土,但制砖这一过程除了需要黏土以外,还需要化石燃料和动力机械的配合,因此,砖虽然是由黏土制成的,但这一产品 LCA 过程需要追溯到最初油井或煤矿开采出化石能源并采用这些燃料投入钢铁制造厂制造出用于制砖的动力机械才成为完整的过程。

6.3.1 LCA 环境影响分析的步骤

ISO 14040 只是描述了 LCA 的原则和框架,但没有给出具体的 LCA 技术,因为针对不同产品或过程的 LCA 必须要结合产品的具体特征和产生过程来分析,在这一过程中不同类型的产品其 LCA 具体分析技术差异性很大,而这正是需要世界各国、各专业技术人员来开拓发展之处,也是 LCA 方法具体应用到各个行业的最困难之处。通常开展 LCA 研究可以大致分为以下四个阶段[3](图 6.3):

(1) 定义研究的目的和范围;

(2) 建立产品包含环境要素在内的所有输入和输出基本物质和原材料数据的全寿命周期清单模型,收集这些数据的目的在于全寿命周期清单(life cycle inventory,LCI)核查;

(3) 理解产品中所有输入、输出基本物质和原材料对环境的影响,开展全寿命周期影响力评价(life cycle impact assessment,LCIA);

(4) 对于研究的全面解释。

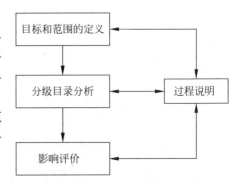

图 6.3 常规全寿命周期分析过程概略

通常在全寿命周期分析方法中需要将所有主要系统输入量考虑进来,这些输入量包含组成工程产品的各类不同材料。比如制作砌体砖需要黏土和石料的开采,但这一过程需要通过化石燃料驱动的机器二次加工才能完成最终的产品,因此虽然砌体砖是由黏土、石料和其他材料组成的,但这一过程离不开钢厂采用石油或煤炭作为基础能源生产出初级钢坯,再通过加工厂同样使用基础能源制造出加工机械来开采原始材料作为必要条件。

6.3.2 环境数据的收集

在产品的 LCA 中首要的工作是数据的收集,通常 LCA 专业分析软件,如 SimaPro 中均已内置了大量的二级流程数据,但在具体研究工作中还是有可能会碰到一些工艺过程或者材料分析数据缺失的问题,这个时候就需要研究者自行来补齐缺失的数据,这里有两种类型的数据:

(1) 前置数据,即需要用于系统建模的特定数据,这一类数据主要用于描述特定的产品系统;

(2) 背景数据,即制造产品过程中涉及的原材料、能源、交通及废弃物管理等具体数据,这些数据可以在如 SimaPro 专业软件数据库中或文献资料中获得。

对于数据的划分依赖于具体 LCA 的分析类别,一般不需要特别明确,例如对一款洗衣机产品开展 LCA,那默认是通过卡车作为近距离运输工具,卡车制造出来当然不是专用于运输洗衣机的,因此除了运输距离和荷载效率外没有必要收集额外的数据,直接使用 LCA 软件内置的数据库中卡车全寿命周期输入和输出数据就可以了。然而如果是对一款卡车做 LCA,显然就不能直接采用数据库里的通用卡车相关输入和输出数据,研究者必须收集与这款卡车有关的所有特定输入和输出数据。

有时研究者可能需要通过特定的公司来获得研究所需的前置数据,通常调查表的形式是普遍采用的获取信息的有效方式,在调查中很重要的一点在于研究者与被调查者之间建立良好的沟通氛围以利于获取被调查者所掌握的准确信息,这些数据信息一般都是有价值的。

通过沟通交流来获取有益的 LCA 数据信息流通常并不是一件容易的事情,在此着重说明研究者需要考虑到的几点:

(1) 信息所有者是否愿意提供信息和数据主要取决于调查人员是否和被调查者之间建立良好的沟通和氛围,有些第三方对此持开放态度即愿意与人分享信息,而有些人可能会在潜意识中将这一类 LCA 调查看成一种威胁。因此,大量数据的收集都是建立在大家彼此之间良好的信赖和沟通的基础上,作为调查人员需要公开解释清楚收集这些数据的理由,这些收集的数据将被用来做什么,以及怎么来使用它们。

(2) 信任是非常重要的,有些环境输入和输出数据可能会揭示出一些产品在技术上或商业上的秘密,处理这一类问题可以邀请独立第三方咨询单位如工业协会的工作人员参与调查,由他们对获取的数据进行不同被调查方数据的平均化处理。

(3) 专业术语,每一个工业部门都有专门的测试和表达输入和输出的方式,创建的调查表格应注意在术语、单位上和被调查的部门相符合,因此前期需要广泛的调研、讨论以形成一份合适的调查表。

调查表是收集信息的一种有效方式,在设计调查表时应始终聚焦在关键问题上:

(1) 调查表开头可以提一些常规性的、简单的问题,诸如来自于该公司年报、公司简介方面的问题,这有助于帮助调查者了解工程的运营管理和发展历程。

(2) 一条生产线上经常会制造不同的产品,这意味着调查者有两个选择:要么自行调查这条生产线上所有的输入和输出流,并分配权重给想要调查的产品;要么通过请教数据提供者,让他们提供分配权重来计算,但这通常会因为生产的复杂性而产生较大的误差。

(3) 解释的重要性,调查表中的项目需要调查者解释清楚如何填写这些数据,为什么需要这些数据。这不仅仅是一个设置项目动机的问题,更有助于厘清问题的本质,只了解需要了解的问题,排除不需要的领域。

(4) 将问题归类为几大类来提问,例如将所有关于能源的输入和输出问题归类为一类、将涉及材料的输入和输出问题归类为另一类等。

(5) 数据的质量,当允许提供者填写估计值时,同时提示提供者注明数据的来源的选项(如直接数据、间接数据或估算数据),这样做的好处在于我们允许估算的数据,同时可以让调查者随后与提供者进一步沟通以获得更好的数据来源信息。

(6) 调查的简洁性,让被调查人员可以感受到调查问题的简洁明了,这将极大地减少被调查者的困扰和不安,降低调查误差风险。

实际研究中我们需要的大部分数据都来自于背景数据,这些数据是不需要通过调查表来专门收集整理的。背景数据是可以通过专业数据库或专业文献资料来查找获取的。此时需要做的工作是搞清楚数据库里适合项目研究目的和范围的数据都有哪些,挑选出最符合项目研究的各子流程数据。这里介绍两类在 LCA 研究中最重要的大型通用数据库:Ecoinvent 数据库和 Input-output 数据库。

Ecoinvent 数据库(图 6.4)由瑞士联邦全寿命周期中心创建,覆盖了超过 1 万个工艺生产流程,该数据库是统计分析了瑞士不同行业部门全寿命周期核查数据库后整合而成的。

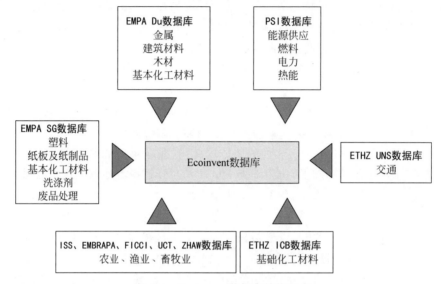

图 6.4　Ecoinvent 数据库结构组成

苏黎世联邦理工学院(Eidgenössische Technische Hochschule Zürich,ETHZ)、瑞士保罗谢尔研究所(Paul Scherrer Institut,PSI)、瑞士联邦材料科学与技术实验室(Eidgenössische Materialprüfungs-und Forschungs Anstalt,EMPA)、瑞士可持续发展科学研究所(Institute for Sustainability Sciences,Switzerland,ISS)、巴西农业研究公司(Brazilian Agricultural Research Corporation,EMBRAPA)、印度商业和工业联合会(Federation of Indian Chambers of Commerce & Industry,FICCI)、南非开普敦大学(University of Cape Town,UCT)、苏黎世应用科学大学(Zürcher Hochschule für Angewandte Wissenschaften,ZHAW)和柏林工业与环境创新化学有限公司(Innovative Chemie für Industrie und Umwelt in Berlin GmbH & Co. KG,ICB)等分别提供了各自行业的数据。一批来自于这些行业的 LCI 专家负责了这些数据的收集和整理,同时数据总库有编辑版面负责数据质量的控制,由这些专家负责对所有新数据集的检查,验证和编辑工作。

Ecoinvent 数据库的详细介绍可以参见其官网说明[4],用户注册后可以浏览到这些庞大的数据,以下是该数据库的一些关键特征:

(1) 覆盖的范围广泛;

(2) 系统边界和分配的连续应用;

(3) 通过官网可以获得友好的文本、广泛的背景报告说明;

(4) 对于离散数据的特别说明,如数据的标准正态分布;

(5) 具体流程的环境排放通过子选项进一步区别细化,例如排放量基于高密度人口和低密度人口进行了二次分解,基于特殊性的影响评价方法会有所不同;

（6）默认包括所有资本商品，如风能、水能等，这对于能源领域和交通系统的分析尤为重要；

（7）Ecoinvent 数据库定期升级，一般每年一次。

Ecoinvent 数据库对于大多数项目的 LCA 都是可以满足背景数据量需要的，最新 V3.8 版本已扩展至国际工程应用领域。

Ecoinvent 数据库在如 SimaPro 软件 LCA 具体分析应用分为 6 个子数据集选择模式，首先数据可以按照分配方式和结果方式分为两类子模式，分配方式指基于质量或者经济原则来分配数据，默认采用经济性原则；其次可以根据材料回收后是否考虑增值因素分为考虑增值类型和不考虑增值类型；第三可以根据流程分为单元模式和系统模式，单元模式仅考虑当前工艺流程的资源输入和排放，与此流程输入资源有关的环境负荷被归为上游单元系列，程序中在输入当前这个单位流程后会自动包含相关的所有上游流程。如采用系统模式则当前工艺涉及从最上游的原料开采到最后制成品的报废回收全过程都包含在内，即系统模式没有把整个产品链从内部分开，因此系统流程的资源、能源输入、环境输出是基于整个系统整体的，其内部产品链之间的输入、输出不会显示出来。选择这两种分析模式中的哪一种并不会对最终的计算结果产生显著的影响。选择单元模式可对具体流程中的数据信息展开不确定性概率分析但计算速度较慢，而采用系统模式无法进行不确定性分析但整体 LCA 流程计算速度较快。

Input-output 数据库包含的数据是基于经济性原则而不是基于工艺流程来划分的，例如 Input-output 数据库中的数据是以农业部门、金融部门、交通部门和咨询部门来分类的，这样做的好处在于方便开展国家或地区的整体经济性评估，但缺点是对于特定部门、产品的问题研究不够深入。

6.3.3　可持续性综合评价

对于许多组织或公司来说，环境问题仅仅只是其广泛可持续性政策中的一环，这一政策的理念为"人、地球、共赢"，这意味着接下来对于环境问题、社会问题和经济问题应该通过可持续性理念统筹推进管理。

通过产品的全寿命周期研究可以发现产品的不同利益群体面临着不同的社会诉求，这些利益群体包括企业的职工、消费者和当地社会，社会特征包括工资、福利、安全、教育等，评价产品社会属性的利益群体来源广泛导致很难用常规的方式来开展这项工作。

评价产品社会影响的第一步在于识别产品最重要的特征，目前有 4 个重要的评价指南（表 6.1）：

（1）联合国环境规划署（United Nations Environment Programme，UNEP）与环境病毒理学和化学学会（Society of Environmental Toxicology and Chemistry，SETAC）联合指南，这是唯一针对建筑房屋开展产品全寿命周期评价的体系指南，该指南列举了与产品全寿命周期有关的 5 个利益群体，基于指南中方法清单提出来的性能指标开展影响评价[5]；

（2）全球报告倡议（Global Reporting Initiative，GRI）也提出了评价社会性、环境性和经济性影响的评价表格体系[6]；

（3）联合国全球契约（United Nations Global Compact，UNGC）提出了涉及社会和环境影响方面的 10 项原则，这些原则都是广泛性的，并无具体针对性[7]；

表 6.1 不同全寿命周期标准评价指南比较

利益相关方	特 征	UNEP/SETAC[5]	GRI[6]	UNGC[7]	ISO 26000[8]
工人	工会与业主的议价能力	可选		可选	可选
	童工	可选		可选	可选
	工资的公平性				可选
	工作时长			可选	可选
	强迫劳动力	可选		可选	可选
	平等的机会和歧视问题	可选		可选	可选
	健康和安全	可选			可选
	社会福利和社会安全	可选		可选	可选
		培训和教育			人力资源发展培训
消费者	健康和安全	可选			可选
	回报途径				可选
	消费者隐私	可选		可选	可选
	透明性	可选			可选
	生活责任				可选
当地社区	物质资源的可进入性				可选
	非物质资源的可进入性				
	人口迁徙与流动				可选
	文化习惯				可选
	安全与健康生活条件				可选
	对当地权利的尊重	可选			可选
	融入社区	可选			可选
	当地就业	可选			可选
	安全生活条件				可选
					社会投资
社会	公众对可持续性时间的参与				
	经济发展贡献				
	武装冲突化解				
	技术发展				可选
	贪污腐败	可选		可选	可选
		公共政策			政策包容性
价值链中的其他因素	公平竞争	可选			可选
	促进社会的责任感				可选
	供应者关系				可选
	对知识产权的保护			可选	可选
		投资和前期措施			
		安全性措施			
		承诺			
		补救			解决申诉

(4) 国际标准化组织(ISO)提出的 ISO 26000 标准贯彻社会责任性原则[8],该标准主要针对组织运营如何遵守社会责任,ISO 26000 包含了 7 个跨部门的核心主题涵盖社会性、

环境和组织特征。

在此需要说明工程产品的 LCA 环境影响分析还需要研究者处理不同工序之间的环境负担分配问题,这在单一产品层次是较难操作的,如果在企业层次则可以根据全寿命周期阶段的统计量或工作时长数量合理分配权重影响因子。

产品经济性特征在开展 LCA 环境影响分析过程中经常容易引起争议,比如:一些重要的成本指标,投资、超支、折现率或市场行为等在 LCA 环境影响分析中一般不作考虑。同时在此过程中对于产品成本和盈利的准确性要求较高。

LCA 环境影响分析中的总成本评估中一般将一项产品的社会和环境成本看作该项产品的无形成本或负债。比如如果一家企业由于雇佣童工导致负面的公众形象,就有可能影响到公司声誉,再比如环境保护区内如果开采矿产的话也会对环境产生损坏。总之,在综合成本评估中需要有一套系统性的方法用于评估产品的综合成本和引起成本的概率,该综合成本中的环境可持续性因素一定要考虑到。

6.3.4　环境影响因素评估

无论是在 LCA 清单核查阶段还是 LCA 影响力评估阶段,对于开展某一项产品或过程的 LCA 目的及范围始终都是各类指南规则中分析方法和影响级数选择最重要的基础来源。

研究者必须要做出的重要选择是决定结果的整合层次,这通常来源于你如何理解这些 LCA 结果的需求方以及需求方对于 LCA 结果的理解能力,图 6.5 列出了一些可能的概要方案。

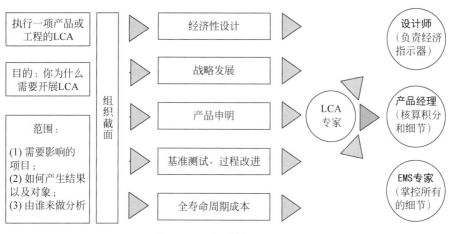

图 6.5　影响评估方法的选择

ISO 14040/ISO 14044 标准将 LCA 定义为一项产品系统在其全寿命周期内所有的输入和输出性物质和能源及其潜在的环境影响的综合评价。这非常清楚地表明全寿命周期环境影响评价(life cycle environment impact assessment,LCEIA)在 LCA 中占有重要的地位[1,3]。

LCEIA 被作为产品系统如某厂商新开发出一款手机产品对于环境潜在影响程度的评价与理解。这种影响在 ISO14040/ISO 14044 中通常被看作两种类型:强制性成分和选择性成分,即产品对于环境的这种潜在影响需要研究人员分辨是否一定会对环境造成影响,而这种影响通常是有危害的。产品体系中的有些部分如果可以通过其他选择替代而且这种替代对于环境是有利的或是无害的,则这部分即为选择性成分。比如我们建一栋大楼,对于其中的非承重墙体工程可以选择普通黏土砌块砖、轻混凝土砌块或固体废弃物(粉煤灰、废铜渣、淤泥)转化后的砌块等,如果选择普通黏土砖对于环境、生态资源的危害就很大,而将固体废弃物合理化使用就会大大降低对于环境、资源的影响。

因此采用 ISO 的标准开展 LCA 需要包含产品体系的分解和定性,如果这一步也没有的话,至少也应该包含全寿命周期的核查 LCI。

开展一项产品的 LCA 到底在内部应用还是外部应用,重要判别标准在于研究结果是否用来开展同类产品之间的比较,以及是否开放给公众了解。但根据 ISO 的规则公众对产品选择何种方案是不具有决定权的。比如一项产品可以选择公路运输也可以选择铁路运输,那么这两类运输方式至少应该针对以下几项比较,即 LCI 核查:燃料发动机和轮胎放出的微小尘粒($PM10$ 及以下对人体有害的微粒)、对土地的占用以及噪声。然后应该至少针对以下几项开展影响力评价:气候变化、酸性和富营养化、其他一些对人类健康和生态环境带来的毒害后果如臭氧层破坏、化石燃料和矿产资源的消耗,这属于不可再生的。以上属于最基本的选项,如果针对具体产品的话,研究者通常会列出更详细的影响目录。

数据收集后的工作就是通过专业 LCA 软件建立全寿命周期清单核查结果的表格,该表格包含数百个代表从环境中输入或者输出的"基本物质流",为了理解这项工作,ISO 标准中将这一步分组,来自于核查目录的基本流被赋予影响类型,我们假定一个项目包含以下几个基本流:如 1kg 的 CO_2、100g 的 CH_4、10g 的 CFC-142b 和 100g 的 NO_2,然后将基本流与影响类型输入到表 6.2 中。这其中前三种物质会导致气候的变化,CFC 会导致臭氧层的破坏,而氮化物则会导致酸性和富营养化。

表 6.2　假设项目的排放物质环境影响示例

排放物质	影响领域					
	温室气体影响		臭氧层破坏影响		水体富营养化影响	
	影响因子 单位:kg CO_2 等效物	影响结果	影响因子 单位:kg CFC-11 等效物	影响结果	影响因子 单位:kg P 等效物	影响结果
1kg CO_2	1	1				
100g CH_4	25	2.5				
10g CFC-142b	2310	23.1	0.07	0.0007		
100g NO_2					0.56	0.056
影响结果汇总		26.6		0.0007		0.056

注意不同的基本物质流对大气中温室气体 CO_2 的影响因子贡献程度是不一样的,比如 1kg 的 CO_2 对大气环境的温室气体影响贡献值就是 1kg,而同样数量的 CH_4 则要增加 25 倍,CFC-142b 制冷剂则增加惊人的 2310 倍,这意味着 1g 的 CFC-142b 产生了 2.31kg 的等效 CO_2 温室气体影响贡献值。而其对臭氧层的破坏值则以等效 CFC-11 制冷剂为基准物质,并采用 0.07 倍影响因子贡献值,即 1kg 的 CFC-142b 产生 0.07kg 的等效 CFC-11 臭氧大气破坏影响贡献值。对应的水体富营养化采用磷元素 P 作为基准值,1kg NO_2 相当于 0.56kg 磷元素对于水体富营养化的贡献值。

因此通过上面的分析可以发现一项物质的排放有可能在同一时间导致几项影响类型。同时评价不同物质的影响贡献值,在 LCA 研究中通常采用基准物质的等效影响贡献值,如评价温室气体采用 CO_2 气体等效贡献值。另外还要注意到不同影响类型之间基准单位的等效物质不同,因此不同影响类型之间是无法相互对比的,也无法统一为同一个评价指标,CFC-142b 制冷剂对臭氧层破坏的基准贡献值低也不意味着可以忽略不计,该制冷剂即使只有少量的泄漏也会对环境产生显著的影响,尤其是对于温室气体的影响特别显著。

对于全寿命周期清单核查结果的特征分析应该是基于研究者个人的深入理解和科学性文件规定来进行的。物质的流程对于环境的影响有一个过程,这涉及过程影响和最终影响,在 LCA 中分别用中点指标(midpoint)和末点指标(endpoint)来表示。这当然需要调查项目全寿命周期目录结果中到底有哪些具体排放流程与生态环境相关联,我们需要通过定义具体的指标来反映出这种关联性质,而且要能够通过一个明确的"末点"指标来定义这种科学机制。这当然有不同的途径,主要是通过以环境因素的机制为基础来决定不同影响类型的特征因素,这其中涉及一些具体的分析步骤,以土壤或水体富营养化为例,该影响类型显然是与生态环境质量的保护范围或者"末点"指标有关的,共识在于大家都认为自然生态系统应该保持最初的自然形态或者得到保护,因此就需要评判 LCI 结果究竟对生态系统环境的影响或者破坏程度有多大,我们如何定义指标来表达这种影响程度。ISO 标准中并没有要求一定要对某一生态影响末点指标开展计算分析,一般会建议用户可以对基于环境机制传导途径过程中的某一类会导致末点影响结果的中点指标展开分析,通过这一中点指标来间接表示末点的影响结果,这样做的好处在于可以由用户来选择更易于监测到或捕捉到的中点指标来表征整个生态环境影响过程。

环境影响评价是以环境机制作为分析的基础,环境化分析的机制可以大致被分为两步:

第一步即关键的一步是分析物质被释放到原来的生态环境中后发生了什么。很多因素都在其中扮演着角色,一些物质分解或和别的物质反应生成新的化合物后就经历了从环境中"消失"的过程,而另一些物质则可以稳定地存在于空气、水和土壤中,分析具体步骤在于确定一旦污染排放发生后,这些物质后来如何聚集到空气、土壤和水体中。

一旦物质的聚集点或者聚集点的改变被确定后,第二步就是评估这一变化对于生态系统的影响,当然不同的物质对环境的影响是不同的。

这里以富营养化的环境机制为例来具体说明这样一个分析过程,如图 6.6 所示。其中LCI 结果(即排放到空气或水中的物质变化)作为流程图顶端的输入项,流程图底端的项目被定义为末点指标。

图 6.6 所示的椭圆内为目前在用的各类环境影响评估方法,底部的为末点指标方法,中间传播途径的椭圆内为中点指标方法,有一些方法如 ReCiPe 或 LIME 同时拥有中点和末点指标,研究者可根据实际情况自主选择。

由于 ISO 需要建立在基于科学环境机制基础上的影响层级指标,这张图就展示了产生富营养化的 LCI 结果形成机制,确定了何种评价方法适用于何种评价指标,这些 LCA 环境影响评价方法除了日本的 LIME 方法以外,在目前国际通用的 LCA 软件如 SimaPro 中均有包含。

不同的 LCA 环境影响评价方法由不同的国家和组织发展而来,因此一般认为不存在所谓的"最佳评价方法"。很多 LCA 研究者通常都是根据以往对各种不同评价方法的专业评价来选择或者直接采用专业化 LCA 软件内置的评价方法来使用的。

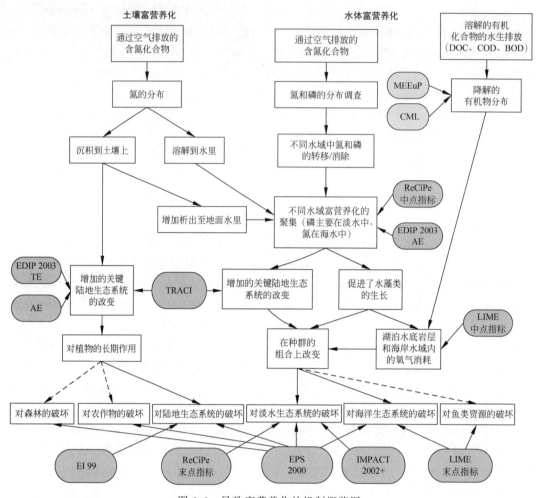

图 6.6　导致富营养化的机制概览图

注：DOC：溶解性有机碳，COD：化学需氧量，BOD：生化需氧量

　　欧盟委员会曾专门成立研究小组对环境影响评价指标涵盖范围开展调查，研究小组对全球温室气体和富营养化研究领域使用了超过 150 种不同的方式来计算影响评价指标，大约定义了 40 个通用性评价指标，它们都与所有的分类层级相关，针对具体某一层级对应 10~20 个专用指标。评价的标准包括：

　　（1）涵盖研究问题范围的完整性；

　　（2）环境相关性；

　　（3）科学随机与确定；

　　（4）文本格式化、透明性和可重复性；

　　（5）易于应用性。

由项目业主或公众再依据以上标准从指标中选择用于项目的公开环境评价。

6.3.5　环境评估方法的选择

　　几乎所有的 LCA 研究者都倾向于使用现成的方法来应用于具体问题的研究。因此在方法选择上面临的第一个问题就是方法所涵盖的范围。如果要解决的问题只是一个单一的问题,比如气候作用下大气层内蕴含的能量计算,则可以采用单一指标方法。单一指标方法相对容易操作并满足随机性的要求,但实际问题往往都是超过了单一指标方法的解决范围,这时单一指标方法就很难对此类复杂问题开展研究了。ISO 不允许脱离影响层级类别来探讨单一的影响问题,如碳足迹或水足迹等环境化问题。

另外选择合适的影响类型也是一个重要的问题。LCA 的研究者必须为自己的类型选择做出澄清以及清楚地定义不同类型之间的界限。最好的办法就是参考已有的研究成果或是征询相关利益方的意见。即使最后的结果并没有利用上末点指标,末点指标的快速屏显法也可以被用来标识相关的问题。

一旦研究者明确了待研究的问题,具体面临着两个主要问题:

(1) 在 LCA 研究过程中不存在过于简单化的方法,例如环境噪声污染、室内空气影响、农业灌溉过程中的盐碱化问题、水土流失侵蚀等;

(2) 不同地区的差异化问题,研究选择不同地区的环境影响评价方法类型与该地区的人口密度、生态环境敏感性直接相关,目前已有的欧洲各国、美国和日本的 LCA 研究方法均反映了这种地域特征性。但有时也导致研究人员在评价酸化和富营养化研究结果方面产生较大的分歧和困扰,例如在有些国家水土流失和侵蚀化的情况下,富营养化反而被看作一种好的正面的影响。特别是对于工程项目的长期 LCA 环境影响评价应该实事求是和全面严谨地开展。

综上所述,由于不同的环境问题类型众多,至今国际上也没有找出来一种大而统一的方法来完美解决,因此目前学界对于环境问题普遍认为未来还需要开展更深入的了解和探索,既要鼓励发展一些更加创新的研究观点也需要正视目前的研究现状,在 LCA 研究中采用已有的公认方法被认为是稳妥的策略。

具体来看,EPS2000 几乎包含了目前已知所有的环境类研究问题,但该方法的评估结果通常比较粗略。CML2000 无法解释噪声污染、土壤利用问题和空气中的细颗粒物污染评价问题。ReCiPe2008 也不包括噪声污染,而且在处理水污染方面分析手段有限。对于研究者来讲在没有搞清楚待研究问题的环境污染本质之前,应该采取审慎的态度选择具体的研究方法和指标。

LCA 过程中另外要注意的是 LCI 与 LCIA 之间不匹配的问题,出现这种问题的原因大致有两种:

(1) 该评价方法的建立者经过考虑有意没有将该因素考虑进 LCI 结果中;

(2) 该评价方法的建立者缺乏足够的理解和数据将某一物质包含在内。

出现这一问题最多的地方在病毒理化领域,因为有太多的不同种类、不同性质的化学合成物质,要将这些化学物质的病毒理化影响程度全部考虑清楚并不容易,尤其是对于人体的一些复杂的生理影响。通常处理这一类问题的方法是在每一次计算结果后都及时进行匹配检查,发现不匹配的问题应及时处理。

要完全避免在清单核查数据和影响力评价之间不匹配的问题是不现实的,建议的方法是针对主要丢失的重要参数开展检查,并且把它们都记录下来。如果你选择了一个或多个影响力评价方法,那么你需要缩小调查物质的目录数据范围以便能够覆盖所有的环境评价方法。

ISO 允许设置在 LCI 核查目录结果即"中点"和"末点"之间的指标,选择的指标通常如果靠近"中点"水平的话会有较低的不确定性,选择的指标如果靠近"末点"水平的话会有显著的不确定性,但作为研究者来讲更愿意选择"末点"水平的指标,因为从衡量一个项目的环境影响的量化性和直接性角度出发,显然"末点"指标更加容易被研究者和社会公众理解和解读。

6.3.6 评价方法正规化

权重因子正规化处理是对环境影响评价结果的简化解读,但不可否认正规化处理中带有主观因素,因此 ISO 14040/ISO 14044 标准中不推荐这么做。

正规化表明在多大范围内的一项影响类型指标的最大值和最小值可以放在一起开展比较,同时也可以解决不同单位的指标之间的权重比较问题。

表 6.3 单个公民环境影响数据正规化处理

排放物及正规化	影响类型					
	气候变化 (单位:kg 等效 CO_2)		臭氧层破坏 (单位:kg 等效 CFC-11)		富营养化 (单位:kg 等效 P)	
	影响因子	影响结果	影响因子	影响结果	影响因子	影响结果
1kg CO_2	1	1				
10g CH_4	25	0.25				
1g CFC-142b	2310	2.31	0.07	7.00×10^{-5}		
5g NO_2					0.56	2.80×10^{-3}
影响结果汇总		3.56		7.00×10^{-5}		2.80×10^{-3}
正规化标准值	1.12×10^4 kg CO_2/年		2.20×10^{-2} kg CFC-11/年		4.51×10^{-1} kg P/年	
正规化结果/年	3.17×10^{-4}		3.18×10^{-3}		6.75×10^{-3}	

表 6.3 数据为 2000 年欧洲均单个公民的环境影响数据,仅仅从影响结果来看,显然个人对于气候变化的影响值即温室气体排放量是最大的值,平均每个欧洲人每一年排放 11t CO_2、22g CFC-11 等效制冷剂和大约 0.415kg 磷酸盐进入水中[9]。

但当我们把这些数据正规化后,发现人类对于气候变化的影响要小于对于臭氧层和水体富营养化的影响。正规化后的单位是统一的,人们通常认为正规化后的结果没有单位,当按照每一年的排放量计算时,实际上正规化后的数值单位就是年。

在 LCA 中影响权重值的设定是最具争议和最困难的地方,特别是针对中点方法,ISO 基于公正性的原则,已经明确禁止在向公众公示的项目中采用权重评价方法。但权重因子评价法在各类组织内部的评价中应用非常广泛,权重因子的设定并非基于自然科学的原则,而是非常具有主观性的,下面列出来几种推荐的简化权重问题的方法。

1)小组加权,由一个小组来评价每一种影响类型的相对重要性,并决定其权重值,该方法被应用在 Eco-indicator99 和 ReCiPe 方法中,然而,关于此种方法还有几个问题有待解决:

(1)不容易给小组解释清楚影响类别指标的含义,尤其是针对中点法;

(2)在中点法中经常有多达 10~20 个具体的评价指标,这导致小组产生认知压力,从而无法获得有价值的结果;

（3）小组更倾向于只给出小范围的权重，这也容易导致数据的失真；

（4）小组代表谁和代表什么尚不清楚。

2）目标距离，对于每一种影响类型如果可以给出降低的目标，则这个降低值可以被作为权重指数。如果差别大，则权重也大。该方法的问题在于：

（1）在有些情况下政策目标是有的，但不同目标之间是否重要性相同并不清楚。

（2）政策目标是制定政策的各利益方妥协的结果，并没有减小其环境影响的实际动力。

3）货币化，在 EPS2000 中所有的影响都用货币来表示，环境负荷单位为欧元，该方法假定所有类型的成本都可以被计算和包含，通过将不同类型的成本转换为统一货币单位，有利于基于权重开展对比。

权重对比是 Eco-indicator99 和 ReCiPe 方法的基础，针对权重比较过程中出现的问题，1999 年 Hofstetter 等提出了权重三角法[10]，该方法基于个体业主的观点列出，也用于在没有获得实际的权重因子的前提下开展决策，被认为可以提高权重过程中的透明性。

6.3.7　数据结果分析法

在 LCA 中的最后一步就是数据结果分析，开展结果分析的首要工作就是数据的不确定性分析，数据的不确定性来源于三个方面：

（1）数据的偏差；

（2）模型的正确性或代表性；

（3）模型的不完整性。

数据的偏差可以被描述为一个分布，一般为标准正态分布，采用蒙特卡罗算法（MCS）可以处理此类型不确定性和在项目 LCA 过程中计算数据的不确定性。

一般情况下污染物的排放来源有三个：一是化学燃烧，如汽车尾气、火电厂燃煤等；二是工业产品生产过程排放，这一类型的排放范围较为广泛，几乎所有的工业生产过程均产生污染物排放，如电子产品的生产、房屋的建造等；三是农业生产的污染物排放，如农药、杀虫剂的喷洒和化肥的使用等。这些过程中 CO_2 排放数据被专家认为是最精确的，也是最容易追溯排放来源的。而与上述类型的排放物相比较，其他类型数据的不确定性就非常高，如多芳香烃 PAH，微粒粉尘 PM10、PM2.5，重金属排放以及燃烧过程中产生的 CO 等。因此在 LCA 过程中对上述不同来源的污染物排放数据均设定有一个基本的不确定系数。这些系数均大于 1，如排放到空气中的 CO_2、SO_2 的不确定性系数为 1.05，氮化物、烷类物的不确定性系数均为 1.5，PM10 及 PM2.5 的不确定性系数更高达 2 和 3。具体参见 SimaPro9 软件手册说明[11]。

另外要注意的是不确定性除了来自数据以外，还有可能来自分析模型本身，一些分析过程中的主观性选择，如研究者是否使用了分配；是否对一些物质或产品进行了回避或者分配的方式予以了回避；研究者如何定义污染物的处理，尤其是一些长期性的排放行为等。最后就是当不同产品之间开展 LCA 比较的时候对于分析物计量单位的选择。以上各方面均会对 LCA 研究结果产生显著的影响，单纯采用蒙特卡罗方法来处理不确定性是不充分的，必要时采用敏感性分析来配合分析就比较全面。

敏感性分析是评价对于数据结果影响最重大因素的分析方法，其近年来逐渐成为环境与土木工程领域广泛应用的一种重要方法。该方法的分析原则在于对分析前提假定的简化和对 LCA 全过程的权重计算。应用这种方法我们可以比较基于不同分配原则的计算结果。

该方法最大的优势在于考虑不同因素假定后,让研究者了解到最终对于其计算结果的影响程度大小,从而使研究者可以很清楚地发现其中的哪些假定对于计算结果的影响程度最显著。研究中经常会发生如果基于一种假设产品 A 的环境成本大于产品 B,而基于另外一种假设则产品 B 的环境成本又大于产品 A,研究过程中一旦出现这种情况,研究者就需要仔细地了解到底在哪一种假设下对于产品环境成本的影响是有效的。当然,有时研究者也可能会发现最终的研究结论并不仅仅单纯地依赖已经采用的假定背景,而这通常会预示着研究过程中还有研究者没有发现的一些潜在因素在起作用,对于研究来说这往往预示着未来的研究还有很大的未知领域可以挖掘,对于研究来讲这当然就有值得深入研究的价值。

对于 LCA 计算结果的不确定性,还可以通过贡献率分析来加强理解,通过贡献率分析研究者可以发现过程中的哪一项对最终结果起重大的影响,通常一项产品或者项目的 LCA 包含数百项不同的具体工艺流程,研究发现 95%~99% 的结果只与其中少数几项(<10)关键流程有关,因此,研究者一般只需要将关注点聚焦在其中几项关键流程上。一般专业 LCA 软件提供关键流程的树状图或者网状图供分析使用。

还有一项为 LCA 清单分析,清单结果列出了排放到土壤、水和空气中的基本物质和提取出来的原材料结果列表。很多情况下列表覆盖了几百种不同类型的原材料和基本物质,这导致难以解读清楚清单到底意味着什么结果。当然,清单结果不受影响力评价中不确定性的影响,这使得研究者可以做出有参考价值的清单结果。

在清单结果表格中,通常有几个功能可以帮助研究者更好地理解每一项清单结果的重要性:

(1) 研究者可以基于不同指标、数量、单位或分类组成排列出清单结果;

(2) 研究者可以基于特定的分类类型来浏览清单中结果,如燃烧物的排放;

(3) 研究者不仅可以查看清单中的全部结果,而且还可以查看隐藏流程中的结果;

(4) 清单结果以最合适的单位自动列出,如某一项污染物的排放如果是 0.00001kg 时,清单会显示为 10mg,当然也会给研究者自主选择排放物质单位的权利;

(5) 另外在如 SimaPro 这类商用软件中,双击列表中 LCI 结果会显示一个特定的流程网络图或网络树,显示出哪一个流程对这个清单结果产生的影响力最大。

工程产品重要的应用在于分析比较产品或服务的环境影响评价,联合国环境规划署将 LCA 定义为"蕴藏在产品背后的世界",这显示出 LCA 通常被用作回答对于环境产生影响一类问题的工具。当然在具体问题分析过程中如何对待解决的问题进行充分和精确的分解定义显得异常重要,这直接决定最后 LCA 结果的准确性。

对于工程产品的范围定义决定了分析中合适的限值状态水平,这包括在分析工程产品或服务的全寿命周期过程中如何具体划分产品的制造、维护和材料回收的范围,每一部分都要明确各种原料、能源等的输入和输出,包括在产品制造过程中产生的对环境产生有害影响的各类废弃物或气体的排放等。

有时在类似产品或服务过程中,"产品链"的比较可能会产生巨大的差异性,比如当我们分析比较羊绒毛毯和化纤毛毯时就会产生不同的过程链,羊绒毛毯的制作是一类农业生产过程,而化纤毛毯则是一类工业生产过程,羊绒是从绵羊身体上取得的一类附属天然产品,同时绵羊身体还为人类提供肉制品、奶制品和皮革等其他农业产品。

全寿命周期分析结果的分级目录组成了所有的环境"流",包括各类资源的输入、污染物和废弃物的排放。这个目录提供了基本的产品环境影响评价,但这种影响的程度还需要我们通过量化指标或因子给予确定,目录的数据只有基于这些评价指标或因子通过合理的数值计算才能转化为可以量化评价的有用结果。比如输入到产品或服务之中的初级石化燃料能源转化为气候影响因子或空气污染指标,在全寿命周期分析过程中有大量的与经济相关的指标和与环境相关联的因子。基于 ISO 14040 的规定,在工程或产品的实际分析过程中不需要盲目地应用各种短期或偶然性的条件,所有的分析结果还是要通过有经验的工程师基于全寿命周期分析过程中的过程说明来反映。

6.4　全寿命周期分析与环境管理

全寿命周期分析方法是建立在基础数据分析之上,面向问题展开具体分析目标和范围详细界定与分类的一种分析方法。毋庸置疑全寿命周期分析方法目前在环境管理、政策制定和规划领域已经发展成为了一种重要的基础评价方法。

随着人类社会对于环境问题的日益重视,目前对于环境管理的可供选择的评价工具和技术较多,从摄像头或检测仪器的"可视化"检测到目前针对特定地区环境的评估门类众多,但全寿命周期分析方法的优势在于,从整体角度出发针对产品或服务的长期环境影响提供基础信息指导。全寿命周期分析方法在针对众多工程产品或方案的环境影响多目标量化决策比较过程中尤其重要。

为了证明一项重要产品或服务的长期适用性或综合性能,通常需要提供相关环境影响的评估报告,这成为了目前我国乃至世界范围内工程建设领域或工业服务领域必须要遵循的行业规则。全寿命周期分析评估主要提供对于工程项目的环境收益、环境损害影响长期发展的背景证据。

全寿命周期分析方法在环境评价中还有其他广泛应用。例如在国外环境评价中使用的"生态足迹"以及相关的计算器和工具可能会使用全寿命周期分析数据。一项产品或服务的咨询计划信息也可以利用全寿命周期分析结果,例如为了说明 LED 节能灯的环境影响低于紧凑荧光灯,包括这两款灯具的长期能源消耗率、材料的来源收集和制造以及产品对于环境和人体健康的潜在危害均来自于全寿命周期分析结果。在此需要强调的是,全寿命周期分析方法和任何建模技术一样,其分析结果的精确性受到建模人员个人知识和经验、分析前的假设前提以及分析过程中使用的数据样本等方面的影响。有关全寿命周期分析的具体介绍详见后面 LCA 软件 SimaPro 应用章节。

6.5　土木工程全寿命周期分析的特殊性

全寿命周期分析最初来源于人类对于 20 世纪 70 年代能源和环境污染防治的需要,过去几十年来该研究一直在不断发展和完善过程中。最初仅仅将环境成本和人的心理健康的影响考虑进各类工业产品的全寿命周期分析研究,近年来土木工程界开始将全寿命周期分析研究的思想引入土木建筑工程这类特殊不动产品中,由于各类土木建筑工程属于人类必须长期使用的特殊不动产品,所以对于土木建筑工程全寿命周期成本分析需要考虑的因素来源就更加广泛,包括:外界环境(风吹、日晒、雨淋、冻融、酸性腐蚀等)对于建筑材料耐久性方面的长期缓慢的劣化效应成本,建筑产品在投入建设过程中和在役使用期间(70~100年)发生的碳排放成本,建筑资源、能源长期消耗成本,建筑产品在使用期间地震、台风、洪水、海啸等短暂极端随机荷载作用损伤导致的维护成本。

进入 21 世纪以来,以数字技术、人工智能、物联网为代表的新技术在加速蓬勃地发展,而土木建筑行业在采用新技术方面向来以保守谨慎著称,随着建筑全信息建模和手持移动式 3D 制图管理软件的普及,工程技术人员对于更快更准确数据的渴望正在推动土木建筑在内的所有传统行业搭乘数字技术经济的快车,这必将会带来整个行业的巨变。展望土木工程的未来,土木工程师希望可以像管理工业产品一样,实现对于土木建筑工程产品的全寿命周期成本和全数字化技术精确管理;希望房屋、桥梁、厂房等土木工程可以像组装汽车产品一样,实现预先的个性化、工厂化和精确化构件或零件的制造;可以像使用 X 线片或 CT 机检查人体结构一样,实时获得包括建筑物墙体内埋置的各类隐蔽管线在内的各类土木建筑工程产品的所有细节,并将其实时地以 3D 或 2D 的图像形式显示在工程师的移动手持式设备(如手机或平板电脑)屏幕上,方便以全数字信息化编码管理土木工程产品的每一个构件或零件;可以实现对建筑物不同部位上的每一个构件或零件在自然环境中的长期劣化、老化、碳排放和在极端荷载下的动力损伤进行精确化评估;可以像维修汽车一样,实现对各类土木工程产品的按需维护(按需维护是指汽车损坏后一般会按照损伤严重程度和部位的需要采用报废、维修或直接更换零件的维修方式)。期待在不远的未来我们可以实现对老化劣化或损伤的各类型土木工程建筑进行实时基于构件的健康状况评估和便捷的各类结构性或非结构性构件的按需更换。工程不同部位的构件/零件的全寿命周期实际上是有差别的,如通常建筑基础部位和屋顶部位的构件更容易受到环境的劣化影响和地震损伤,而室内的构件通常全寿命周期更长一些,因此以往我国《建筑抗震设计规范》(GB 50011—2010)只基于整体结构粗略规定了混凝土结构设计使用年限分别为 50 年和 100 年[12],从数字化基于构件的全寿命周期管理角度来看是不合理的。基于工程不同部位的构件/零件的全寿命周期对土木工程产品的综合成本包括对日常维护成本、地震成本、能耗成本和环境成本(包括碳排放、光污染、城市热岛效应等)进行预先的随机概率精确化成本评估和基于成本最小化的设计最优化研究。而为了实现这一构想除了数字化软件技术的进步,装配式建筑和 3D 打印技术的发展也是不可缺少的,装配式建筑和 3D 打印技术实际上是实现工程全寿命周期精确化成本管理的硬件基础,有了土木建筑的装配式生产和 3D 打印,才可能实现基于构件/零件的精确数字化编码管理(评估/分析/计算/维护/更换),基于全寿命周期角度来理解装配式建筑和 3D 打印技术,才可以深刻地领悟到装配式建筑技术代表了土木工程技术发展的未来总体方向。

参考文献

[1] International Organization for Standardization. Environmental management-Life cycle assessment-Requirements and guidelines: ISO 14044: 2006 [S]. Geneva: International Organization for

Standardization,2006.

[2] 百度百科.港珠澳大桥[EB/OL].(2018-12-1)[2021-11-01].https://baike. baidu. com/item/港珠澳大桥/2836012? fr=aladdin.

[3] International Organization for Standardization. Environmental management-Life cycle assessment-Principles and framework:ISO 14040:2006[S]. Geneva:International Organization for Standardization,2006.

[4] The Ecoinbernt Team. Ecoinvent Database[DB/OL]. [2022-03-01]. https://ecoinvent. org.

[5] FAVA J A. Life Cycle Initiative:A joint UNEP/SETAC partnership to advance the life-cycle economy[J]. International Journal of LCA,2002,7(4):196-198.

[6] Global Reporting Initiative,GRI Standards[S/OL]. [2022-03-01]. https://www. globalreporting. org/how-to-use-the-gri-standards/gri-standards-simplified-chinese-translations/.

[7] United Nations Global Compact[S/OL][2022-03-01]. https://www. unglobalcompact. org/.

[8] International Organization for Standardization. Social responsibility Guidance:ISO 26000:2010 [S]. Geneva:International Organization for Standardization,2010.

[9] PRÉ CONSULTANTS B V. SimaPro training-effective LCA with SimaPro[R]. Amsterdam:PRé Consultants,2008.

[10] HOFSTETTER P,MÜLLER-WENK R,BRAUNSCHWEIG A. The Mixing Triangle:Correlation and Graphical Decision Support for LCA-based Comparisons[J]. Journal of Industrial Ecology,1999,3(4):97-115.

[11] PATYK M S. New products design decision making support by SimaPro software on the base of defective products management [J]. Procedia Comput. Sci,2015,65:1066-1074.

[12] 中国建筑科学研究院.建筑抗震设计规范:GB 50011—2010[S].北京:中国建工出版社,2010.

第7章

建筑工程全寿命周期环境分析及SimaPro模型建立

目前人类活动对地球能源、自然资源开采以及生态环境的影响日益加剧,并由此引发了全球温室气体排放急剧增加导致的环境动荡、极端自然灾害频发等问题。这引起了各界有识之士的广泛担忧。据美国国家航空航天局(National Aeronautics and Space Administration,NASA)和美国国家冰雪数据中心(National Snow and Ice Data Center,NSIDC)的数据显示,由于人类活动产生的二氧化碳增加,北极的海冰覆盖率自20世纪80年代以来减少了大约一半。2021年北极海冰的最小面积降到了472万 km^2,自1978年卫星持续监测北极海冰面积以来,北极9月的平均最小海冰面积以每10年12.9%的速度减少;这43年间,过去的15年(2007—2021年)是海冰面积最小的15年[1]。如何减轻人类活动对于生态环境的负面影响成为各国政府和各行业棘手的问题。土木建筑工程消耗了全世界超过1/3的终端能源,排放了全世界约30%的温室气体[2],因此近年来针对土木工程全寿命周期内综合影响(能源消耗及对水体、土壤和空气影响(如碳排放)等)的研究日益成为热点之一,评判建筑材料节能可循环使用和基于全寿命周期理论可持续运营成为评判工程建筑优良的核心标准之一。

这显著改变了工程建设的管理者以往只关注工程建设的短期经济效益的情况,从而促使管理者从工程建筑全寿命周期的长期时间跨度来设计和思考工程建设对于环境的影响。设计人员逐步开始追求更长的设计使用寿命、更低的使用维护费用(能源消耗和生态资源消耗)、更低的拆装损耗率和更高的报废再循环利用率。

大部分工业产品包括工程产品的生产、运输、使用和回收处置的整个过程都具有较大的差异性,每一种产品从生产到拆除回收全过程所产生的物质对于生态环境造成多大的影响会随着产品的不同而呈现不同的影响。因此国际能源署(International Energy Agency,IEA)在其编制的《建筑与社区能源计划》中规定的原则有:①通过全寿命周期研究减少不必要的建筑材料;②寻求对环境影响更低的原材料,通过这些原则来尽可能地减少建筑对于环境的影响。2015年 Lupíšek 等[3]据此对捷克首都布拉格市五栋样本建筑开展了设计改造,研究中通过探讨一系列技术手段:如优化结构体系和建筑布局、优化建筑构件使用寿命、使用可重复利用的材料及构件、使用低环境影响的生态和原始材料等贯彻上述原则,并详细探讨了减少建筑能源的消耗和碳排放的具体措施,这都为其他国家的工程设计与研究提供了好的借鉴。2016年Bora等[4]针对美国加州的一栋房屋尝试采用了基于性能的地震工程方法分析计算了工程全寿命周期地震成本和环境影响评价,其中对房屋结构的环境影响评价采用基于美国国家环境保护局的EPA指标开展了房屋化学有毒物质排放的量化评级。2017年Liu等[5]对美国加州的办公楼综合考虑建筑能源消耗和地震损伤成本的指标开展了全寿命周期成本分析,着重考虑了环绕建筑的不同厚度、层数中空玻璃和不同类型窗框架对于建筑能耗的长期影响差异并予以量化分析研究。2017年Tan等[6]对澳大利亚流行的低层木质民居建筑房屋,按照房屋不同部位(维护结构、内部结构性构件、木地板、屋顶等)所用木质建筑材料的选择基于全寿命周期综合成本进行了分析,研究中考虑到了澳大利亚境内不同的地域气候条件,并结合澳大利亚住房建设绿星能源评级标准给业主和供应商建筑采用的具体木材种类以最佳建议。2018年Dahmen等[7]对美国加州沃特仙德材料(Watershed Materials)公司制造的两种商业砌块开展了全寿命周期量化研究,这两类砌块一种含4%的水泥,主要由矿渣土、粗骨料和细集料组成,另一种则是完全不含水泥而是添加了少量碱性激活剂的矿渣土砌块,造价也更低。两类砌块均达到和普通水泥砌块相同的13.1MPa的抗压强度和耐久性,且分别较普通水泥砌块减少了46%和56%的碳排放量,但全寿命周期研究却揭示出采用碱性激活剂的砌体块,其能源和水资源消耗量3倍于传统矿渣土砌块,且研究提示碱激活砌块有可能对人的健康和生态水体环境造成潜在威胁,因此该研究成果最后推荐采用少许水泥和矿渣土的低能耗砌块为全寿命周期综合成本最优。由于目前在国内大力开展各类碱激活剂、外加剂添加的混凝土材料研究,但普遍缺乏对这类土工材料对于人体和水体环境长期潜在影响的基础研究,这凸显出当前在我国开展针对土木工程材料/构件全寿命周期环境研究的极端重要性。2018年Colangelo等[8]对全球温室气体影响最大的水泥产品(以意大利南部具体地区为样本分析地区)开展了全寿命周期比较分析研究,针对三种不同方式回收来的可循环使用混凝土开展了基于环境影响和能源消耗的对比研究。研究结果表明,如果露天堆放回收的废旧混凝土材料的话对于周边环境和夏季雾霾的影响最大,废旧材料的回收运输距离对于周边人口和环境的影响也很大,其中带有各种装修石材污泥的废旧回收混凝土在运输距离150km时对于环境的影响最大。2019年Navarro[9]通过对不同混凝土材料配比的钢筋混凝土箱梁桥在海洋潮湿环境氯离子长期侵蚀下混凝土材料劣化所导致的全寿命周期成本最优化开展了探讨,研究中设定混凝土每隔若干年因氯离子侵入达到危险损伤限值后(即钢筋保护膜将受到破坏钢筋开始锈蚀)采取措施开展维护施工,并假定将受损混凝土剥离后将受损部位恢复为完好初始状态。计算中考虑到了不同水灰比W/C,添加不同比例的粉煤灰、硅灰和橡胶颗粒后的混凝土材料,这些材料的成本不同而且抵御氯离子侵入的能力各异,通过多目标全寿命周期成本最小化算法计算研究给出了推荐的全寿命周期成本最小的混凝土材料。该研究对于热带、亚热带海洋性气候地区的钢筋混凝土结构全寿命周期性能分析具有借鉴意义。2019年Dixit等[10]利用发泡聚苯乙烯(expanded polystyrene,EPS)制备轻型隔热高性能复合混凝土,EPS本身的强度值很低但具有低容重(22~25kg/m³,仅混凝土容重的1%)和低导热性(0.04W/(m·K)),该研究突破了以往EPS-水泥基复合材料强度偏低(28d标准立方体抗压强度17~20MPa)的普遍问题,将不同比例的EPS微粒(3~5mm粒径,按体积占比0,16%、25%、36%、45%)添加进超高性能混凝土中,试验出的这种EPS水泥基复合材料最高达到了45MPa的抗压强度,容重 $1677kg/m^3$,导热系数 $0.58W/(m \cdot K)$,实现了力学性能、轻型化以及隔热性能的兼容优化。随着全球经济飞速发展,EPS 塑料的废弃量与日俱增。这些废旧的 EPS 重量轻、体积大,本身又具有耐老化、难腐蚀等特点,造成日益严重的"白色污染"。因此 EPS 再生循环利用近年来受到普遍重视,该项研究使材料进一步优化有了较大的发展潜力,这为建筑材料研究指明了一个方向。针对在温度和湿度较大地区使用的超轻型泡沫混凝土材料因吸水性大而导致混凝土强度、隔热性、隔音性、耐冻性能降低的问题,Liu 等[11]采用在泡沫混凝土拌制过程中分别添加四种粉末憎水剂和在制成的泡沫混凝土试件表面涂抹两种树脂或硅油液体防水剂的方法开展了对比性的研究。结果表明添加 4% 的硬脂酸钙粉末后泡沫混凝土最低吸水率为混凝土质量的 23.6%,吸水饱和后基本没有强度损失,为四种粉末添加剂最优效果。但添加硬脂酸锌粉末后的混凝土试件强度值最高达到 0.54MPa,同时发现添加粉末效果不如液体表面防水膜法,采用氢化硅油和促进防水膜固化添加剂硅烷偶联剂 KH550 后的泡沫混凝土试件 72h 吸水率仅有 4.4%。当然还有其他学者对全寿命周期研究过程中更基础的研究思想展开了探讨,如 2018 年 Crawford 等[12]针对过去 20 年全寿命周期分析中的全寿命周期清单分类方法开展了系统的分析评判,研究中汇总分析了 2010—2015 年间发表的具有代表性的 97 篇全寿命周期领域采用混合全寿命周期清单法的论文,这些论文分别针对城市、建筑、风和电力能源、供水设施等不同领域,研究中分析了不同混合全寿命周期清单方法的局限性、优势和缺点,为厘清全寿命周期研究方法提供了有益的借鉴。

由以上建筑工程 LCA 环境影响分析研究成果来看,LCA 环境影响分析的难点在于需要分析的产品范围广泛、分析过程中对于产品生产和使用过程中对于环境的量化评价难度很大。第 6 章对此已有概略描述,此处着重强调 LCA 的两个主要阶段:

(1) 统计产品全寿命周期内所产生的废弃物和投入使用的原材料数量,这一过程被称为全寿命周期清单;

(2) 评估产品产生的废弃物和投入的原材料对于环境的影响,这一过程称为影响力评价。

传统的 LCA 需要花费大量的人力、财力和物力,因此存在着分析评价成本高和耗费时间过久的问题,主要因为在全寿命周期资料收集和解释两个方面需要消耗很多的成本和时间,而专业 LCA 软件提供了通用产品评估,是更快捷和准确的技术手段。

7.1   全寿命周期评估工具 SimaPro 简介

如何量化评价行业中工程项目对于环境的综合影响需要有力的分析工具,SimaPro 作为全球使用最广泛的商用 LCA 软件正发挥着越来越重要的作用[13]。SimaPro 软件是由荷兰 Leiden 大学于 1990 年开发问世的,目前已经发展至 SimaPro 9.0 版本,该软件内置各类型产品全寿命周期废弃物和投入原材料清单数据库,可以对各类型产品的环境影响提供标准化评估,并可以比较在不同程序和原材料中对于环境所产生的冲击程度,该软件除了针对各类环境影响可以建立一套环境指标外,还可以用树状图表示环境负荷,通过树状图清楚地表示各类输入的能量和原材料的分支,并在各项分支的子系统中以能量的方式,通过类似温度计的表达方式,快速判断该原材料和能量对环境的冲击性。

为了对产品温室气体排放开展评估,近年来产生了碳足迹这一专用名词,碳足迹(carbon footprint,CF)被定义为一项产品或服务在其全寿命周期内直接或间接产生的二氧化碳排放量。从普通人的衣食住行到企业、国家的任何活动,只要过程中产生二氧化碳的排放,就有碳足迹。碳足迹在当今全球气温升高的趋势下已成为热门的研究方向,世界各国均推出了节能减排的政策,各大企业每一年均会提出年度节能减排的目标,因此减少碳足迹成为当前一项非常重要的工作。

SimaPro软件内置计算温室气体排放的IPCC2007 GWP方法,可以通过输入温室气体(如CO_2,CH_4)核查数据,快速计算出各类产品的碳足迹,为进一步减少产品碳排放可行措施提供依据。

SimaPro软件LCA过程中从产品原材料提取到最后的产品报废回收都将环境因素考虑进去,其核心点在于:

(1)在产品的全寿命周期环境分析中通过识别环境热点寻求产品改良机会;

(2)全寿命周期内对整个环境的影响负荷分析以实现促进产品生产的目的;

(3)通过产品内外的联系对产品之间开展比较以明确产品的环境生态功能;

(4)作为公司产品研发中全寿命周期管理和决策支持的关键性能指标和标准化矩阵的基础。

对一项典型的项目开展LCA环境分析研究需要提前预估花费的时间,如果仅仅只是开展粗略的评估2天时间就足够了,而如果要开展更加深入的研究则花费数百天也是正常的,因此作为研究者,从研究开始就需要提前确定即将采取的研究方案或者应用场景,通常分为四个选择方案:

(1)快速屏显法。该法适用于快速低成本粗略预估数据型LCA环境影响分析,如对一种镍金属制品开展LCA环境影响分析,但研究者手上只有其他有色金属的数据,可以选择用其中一种金属来代替镍金属开展LCA中的流程分析。

为了聚焦研究中的核心目标,排除干扰,可以采用如下排除提问法:

如果用钢材来代替塑料,是否会带来更低的环境负担?

如果产品使用阶段的环境、能耗成本占比非常高,是否考虑只在使用阶段采取优化措施来降低环境成本?

产品循环可重复使用是否对其LCA成本会产生显著的影响?

通过类似上面的排除提问方法可以不断缩小产品LCA环境影响分析的目标范围,并最终准确定位本次LCA环境影响分析的目标,然后可以进一步采用敏感性分析来筛选出对LCA环境影响结果影响力最大的因素。

(2)内部使用的LCA环境影响研究。如果研究者需要做出显著影响产品发展过程或者交流决策的话,那么内部LCA环境影响分析就是一种必要的选择,分析的结果不需要对外公开,这类LCA环境影响分析的目的更具有针对性。

如在产品制造、使用和回收拆除阶段影响其环境成本的主要因素是什么?

产品通过系统流程的改进究竟带来多大的收益?

产品与同类竞品之间的比较,同类竞品是否有开展环境清单的合理性活动,环境清单内容有多少可以用于外界交流?

产品是否可以标识为环保绿色产品?

哪些活动可以被定义为相对低的环境成本？

内部交流用的 LCA 环境影响分析结果究竟在多大程度上是可信的,这是一个重要的问题,因此内部 LCA 环境影响研究过程中采用敏感性分析是必要的,这可以让研究者改变一些主要的假定和尝试不同的影响力评估方法。

(3) 外部交流用 LCA 环境影响分析。外部的 LCA 环境影响分析主要用于向政府主管部门申报产品的环境清单、社会公众质询以及其他一些场合的公开交流使用。需要注意的地方在于 LCA 方法用于外部交流必须严格遵守 ISO 标准(ISO14021、ISO14024、ISO14025、ISO14040、ISO14044)。

(4) LCA 信息的连续性利用。以往对产品的 LCA 环境影响分析研究都是作为碎片化、单独化的行为,一项研究启动用于支持决策后就结束了,直到新的决策提出新的需求才开始启动另一项 LCA 环境影响研究。但现在这种情况发生了改变,目前越来越多的企业开始考虑将 LCA 环境影响分析研究作为企业日常生产或商业发展行为来看待。

LCA 环境影响分析过程由四个连续的步骤组成:

(1) 做好连续性的规划(如管理品牌的声誉、促进资源的效率、增加竞争性优势、占领新的市场等);

(2) 组织团队开始构建研究框架(发展基础性战略,选择最佳的方法、数据收集的方法,定义组织持续性发展的框架,安装 IT 平台,选择合适的 LCA 软件工具以及管理 ISO 标准化过程);

(3) 在组织中整合 LCA(协助管理者规划、策划行动措施,战略方案采纳,启动管理和员工培训);

(4) 创立可持续化行动的价值(转化知识并自主驱动)。

尽管影响 LCA 环境影响分析过程所用时间的因素较多,但表 7.1 所列内容还是可以对一般工程项目所用时间给予参考。这些估计值假定 LCA 环境影响分析工作一开始就由这一领域内有经验的专业技术人员来开展,对于不熟悉拟研究领域的人员来讲,可以根据具体情况相应地增加时间。

表 7.1　不同类型 LCA 环境影响研究中每一类型任务消耗时间估计

任 务 类 型	快速屏显法/d	内部 LCA/d	外部 LCA/d	连续化应用/d
定义目标、范围	1～2	2～4	10	>10
数据收集	2～5	5～15	25～100	持续
数据输入软件并执行计算	1	2～4	10	持续
敏感性分析	1～3	2～4	10～20	持续
出报告	1～3	2～5	10～30	持续
校核	忽略	可选	10～30	可选
全部时间	6～14	13～32	75～180 或更多	忽略

LCA 环境影响分析过程中清单数据库的数据是可以更改的,但作为初学者,最好不要随意编辑储存在数据库中的基础数据,除非研究者有绝对的把握或依据。定期做好数据库的更新和备份工作。

一旦确定要修改 LCA 软件数据库中的数据,那么研究者需要管理这些数据的可靠性以及保证数据库不可靠失效的风险性。在此简单强调一下在背景数据库日常管理过程中面临的风险和可选择的建议。

SimaPro 数据库在结构上有三个主要方面:

(1) 项目数据,此处储存与目前研究项目有关的特定数据,研究者可在数据库中建立任意多的项目,对于不再使用的数据可以从存档的数据库中及时清理。

(2) 资料库数据,资料库存储的数据可以作为项目数据的一个来源,资料库数据的结构与项目数据的结构类似。

(3) 通用数据,通常针对所有资料库和项目的支持数据都可以储存。

储存数据的类型包括:项目目标和范围定义方面的数据,数据质量方面、过程数据,产品阶段数据,影响力评估方法,对分析结果解释类的数据,草稿数据等。

LCA 环境影响分析过程中保持资料库中原始数据的可靠性对于项目未来的分析十分重要,如果研究人员必须要编辑数据,可以将数据从资料库复制至项目中,然后对在项目中的数据进行更改。推荐在更改的区域及时做好记录。

同时分析人员也要注意,不同的资料库中的基础数据具有一定的来源和地域应用特征,具体使用的时候要注意到这一点。在不同资料库的目标和范围说明处会标注这一特征说明,对于数据的质量也可以设置标准。分析之前需要了解清楚不同的数据库都适合应用于哪些不同的领域,LCA 环境影响分析过程中可以在分析项目中采用或剔除某个资料库,如果研究者从项目中剔除了某一个资料库,则项目分析中就无法使用该资料库中的数据,但好处在于,如果研究者后期认为有必要添加某一个资料库,也可以随时变更原来资料库的设置。

7.2　SimaPro 建模的过程

如果是初次接触 SimaPro 的研究者,一般推荐通过采用 LCA 导引模块来建立属于自己的 LCA 项目,这会极大地节约时间,同时也有助于处理复杂的全寿命周期环境影响问题,特别是当研究人员倾向于采用末点指标的情况下。

7.2.1　启动 SimaPro 9.0

一旦启动 SimaPro9.0 软件,程序会询问打开一个项目专案还是一个数据库:项目是指使用者用来开展数据收集和处理的这样一个区域;而库项目专指由 SimaPro 提供的来自于第三方的标准数据。库项目是所有项目的源泉,因此它是不支持编辑修改的,研究者可以把其中的数据链接到自己的专案项目中编辑使用。

软件开发单位建议使用者初次使用时先打开"Introduction to SimaPro",如图 7.1 所示。

打开后会进入到 LCA 浏览器界面,在浏览器界面中,左边被称为 LCA 浏览器向导,它提供了 SimaPro 所有功能的入口,浏览器窗口最上面的部分包括项目数据和数据库数据,下面工具栏中的按钮包含常用的命令(图 7.2)。

当用户在表单中输入和编辑数据过程中,体验到 SimaPro LCA 浏览器设计为用户 LCA 中的检查列表形式是比较直观易用的。然而 LCA 过程是一个迭代的过程,这意味着

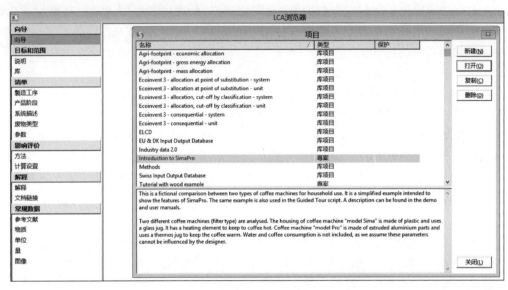

图 7.1　SimaPro 软件界面

图 7.2　SimaPro 软件功能分区

用户可能需要重新回溯评估自己之前的分析。

　　用户在建立模型开始阶段可以直接输入与自己拟分析项目中的部分关联性最紧密的数据,随后则可以通过分析结果的合理性来对项目中的数据进行多次的编辑和修改。这意味着用户可以多次使用目标和范围模块、清单模块和影响力评价模块。

7.2.2　SimaPro 模块介绍

　　首先是描述目标和范围模块,单击进入后用户会发现有多个文本区块,这一部分主要是用于描述目的和范围。SimaPro中使用不同的数据库作为储存的标准数据和标准影响力评估的方法。用户可以选择自己认为最适合的数据库用于研究。

接下来是清单模块,这部分共有5个子模块,提供用户进入流程以及制造的整个过程的分析,其中制造工序和产品阶段是SimaPro中两个最重要的子模块。系统描述主要对有些流程添加了额外的文本说明。当处理废旧原材料时,废品类型被SimaPro用作标签,详细在以后章节说明。

第三个模块是影响力评价模块,这部分主要提供影响力评价的方法,在计算建立过程中,用户可以设置项目中的全寿命周期、流程和组合哪些需要被重复性分析和比较。采用计算设置的好处在于所有的全寿命周期和组合都以同样的顺序、颜色和比例出现。

第四个模块为解释模块,当项目分析接近结束时,也到了需要得出结论和检查的时候,解释下面的文档链接子模块被作为导引,通过添加链接地址帮助使用者完善修改环节。

最后一个模块为常用数据模块,包含一些有用的辅助性表格,如文献参考、单位转换、单位和数量等。

7.2.3　输入和编辑数据

LCI阶段核心工作在于构建流程树,从而达到完整描述项目全寿命周期环境影响过程中的所有相关流程。在前章已经讨论了全寿命周期建模的复杂性以及系统边界和环境成本分担等问题。本章着重探讨如何在SimaPro软件建模过程中实现这些内容。

SimaPro数据结构方面包含两种不同的结构模块:

(1) 流程是流程树中的基础模块,包含原材料、能源、运输、处理、使用、废物场景和废物处理子流程模块,每一个子模块又包括了相关具体流程的所有环境数据以及经济性的输入和输出数据;

(2) 产品阶段不包含环境信息,但它描述了产品装配过程和全寿命周期过程。

产品阶段使用是SimaPro软件独有的强大功能特征,使用者会发现产品阶段可以定义复杂产品全寿命周期建模。

此处先解释"工序流程"的具体含义,在SimaPro中的一个工序包含以下非常完整的数据信息,如图7.3所示,远远超过传统项目LCA分析软件的范畴,包括:

(1) 环境数据和社会流,如排放到空气、水和土壤中的物质,最终的固体废弃物,非物质排放如辐射、噪声等,初级原材料的利用,造成的社会影响。

(2) 经济流,如从其他流程来的输入,从每一个流程转出的经济型输出,废弃物的进一步输出处理如污水处理厂、垃圾焚烧厂等,可避免的流程,通过扩大系统边界来解决分配问题和经济性的影响。

(3) 文本说明,可作为单独的附件用来标注记录如名称、作者、数据及评论;还可以用作系统性描述。

(4) 参数,包含常参数以及参数间的关系。

每一个工序流程根据输出在数据库指标中进行标定,工序流程可以彼此之间重新链接以创造一个新的工序流程网络(图7.4)。在SimaPro中链接定义在工序记录中,而不在用户图形界面中,这带来一个好处就是当用户想要构建一个大的工序流程结构时可以迅速、安全、高效率地保证自动链接。

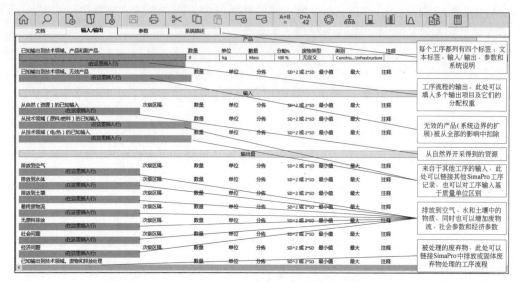

图 7.3　SimaPro 中的工序流程

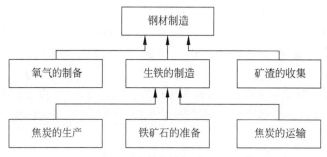

图 7.4　工序流程网络

工序流程记录基于单位工序流程来进行,即不论是单个工序流程还是系统工序流程,都将其作为单位工序流程来描述。最好将系统也描述为一个单位流程,这样可以更好地体现分析的透明性,Ecoinvent 数据库提供了两个版本:系统版本和单位流程版本。

选择一个工序流程或产品阶段后单击网络树图标,就可以网络树的形式显示该工序流程或产品阶段的全过程。在网络树流程中,每一个工序流程仅出现一次,图 7.5 显示该流程结构可以为环状,同时该流程对环境影响的量化指标也显示在每一项流程中。

一般情况下需要的工序流程已经在数据库里有了(图 7.6),使用的时候研究者可以在自己的项目和数据库的流程记录之间建立链接,不需要专门从数据库中复制流程。当然这也意味着项目研究的数据依赖于数据库,不可能在建立项目与数据库之间的流程链接的同时,项目中的流程和数据库中的流程又保持各自的独立性。

当然也可以改变数据库中的数据,但这里强烈建议复制原始记录数据到自己的项目中后再修改项目中的数据,因为任何对于数据库中数据的修改都将影响到今后其他项目的应用。在此说明有些版本的 SimaPro 用户是被限制修改数据库中的数据的。

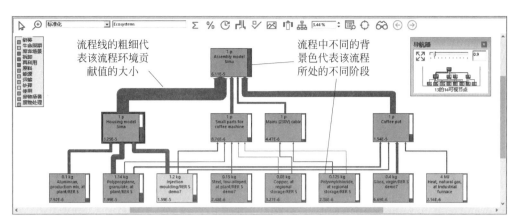

彩图 7.5

图 7.5　标准化树状工序流程图

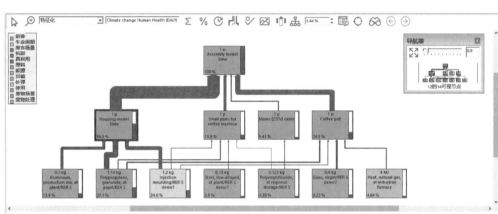

彩图 7.6

图 7.6　特征化树状工序流程图

7.2.4　产品阶段

产品阶段被用于描述产品的组装、使用阶段和产品常规的处理途径。每一个产品阶段都包含一系列的工序流程。如果定义某个产品包含 1kg 的钢材,可以给这个工序建立一个链接,即描述钢铁的制造过程和目前所拥有的数量为 1kg。有些产品阶段还可能会链接到其他产品阶段(图7.7、图7.8)。

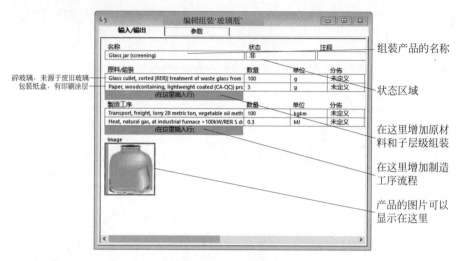

图 7.7　组装产品阶段示例

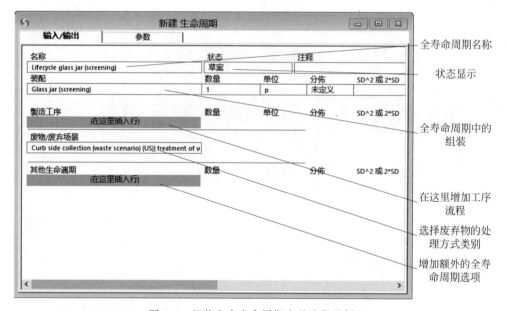

图 7.8　组装和全寿命周期产品阶段示例

产品阶段有五个不同的子模块,分别如下:

(1) 组装模块,包括原材料和子组装流程,制造、运输和能源过程。组装可以被理解为对产品从开始制造到报废回收全过程的定义。组装可以链接到其他的子组装中,从而可以通过这种方式搭建更加复杂的、拥有许多不同部件的实际工业产品或工程项目。

(2) 全寿命周期模块,这是产品阶段的核心。包括:单一总的组装(可以包括许多子组装);使用流程,如能源应用;废弃物的处理类型;其他产品/材料的全寿命周期。全寿命周期可以链接其他产品的全寿命周期,允许在产品建模过程中采用其他产品的全寿命周期模型,如电池、过滤器、轮胎或外包装等。

（3）废弃场景模块，表示的是产品在全寿命周期末期报废再利用或拆解环节。包括：一系列工序流程，表示与环境影响成本相关联的处理类型；一系列与拆解、废弃处理、再利用等产品流相关联的工序，如玻璃瓶的再利用可以表示为垃圾回收的碎玻璃再加工利用。

（4）拆解模块，表示附件的拆解，这里附件定义为系统中子组合的部件，包括：建议可被拆解的组合、与拆解作业相关联的环境影响成本工序流程、拆解的地点以及拆解的效率、残余物的处理方式和处理地点。

（5）再利用模块，表示的是可以被再利用的产品的方法，包括：与再利用有关的环境影响成本相关工序流程，与再利用有关的组合或拆解建议。

图7.9所示顶端的浅灰色子组装模块就是打印机全寿命周期模块中的一个产品组装，从中可以发现1个产品的全寿命周期至少包含：

（1）1个组装或1个子组装；

（2）1个或多个使用流程；

（3）1个或多个附属产品的全寿命周期；

（4）1个废物处理环节；

（5）其他材料的全寿命周期。

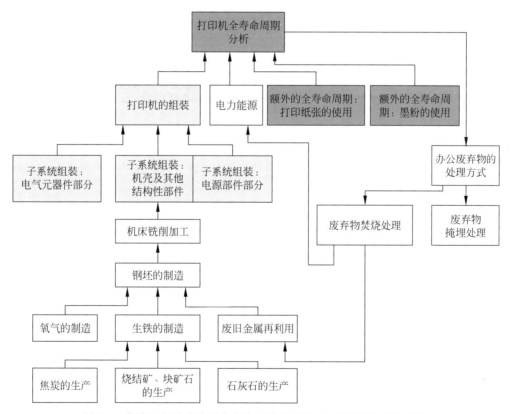

图7.9　打印机的全寿命周期方案概览（浅灰色为制造阶段，深灰色为主机和额外的LCA总项，白色为工序流程）

图 7.10 显示了简易木棚结构流程树的生成过程。

彩图 7.10

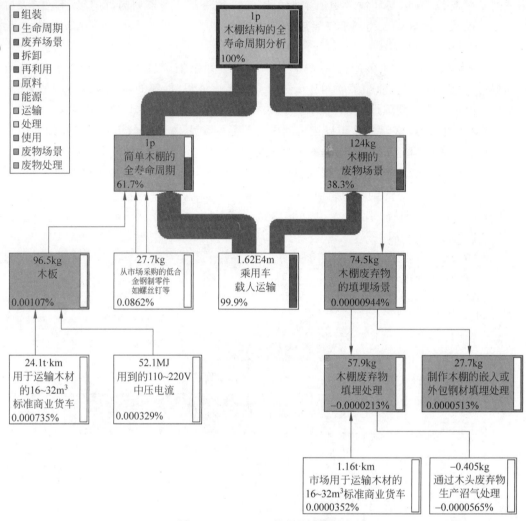

图 7.10　SimaPro 中流程树的生成

注：此处表示了一个简易木棚的全寿命周期分析流程，其中红色线条的粗细代表了
在全寿命周期中该阶段排放的温室气体占比高低

7.2.5　废物建模和处理场景

研究者普遍认为在使用 SimaPro 建模过程中，与废物有关的工作和废物处理是比较困难的。这其中一个重要的原因在于废物处理建模过程中，研究者感觉其建模流程、方式和制造模块环节是相反的。因此在处理比较复杂的废物场景的建模中，LCA 全寿命周期向导就显得异常重要。

SimaPro 内置有一套先进的工具来协助对产品报废回收阶段进行建模，由于大多数全寿命周期研究人员并不是专业从事回收行业工作，而是在产品生产部门工作，因此研究人员首先需要熟悉废物处理流程，这对于建模很重要。从某种程度上来讲，废物处理的建模比生产阶段的建模更加复杂。

废物场景和废物处理是两个子模块，这两个子模块是有区别的。废物场景指物质流动的过程，这其中产品在不同组件中分解的信息并没有包含，主要保留了废弃物中材料的信息。废物处理子模块是类似于产品组装阶段的制造过程，保留了产品在组装过程中的分解方式的信息，这意味着研究者可以对产品拆解和回收再利用全部流程建模。

比如玻璃的循环再利用，将一个玻璃瓶投入玻璃收集箱中可以在废物场景中建模，而可回收的玻璃瓶，即被清洗和重复使用的，通常要在废物处理模块中处理，并保持产品的性能。

在废物场景中(图 7.11)，一个废弃物流被分类为不同的废弃物类型，这些不同类型的废弃物再被送至废物处理流程中。废物处理记录了采用不同的废物处理方式处理废弃物(如堆填、燃烧、回收再利用、堆肥等)过程中产生的废气及其他影响。废弃物流也可以根据废弃物类型进行分类，这允许研究者根据特定的废弃物类型构建废弃物处理过程或流程。

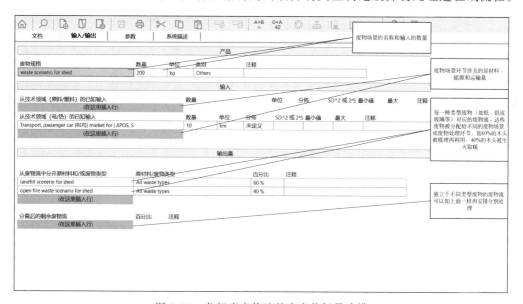

图 7.11　分解废弃物流的废弃物场景建模

垃圾焚烧时会产生许多不同的排放物。通常，LCA 的从业者想知道该产品中组成的材料以及排放物与材料之间的关联性。考虑到这一点，SimaPro 可以将废弃物分类为不同的废弃物类型或材料。废弃物类型是一个通用术语，如纸张、塑料或金属。对于废弃物建模来说，知道纸张的具体类型通常不是最重要的，因为所有种类的纸张的原子排列都是差不多的。在 SimaPro 中可以自行定义废弃物类型，你可以指定哪些材料属于哪种废弃物类型。

有了定义明确的废弃物类型，你就可以指定如何根据这些分类来划分不同类型废弃物的处理方式。例如废旧纸类型的纸张被送到称为"焚烧纸张"废物处理过程。这种废物处理规定了焚烧 1kg 纸可分配的平均排放量。同样，也可以给废弃 PVC 塑料分配一种废物处理方式，例如焚烧 PVC 塑料材料。

废弃物处理产生的排放物取决于废弃物的化学成分。如果你指定有 2kg 的 PVC 塑料被标记为废弃物类型，而其中 50% 的废弃物被焚烧，该废弃物处理即"焚烧"会接收 1kg 物料作为输入。

使用废弃物类型可以简化建模，但也会产生一些扭曲。并不是所有 PVC 塑料都使用金属铅作为稳定剂,如果你只定义了一种 PVC 塑料废弃物类型,你就看不出有或没有这种稳定剂的 PVC 塑料之间的区别。这时通常有两种解决方案:

(1) 为 PVC 塑料引入更多的废弃物类型。

(2) 完全不使用废弃物类型,而通过废弃物场景划分出废弃物流中的每一种材料。

后一种解决方案当然更精确,而且 SimaPro 也支持这种解决方案。然而,结果之一是研究者如果在数据库中定义了一种新的 PVC 塑料废弃物类型,则必须调整所有的废物场景。如何定义废物类型和废物场景取决于你期望得到的精度和实用性,最终由研究的目标和范围来确定。

7.3　软件建模中的技巧

在实际使用 SimaPro 开展某一项目的 LCA 环境影响分析过程中,研究者可以体会到在使用该软件建模过程中的每一次学习都可以不断扩展自己的环境影响建模技能,因为每一个 LCA 都有自己的具体问题,而研究者在建模过程中会不断加深对该问题的理解和应用。

因此,对该软件的使用,有一些技巧方面的建议可供研究者参考:

(1) 与其他 LCA 人员多切磋交流。如果你想与其他 LCA 从业者见面,交换意见,并向他人学习,我们建议你参加会议。在 PRé 可持续性公司(PRé Sustainability B. V. ,PSBV)网站上,研究者可以找到本专业重要会议的发布信息,你也可以会见 PRé 或其国际合作伙伴的代表。在这些会议上可以遇见许多 LCA 环境影响方面的专家,并参加各种国际合作团体,如联合国环境规划署全寿命周期倡议组织的团体。这将极大地增强研究者的国际化视野和专业技能。

(2) 参加一些 LCA 环境影响方面的培训。如果需要额外的培训,也可以访问 PRé 可持续性公司网站。了解 PRé 或 SETAC 国际合作伙伴网络提供的培训。

(3) 阅读关于 LCA 环境影响方面的专业书籍。当前许多人对 LCA 环境影响的理解似乎是相当理论化的,但实际上现在很多国际著名的大公司如苹果、华为、阿里巴巴等在研发产品过程中都高度重视采用 LCA 环境影响分析方法,因此通过阅读专业书籍,读者了解通过 SimaPro 建立属于自己的 LCA 模型很有必要。

(4) 关注本专业的核心期刊,这里推荐 2 家:《清洁制造期刊》(*The Journal of Cleaner Production*)和《全寿命周期分析国际期刊》(*The International Journal of LCA*),均为国际有影响力期刊。

(5) 由于当今世界已经进入互联网高度发达的时代,因此专业学习可以借助网络来实现,LCA 方面的网站除了上面提到的网站,还有一家非营利协会组织网站为全寿命周期评价美国中心(The American Center for Life Cycle Assessment,ACLCA)。

在此说明本书对 SimaPro 的讲解仅用于教学与科研,不涉及任何商业应用。最后提示研究者在使用 LCA 专业软件 SimaPro 过程中有任何需要帮助的地方,都可以通过 PRé 可持续性公司网站联系该软件后台、顾问或国际合作伙伴网络寻求技术支持。这将极大地解决用户的后顾之忧,也必将推进工程全寿命周期环境影响研究在全世界的发展,并最终为早日实现世界范围内的碳中和发挥巨大作用。

参考文献

[1]　National Aeronautics and Space Administration. Arctic Sea Ice reaches 2018 minimum［EB/OL］. (2018-09-01)［2021-11-01］. https://earthobservatory. nasa. gov/images/92817/arctic-sea-ice-reaches-2018-minimum.

[2]　United Nations Environment Programme Sustainable Buildings & Climate Initative. Buildings and Climate Change Summary for Decision Makers［R］. Paris：UNEP Sustainable Consumption & Production Branch,2009.

[3]　LUPÍŠEK A,VACULÍKOVÁ M,MANCÍK Š,et al. Design strategies for low embodied carbon and low embodied energy buildings：principles and examples［J］. Energy Procedia,2015,83：147-156.

[4]　BORA G,KAZI H,LAHOURPOUR S. Life cycle sustainability assessment of R. C. buildings in seismic regions［J］. Engineering Structures,2016,110：347-362.

[5]　LIUM,MI B X. Life cycle cost analysis of energy-efficient buildings subjected to earthquakes［J］. Energy and Buildings,2017,154：581-589.

[6]　TAN V W Y, SENARATNE S, LE K N, et al. Life-cycle cost analysis of green-building implementation using timber applications［J］. Journal of Cleaner Production,2017,147：458-469.

[7]　DAHMEN J,JUCHAN K,PLAMONDON O. Life cycle assessment of emergent masonry blocks［J］. Journal of Cleaner Production,2018,171：1622-1637.

[8]　COLANGELO F,ANTONELLA P. Life cycle assessment of recycled concretes：A case study in southern Italy［J］. Science of the Total Environment,2018,615：1506-1517.

[9]　NAVARRO I J. Reliability-based maintenance optimization of corrosion preventive designs under a life cycle perspective［J］. Environmental Impact Assessment Review,2019,74：23-34.

[10]　DIXIT A,DAI P S,SUNG-HOON K,et al. Lightweight structural cement composites with expanded polystyrene (EPS) for enhanced thermal insulation［J］. Cement and Concrete Composites,2019,102：185-197.

[11]　LIU C H,LUO J L,LI QY,et al. Water-resistance properties of high-belite sulphoaluminate cement-based ultra-light foamed concrete treated with different water repellents［J］. Construction and Building Materials,2019,228：1167-1198.

[12]　CRAWFORD R H,BONTINCK P A. Hybrid life cycle inventory methods：A review［J］. Journal of Cleaner Production,2018,172：1273-1288.

[13]　DE SCHRYVER A,GOEDKOOP M,ALVARADO C,et al. SimaPro training-effective LCA with SimaPro［R］. Amsterdam：PRé Consultants,2008.

第8章

建筑工程全寿命周期环境成本分析

全球变暖被认为是人类社会目前面临最大的环境挑战之一。在不同的温室气体排放来源中,建筑被认为是导致全球温室气体激增的关键因素,根据《联合国环境公约》的统计数据,建筑房屋消耗了全球40%的初级能源和原材料,排放近1/3的温室气体[1]。在中国近年来城市大规模建设,特别在过去十几年各个城市兴建了大批的小高层、高层和超高层建筑,这一类建筑群被认为可以有效提高土地的利用率,但同时这一类高层建筑相比较以往的低层建筑,在单位建筑面积全寿命周期过程(设计勘察、施工建造、运营管理及报废拆除回收阶段)中所消耗的能源和材料也大幅度增加了。从建筑产业长期可持续性发展、降低能源消耗和温室气体排放的大趋势来看,对于国内这些广泛存在的小高层建筑开展全寿命周期综合分析(安全经济、环境、能源和社会影响)并探讨降低建筑环境和能耗成本的策略就显得非常有必要。

研究表明,对于普通的办公楼而言,其运营阶段将排放出占其全寿命周期66%的温室气体,建设阶段仅排放27%的温室气体,报废回收阶段排放不到7%的温室气体[2]。但这组数据并不适用于所有国家,比如我国很多城市的办公楼实际的运营年限往往只有25~30年,甚至更少,这导致建设阶段其内含碳排放量占比达到50%。同时随着近年来节能设备的技术进步,建设阶段碳排放量占比进一步相对增加,因此研究如何减少建设阶段碳排放量也重新成为了学者研究的重点。

8.1 建筑工程全寿命周期环境成本概述

目前的学术圈通常倾向于讨论可以清晰得到答案或结论的研究,对于无法给出确定性研究结论或答案的研究,一类学者选择忽略或者无视,另外一类学者认为该问题并不重要,不值得研究。这种情况在目前的土木工程界尤其普遍,比如社会上曾热议的虎门大桥震颤问题,引起了社会和学者的高度关注,无论是结构受力问题还是变形问题,这都属于目前土木工程学界可以掌握的建筑结构极限承载能力研究领域,学者已经对这一类短期性问题进行了大量的研究,易于得到清晰而明确的解答。

但问题的研究往往是一分为二的,有可以清晰解答的问题,也有至少在目前还较难得到明确和清晰解答的问题,诸如:大型的基础设施、交通、桥梁、城市建筑群在其全寿命周期内到底对周围环境排放了多少温室气体,造成了多大的影响,这种影响应该采取何种方法来量化评价,环境污染和交通流造成的噪声对身居其中的群众身心造成多大的损伤,这种社会成本应该如何准确地评价,桥梁的使用导致的污染排放物增加到底对周边民众身体健康造成了多大的损害,等等。这些问题具有以下几个特点:①这一类问题通常是肉眼或仪器难以立刻辨识或观察到的,而结构的变形、速度、加速度变化通常都是可以观察到并容易量化评价的;②这一类问题通常都是长期性的问题,可能会持续几十年甚至数百年。而人类通常对于短时间内如几秒、几小时、几天内就发生明显变化的现象明显更感兴趣。对于此类无法准确度量和表征的长期性问题,因为难以迅速得出成果,所以现在的国内学者通常倾向于采取无视或忽略的态度,进而演化出一种普遍存在的学术歧视心态,认为无论生物、化工、能源还是建筑工程只有研究短期变化的成果才是有意义和重要的,那些研究工程全寿命周期这类长期性的研究都是虚无的、无用的,远远没有短期性变化研究成果来得重要。

在目前国内外每年举行的大量土木工程学术会议中,极少有聚焦于土木建筑长期性问题的专业会议,也很少在会议中听到有学者开展工程长期性研究工作并取得卓有成效成果的。这种现象一方面反映出国内学者在研究选题上普遍的急功近利,在社会功利的压力下更多人选择出成果快的方向去研究,另一方面也反映出工程全寿命周期问题的艰深复杂性,目前还没有找到有效的办法来完全解决这一类长期性问题。但回避或者忽略并不表示工程全寿命周期问题不存在或者工程全寿命周期综合影响的问题无足轻重。

100多年前内燃机刚出现时,尽管喷出来的黑烟滚滚,但当时没有人认为其对环境能造成多大的影响,然而现在燃油技术和发动机技术已经"进化"到很高的水平,车辆喷出来的尾气肉眼几乎不可见了,为什么造成的影响却反而不容忽视了呢?答案当然是经过100多年长期积累量变已经发生了质变,并且质变已经发展到不但会影响全球的气候变化,也会对个人的身体健康、心理变化产生方方面面的不利影响。这从一个侧面告诉学者,对于工程的长期性研究并非无足轻重。一个学术生态圈里如果只重视短期性能研究,而轻视工程的长期性研究是不完整的。

由于钢筋混凝土建筑是近百年来人类兴建的最主要建筑结构类型,大规模的土木工程建设已经成为引起全球温室气体效应的主要诱因,导致过去几十年有历史记录以来剧烈的全球气候变化,极端气候所导致的如地震、台风、洪水、酷热、干旱等自然灾害层出不穷。2021年6月,美国西北部和加拿大西部地区经历了前所未有的持续热浪袭击。"这是一股异常危险的热浪。"世界气象组织的发言人努利斯说,"这些曾经保持凉爽气候的地区,如今每天气温高达45℃"。他预测随着全球气温升高,不寻常的天气模式将会变得更加普遍[3]。坦率地讲,目前的学界对于温室气体所导致的极端自然灾害增加的严重后果,可能认识远远不够,这反映在相关学术刊物的影响因子、发表论文的数量、从事研究的学者人数以及受资助的课题数量并不多。这些极端气候现象到底是短暂的,还是一场大规模极端自然灾难的开始,学界目前没有统一明确的结论,由于缺乏各个专业的长期性的、系统的全寿命周期基础研究,未来一旦出现极端热浪叠加高湿度气候,将严重威胁到包括中国华南地区在内的全球所有低纬度热带滨海地区人类的生活甚至生命安全,而中国华南地区是重要的工业制造业基地,如果不对相关领域提前开展工程全寿命周期综合影响和气候环境评价长期性、系统性跟踪研究,提前实施相关的预防措施,则极端气候有可能将严重威胁中国制造产业的发展。这样一种滞后的整体现状尤其令人担忧,因为气候变化一定是大范围、跨国界的,这需要各国政府真正联合起来才可能予以改变,从而真正解决人类无节制地向大气中排放温室气体所带来的长期严重性问题。从经济政策上来讲，未来可能不仅仅只是实行碳排放政策，还可能会进一步推出碳税和碳货币政策，以碳货币取代目前各国的实体或虚拟货币，通过碳货币实现对多排放温室气体个人或公司的奖惩，但目前工程全寿命周期环境影响方面研究的学者还不多，这方面的国外成果也非常有限。

工程项目的全寿命周期分析评价在不同时期对此类研究的内涵有不同的理解和定义，该研究也一直在发展之中，以往学者在做工程全寿命周期的分析评价时只侧重于结构和材料的受力性能和耐久性长期劣化的研究，这一类研究大多会结合工程所在地的环境气候、温湿度的变迁来做综合性的长期研究，这反映了一部分学者对于工程全寿命周期综合性能的理解。近十年来对于工程全寿命周期的综合分析更倾向于考虑建筑结构在建造、运营和报废回收阶段的环境影响，这种环境影响不仅仅只包含温室气体排放量，还包括各种粉尘对于人类的健康损害、各种化学物质对于土壤和海洋水体的酸化等长期不利性环境影响。

当然由于土木工程对于地球生态圈所造成的影响比较复杂，目前的研究还是主要聚焦在 CO_2 的排放评估上，关于这一领域主要涉及四个方面：绿色技术、CO_2 排放政策、建筑材料、房屋构造的全寿命周期分析。

绿色技术是近年来国内非常流行的行业技术潮流，如绿色建筑、绿色建材、绿色能源等。绿色技术一直被看作节能减排最有力的技术措施，但目前存在的问题是对绿色技术的界定缺乏严格的标准和统一的绿色技术认证体系，或者可以理解为只要某一项技术相比较现有技术在节能减排方面有所改进，就可以定义为绿色技术，如天然气汽车和氢燃料汽车。显然天然气相较汽油、柴油已经大幅减少了温室气体的排放，而氢燃料单纯看燃烧的话是零排放，但制氢的过程其实是需要耗费大量的电力，目前我国国内电力能源 70% 以上来自于火力煤炭发电[4]，因此综合来讲所谓的绿色技术只是部分降低了温室气体排放量或者节约了部分能源消耗，从地球总的生态环境来看，目前的绿色技术并不能够减少 CO_2 的排放总量，只是延缓了温室气体总量增加的速度，这显然不能够逆转目前整个地球生态圈温室气体总量增加的现状(表 8.1)。

表 8.1　2021 年 1～5 月中国发电量数据分析[4]

电力来源	发电量/×10⁸kW·h	占比/%	同比增速/%
总发电量	31772.3	100	14.9
火力发电	23417.2	73.7	16.0
水力发电	3684.8	11.6	3.8
风力发电	2382.3	7.5	26.7
核能发电	1592.1	5.0	13.9
太阳能发电	694.6	2.2	7.9

由于地球的大气层空间是有限的，可容纳和降解的污染物总量也是有限的，地球的资源也是有限的。只有减少碳排放，才可以维持整个经济的长期可持续发展，因此，近年来各国政府高度重视制定一个可操作、可执行的碳排放计算、追踪、交易可持续体系，在这一体系中各行各业的具体碳排放量与碳价格、碳交易税率直接挂钩，通过经济杠杆来控制碳排放总量是这个政策的初衷。

为落实这一宏大的计划，近年来诸多的土木工程学者在工程碳排放计算方面展开了研究,如一些学者致力于研究不同的因素对于高层混凝土建筑结构碳排放的影响,研究发现预制装配式混凝土较现浇混凝土可减少 5% 的 CO_2 排放量;增加木材在房屋结构中的使用可以减少碳排放。由于只有将环境影响和温室气体排放的因素考虑进土木工程设计、建造、运营和报废回收全过程中,才可以全面反映土木工程对地球生态系统的长期影响,所以近年来诸多学者将全寿命周期的概念引入到土木工程环境影响研究中来,通过在全寿命周期研究中考虑碳排放政策来实现工程设计过程中对环境更友好的建筑材料和产品设计的评估和优化。工程全寿命周期研究可以在全寿命周期跨度内识别出对环境影响最显著的因素,同时也可以定量化地描述出低能耗建筑相比较传统建筑在全寿命周期内的巨大能耗差异。土木建筑工程的特点在于对环境的影响性远大于其对能源消耗的影响。国外一些学者近年来陆续研究了土木工程建造和运营期间的环境影响和能耗水平,但最后报废回收阶段被认为是工程全寿命周期中最难以分析的,且简化处理的方式被广泛地应用在这一阶段,如假定建筑材料的 70% 被回收再利用,而 30% 的建筑材料被作为建筑垃圾填埋处理。

　　建筑房屋中的 CO_2 排放量的具体计算方法,在过去十年中也在不断发展,如 Huang 等[5] 发展出一种量化评估 CO_2 足迹的建筑房屋全寿命周期模型;Azzouz 等[6] 强调了在房屋早期设计决策中使用全寿命周期评价的重要性;Li 等[7] 提出了模拟和优化现浇混凝土施工中减少 CO_2 排放量的模型方法;Schmidt 等[8] 通过建立考虑全寿命周期成本和全寿命周期温室气体评估流程来尝试建立低碳且价格合理的建筑环境;Jaehun[9] 发展了建立优化结构单元数量的模型;另外建筑信息模型也尝试建立建筑的 CO_2 排放模型。

　　中国建筑节能协会 2021 年 2 月发布了《中国建筑能耗研究报告(2020)》[10],报告开篇部分坦陈:“当前中国建筑节能数据量化工作还存在短板:缺乏建筑全寿命周期能耗和碳排放数据。随着我国城乡建设持续大规模推进,建筑材料的生产、建筑施工环节消耗了大量能源,产生了大量的碳排放,建筑领域对这部分的能源消耗和碳排放缺乏系统研究和可靠的监测数据支撑”。报告列出了 2005—2018 年我国建筑全寿命周期碳排放总量估算统计值(图 8.1)。

彩图 8.1

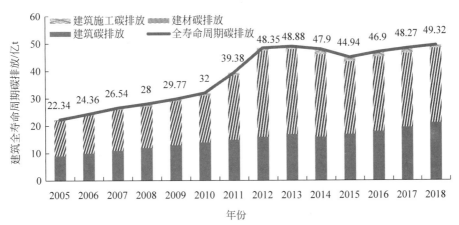

图 8.1　我国建筑全寿命周期碳排放变化趋势(2005—2018 年)

　　2018 年全国建筑运行阶段碳排放量为 21.1 亿 t CO_2,占全国能源碳排放的比重为 21.9%,如图 8.2 所示,公共建筑碳排放 7.84 亿 t CO_2,占比 37.1%,单位面积碳排放 60.78kg CO_2/m^2;城镇居住建筑碳排放 8.91 亿 t CO_2,占比 42.2%,单位面积碳排放 29.02kg CO_2/m^2;

农村居住建筑碳排放 4.37 亿 t CO_2，占比 20.7%，单位面积碳排放 18.36kg CO_2/m^2。

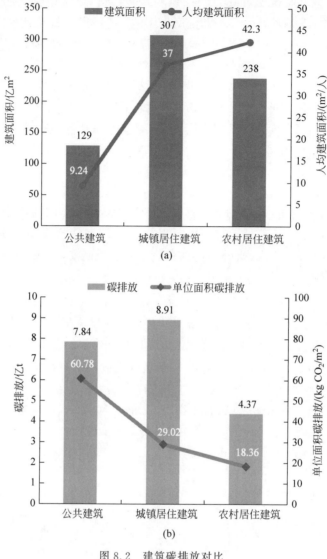

图 8.2   建筑碳排放对比

(a) 建筑面积及人均值；(b) 碳排放及人均值

综上所述，工程全寿命周期环境和能耗分析存在较多的条件假设和清单级的差异，缺乏统一的计算方法和评价标准。目前在世界范围内，针对不同类型的钢筋混凝土结构开展全寿命周期环境和能耗方面的对比性能评价研究仍然比较缺乏。有必要开展更多的土木工程建筑结构全寿命周期综合性能分析以指导土木工程朝着低碳环保和绿色可持续方向前进。

8.2   典型结构选型及比较

在中国近十多年来城市兴建了大量的小高层建筑，这些建筑层数在 12~30 层的居多，建筑总高度在 30~60m 的占新建建筑的 70% 以上。它们在城市中大多被当作办公楼、商业写字楼、居民住宅、医院和学校的办公楼或学生公寓来使用，对这类建筑开展工程全寿命周期环境影响研究具有广泛的代表性。在国内项目业主通常只关心项目的经济成本，很少有业主关注项目全寿命周期环境成本、能耗成本、社会心理成本。这往往是由于国家或政府的政策规划制订滞后、实施不到位或政府的监督职责不到位。一个项目从立项规划阶段缺乏全局和全寿命周期的科学建设思想，往往会导致项目建设后期使用和维护成本开支增加或者对环境造成过大的隐性不利影响，所有这些问题都要求建设者或者规划者在项目建设早期就要建立科学、完整的全寿命周期环境影响设计思想。

　　基于以上的考虑，研究的目的在于探讨如何开展工程项目的全寿命周期环境影响评价，并探讨不同的材料和构件形式对该类型小高层建筑长期环境和能耗成本造成的影响差异。因此研究中以 15 层建筑为例，在此重点开展了基于同一个基本建筑结构形式下由 5 种不同主流的材料、构件组成的建筑（钢-混框架结构（简称：框架结构）、钢混框架-剪力墙结构（简称：剪力墙结构）、钢混框架斜撑阻尼消能结构（简称：消能结构）、钢框架结构（简称：钢结构）、钢管混凝土组合结构（简称：组合结构））全寿命周期综合对比分析。研究中充分考虑到该类结构弹塑性计算的有效性和复杂性，所选取的典型框架结构平面如图 8.3 和图 8.4 所示。

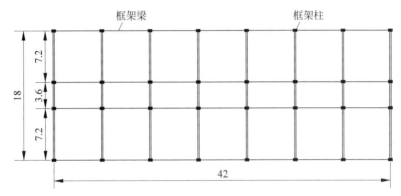

图 8.3　选取的钢混框架结构、钢混斜撑消能结构、钢结构、钢管混凝土组合结构平面图（单位：m）

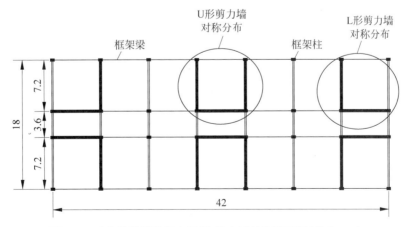

图 8.4　对应的钢筋混凝土框架-剪力墙结构平面图（单位：m）

　　针对这一建筑结构形式下 5 种不同材料、构件组成的建筑结构全寿命周期环境、能耗成本对比分析,该类型建筑结构统一采用了对称七榀三跨平面布局,柱截面取值范围在 $0.5m \times 0.5m \sim 0.7m \times 0.7m$,梁截面尺寸为 $0.50m \times 0.25m \sim 0.60m \times 0.30m$,其中钢筋混凝土框架结构取上限值,剪力墙结构取下限值。各层楼板厚取 120mm,剪力墙厚度 0.3m,结构首两层层高取 4.4m,三层以上取为 3.6m,结构层数取 15 层,纵向进深柱跨距分别取为 7.2m、3.6m 和 7.2m,横向开间跨距为 6m,整个典型建筑长 42m,其中在纵向的第一、四、七跨和横向的第一、三跨之间布置剪力墙或者消能阻尼设备,因此整个结构在平立面都是对称的,柱间维护墙计算时只考虑其对结构的竖向荷载,由于砌体结构的脆性其对结构侧向抗力的贡献忽略不考虑。

　　为了准确评估这类公共框架结构的易损性,包含集中质量的三维纤维模型被建立,如图 8.5 和图 8.6 所示,带塑性单元的三维有限元模型同时考虑了材料和几何非线性,对于钢筋混凝土结构取 5% 整体阻尼比,钢结构取 2% 整体阻尼比。

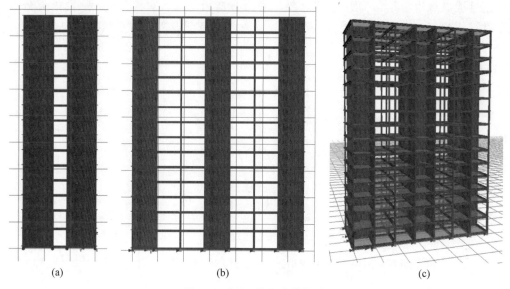

(a) 　　　　　　　　　　(b) 　　　　　　　　　　(c)

图 8.5　框架-剪力墙结构图
(a) 侧面图;(b) 前立面图;(c) 三维结构图

　　框架柱截面包含了 12 根 $\phi 28 \sim \phi 40$ 纵向受力钢筋,柱配筋率控制在 1.8% 左右;框架梁截面分为跨中截面和梁端截面,其中跨中截面包含 4 根 $\phi 25$ 受力筋和 3 根 $\phi 18$ 构造筋,梁端截面同样包含 4 根 $\phi 25$ 受力筋和 2 根 $\phi 18$ 构造筋,因此梁截面配筋率控制在 1.4% ~ 1.6%,箍筋为 8~10mm 并沿柱梁全长布置,柱及梁跨中箍筋间距为 200mm,梁端及梁柱节点加密区箍筋间距取 100mm,以上取值都参考了我国建筑抗震规范按照三级框架要求设计取值,如图 8.7 所示。钢结构和组合结构采用了 Q345 级低合金高强度结构钢,类型包括:H 型钢、工字型钢及焊缝钢管。

　　重力荷载包括固定荷载和活荷载,固定荷载已经包括了砌体墙以及楼面板的重量,活荷载包括人和设备等重量,楼面活荷载取 $2.5kN/m^2$,屋面活荷载取 $0.5kN/m^2$,雪荷载随机取 $0.15 \sim 0.3kN/m^2$,考虑到计算简化,侧向风荷载忽略不计。

　　混凝土材料取 C30,采用 Madas 提出的单轴向非线性常约束模型来模拟混凝土材料,

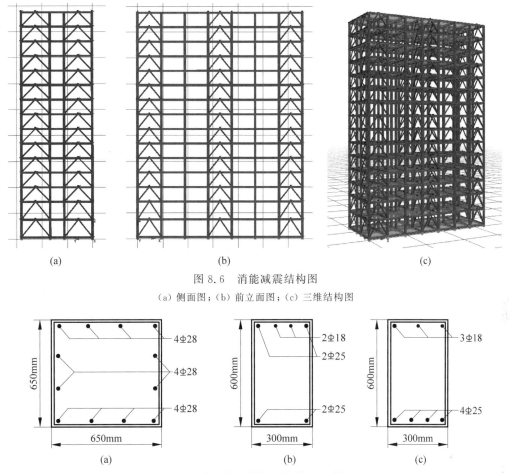

图 8.6 消能减震结构图

(a)侧面图;(b)前立面图;(c)三维结构图

图 8.7 典型框架结构梁柱截面配筋图

(a)柱截面配筋;(b)梁端截面配筋;(c)梁中截面配筋

钢筋选用 HRB335,本书采用考虑应变硬化的 Menegotto-Pinto 模型来模拟钢筋材料。材料统计值假定服从正态分布,标准偏差 0.3。

这五类建筑结构(框架结构、剪力墙结构、钢结构、组合结构及消能结构)的最大自振周期分别为 1.995s、2.391s、2.095s、1.625s、2.02s。计算结果列表如表 8.2 所示。

表 8.2 五类建筑结构自然振动周期对比   s

振型	框架结构	剪力墙结构	钢结构	组合结构	消能结构
1	1.995	2.391	2.095	1.625	2.020
2	1.816	2.337	1.775	1.462	1.925
3	1.809	2.320	1.438	1.460	1.833
4	0.647	0.537	0.687	0.530	0.650
5	0.593	0.495	0.582	0.481	0.625
6	0.592	0.419	0.470	0.480	0.592
7	0.360	0.223	0.390	0.293	0.359
8	0.342	0.213	0.336	0.276	0.352
9	0.338	0.209	0.272	0.274	0.332
10	0.246	0.200	0.268	0.203	0.245

8.3　抗震性能及经济性能对比评估

　　研究中出于对比的目的,比选了五类常见建筑结构全寿命周期综合成本下的性能。因此,研究中基于静态推覆分析和动力时程分析,将这五种不同类型材料构件组成的建筑结构在同一地震作用下的抗力性能调配至大致同一水平,如图 8.8 和图 8.9 所示。研究中将不同级别地震波基于我国地震反应谱拟合至同一地震抗力性能水平,从图中可见在所选典型中震级别 EIcentro 地震波的作用下,五类建筑结构的最大层间位移角在 1‰ 上下,基本处于同一损伤水平。将所选建筑结构抗震能力调整至同一水平后再对结构全寿命周期综合成本(经济成本、环境成本、能耗成本)展开了全面的分析比较。

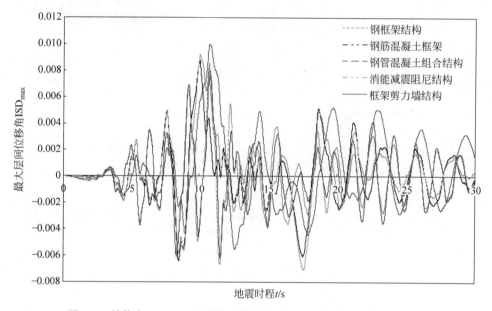

图 8.8　结构在 EIcentro 地震波下的最大层间位移角地震损伤变形对比

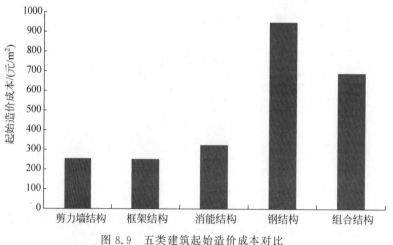

图 8.9　五类建筑起始造价成本对比

　　这五类不同构件形式的小高层建筑结构的主材造价对比如表8.3所示。在经济性成本计算中不同主材计价成本默认包含运输成本。

表 8.3a　五类典型结构主材造价对比表(以 15 层结构为例)

序号	类型		剪力墙结构	框架结构	消能结构
1	柱	钢筋	$0.167\mathrm{m}^3 \times 32 \times 7.8\mathrm{t/m}^3 =$ 41.68t 1~2 层柱配筋：$\Phi 25 \times 4 +$ $\Phi 18 \times 4$ 3~15 层柱配筋：$\Phi 25 \times 4 +$ $\Phi 18 \times 4$	$0.421\mathrm{m}^3 \times 32 \times 7.8\mathrm{t/m}^3 =$ 105.08t 1~2 层柱配筋：$\Phi 32 \times 4 +$ $\Phi 28 \times 8$ 3~15 层柱配筋：$\Phi 28 \times 12$	$0.367\mathrm{m}^3 \times 32 \times 7.8\mathrm{t/m}^3 =$ 91.60t 1~2 层柱配筋：$\Phi 28 \times 12$ 3~15 层柱配筋：$\Phi 28 \times 4 + \Phi 25 \times 8$
		混凝土	消耗混凝土总量为： $9.813\mathrm{m}^3 \times 32 = 314.02\mathrm{m}^3$ 1~2 层柱截面 0.5m×0.5m; 3~15 层柱截面 0.4m×0.4m	消耗混凝土总量为： $24.33\mathrm{m}^3 \times 32 = 778.56\mathrm{m}^3$ 1~2 层柱截面 0.7m×0.7m; 3~15 层柱截面 0.65m×0.65m	消耗混凝土总量为： $20.777\mathrm{m}^3 \times 32 = 664.86\mathrm{m}^3$ 1~2 层柱截面 0.65m× 0.65m;3~15 层柱截面 0.6m×0.6m
2	梁	钢筋	$0.608\mathrm{m}^3 \times 15 \times 7.8\mathrm{t/m}^3 =$ 71.14t 梁配筋：$\Phi 18 \times 8 + \Phi 12 \times 2$	$0.703\mathrm{m}^3 \times 15 \times 7.8\mathrm{t/m}^3 =$ 82.25t 梁配筋：$\Phi 25 \times 4 + \Phi 18 \times 2(3)$	$0.622\mathrm{m}^3 \times 15 \times 7.8\mathrm{t/m}^3 =$ 72.77t 梁配筋：$\Phi 20 \times 7 + \Phi 12 \times 2$
		混凝土	消耗混凝土总量为： $0.1375\mathrm{m}^2 \times (39.2\mathrm{m} \times 4 + 16.8\mathrm{m} \times 8) \times 15 = 600.60\mathrm{m}^3$ 梁截面：$0.25\mathrm{m} \times 0.55\mathrm{m} = 0.1375\mathrm{m}^2$	消耗混凝土总量为： $0.18\mathrm{m}^2 \times (37.8\mathrm{m} \times 4 + 16.2\mathrm{m} \times 8) \times 15 \approx 758.16\mathrm{m}^3$ 梁截面：$0.3\mathrm{m} \times 0.6\mathrm{m} = 0.18\mathrm{m}^2$	消耗混凝土总量为： $0.1375\mathrm{m}^2 \times (37.8\mathrm{m} \times 4 + 16.2\mathrm{m} \times 8) \times 15 = 579.15\mathrm{m}^3$ 梁截面：$0.25\mathrm{m} \times 0.55\mathrm{m} = 0.1375\mathrm{m}^2$
3	板	钢筋	$1325.72\mathrm{m}^3 \times 0.01 \times 7.8\mathrm{t/m}^3 =$ 103.41t 板配筋按照 1% 考虑	$1207.19\mathrm{m}^3 \times 0.01 \times 7.8\mathrm{t/m}^3 =$ 94.16t 板配筋按照 1% 考虑	$1231.41\mathrm{m}^3 \times 0.01 \times 7.8\mathrm{t/m}^3 = 96.05\mathrm{t}$ 板配筋按照 1% 考虑
		混凝土	消耗混凝土总量为： $0.12\mathrm{m} \times (18\mathrm{m} \times 42\mathrm{m} - 14.37\mathrm{m}^2 - 5.12\mathrm{m}^2) \times 15 = 1325.72\mathrm{m}^3$ 板厚：0.12m	消耗混凝土总量为： $0.12\mathrm{m} \times (18\mathrm{m} \times 42\mathrm{m} - 35.91\mathrm{m}^2 - 35.91\mathrm{m}^2 - 13.52\mathrm{m}^2) \times 15 = 1207.19\mathrm{m}^3$ 板厚：0.12m	消耗混凝土总量为： $0.12\mathrm{m} \times (18\mathrm{m} \times 42\mathrm{m} - 60.36\mathrm{m}^2 - 11.52\mathrm{m}^2) \times 15 = 1232.42\mathrm{m}^3$ 板厚：0.12m
4	剪力墙	钢筋	$842.16\mathrm{m}^3 \times 0.015 \times 7.8\mathrm{t/m}^3 =$ 98.53t	无	无
		混凝土	消耗混凝土总量为： $0.2\mathrm{m} \times (5.6\mathrm{m} \times 6 + 6.8\mathrm{m} \times 8) \times 47.85\mathrm{m} = 842.16\mathrm{m}^3$ 剪力墙厚：0.2m	无	无,但增加斜撑消能杆工字型钢(300mm× 200mm×15mm)： $0.0105\mathrm{m}^2 \times (5.09\mathrm{m} \times 16 \times 15 + 4.69\mathrm{m} \times 12 \times 15) \times 7.8\mathrm{t/m}^3 = 169.19\mathrm{t}$ 低屈服软钢板消能器 210 个(21t)

序号	类型		剪力墙结构	框架结构	消能结构
5	隔墙	砌体	砌体总量：2916.94m³× 1.2t/m³=3500.32t 砌体体积为： 0.3m×（39.2m×4+16.8m× 8-88m）×47.85m=2916.94m³ 砌体可采用空心混凝土砌体 或砖砌体	砌体总重：3880.89m³× 1.2t/m³=4657.07t 砌体体积为： 0.3m×（37.45m×4+16.05m× 8）×46.5m=3880.89m³ 砌体可采用空心混凝土砌体 或砖砌体	砌体总重：2955.45m³× 1.2t/m³=3546.53 t 砌体体积为： 0.3m×（37.8m×4+ 16.2m×8-68.94m）× 46.5m=2955.45m³ 砌体可采用空心混凝土 砌体或砖砌体
6	钢材总量		41.68t+71.14t+103.41t+ 98.53t=314.76t	105.08t+82.25t+94.16t= 281.49t	91.60t+72.77t+96.05t+ 169.19t+21t=450.61t
7	混凝土 总量		314.02m³+600.60m³+ 1242.94m³+842.16m³= 2999.72m³	778.56m³+758.16m³+ 1207.19m³=2743.91m³	664.86m³+579.15m³+ 1232.42m³=2476.43m³
8	钢材造价		314.76t×4000 元/t= 1259040 元 1259040 元÷11340m²= 111.03 元/m²	281.49t×4000 元/t= 1125960 元 1125960 元÷11340m²= 99.29 元/m²	450.61t×4000 元/t= 1802440 元 1802440 元÷11340m²= 158.95 元/m²
9	混凝土 造价		2999.72m³×350 元/m³= 1049902 元 1049902 元÷11340m²= 92.58 元/m²	2743.91m³×350 元/m³= 960368 元 960368 元÷11340 元/m²= 84.69 元/m²	2476.43m³×350 元/m³= 866750.5 元 866750.5 元÷11340m²= 76.43 元/m²
10	主材总 造价		203.61 元/m²×11340m²+ 2916.94m³×200 元/m³= 2892325 元	183.98 元/m²×11340m²+ 3880.89m³×200 元/m³= 2862511 元	235.38 元/m²×11340m²+ 2955.45m³×200 元/m³+ 2000 元/个×210 个支座= 3680299 元
	造价		255.06 元/m²	252.43 元/m²	324.54 元/m²

注：建筑总面积11340m²，钢材容重7.8t/m³。

表 8.3b　五类典型结构主材造价对比表（以 15 层结构为例）

序号	构件类型 /材料		钢　结　构	组　合　结　构
1	柱	钢	4.208m³×32×7.8t/m³=1050.32t 1～15 层 H 型钢柱：HW600mm× 500mm×50mm	1.057m³×32×7.8t/m³=263.83t 1～15 层钢管柱：Φ650mm×18mm
		混凝土	无	消耗混凝土总量为： 18.61m³×32=595.52m³ 1～15 层柱截面 0.65m×0.65m

续表

序号	构件类型/材料		钢　结　构	组　合　结　构
2	工字钢梁	钢	钢材总量为： $0.038\text{m}^2 \times (37.8\text{m} \times 4 + 16.2\text{m} \times 8) \times$ $15 \times 7.8\text{t/m}^3 = 1248.44\text{t}$ 工字型钢梁 500mm－300mm－30mm－40mm 截面面积：0.038m^2（考虑 3％损耗）	钢材总量为： $0.038\text{m}^2 \times (37.8\text{m} \times 4 + 16.2\text{m} \times 8) \times$ $15 \times 7.8\text{t/m}^3 = 1248.44\text{t}$ 工字型钢梁 500mm－300mm－30mm－40mm 截面面积：0.038m^2（考虑 3％损耗）
3	板	钢筋	$1207.19\text{m}^3 \times 0.01 \times 7.8\text{t/m}^3 = 94.16\text{t}$ 板配筋按照 1％考虑	$1207.19\text{m}^3 \times 0.01 \times 7.8\text{t/m}^3 = 94.16\text{t}$ 板配筋按照 1％考虑
		混凝土	消耗混凝土总量为： $0.12\text{m} \times (18\text{m} \times 42\text{m} - 35.91\text{m}^2 - 35.91\text{m}^2 - 13.52\text{m}^2) \times 15 = 1207.19\text{m}^3$ 板厚：0.12m	消耗混凝土总量为： $0.12\text{m} \times (18\text{m} \times 42\text{m} - 35.91\text{m}^2 - 35.91\text{m}^2 - 13.52\text{m}^2) \times 15 = 1207.19\text{m}^3$ 板厚：0.12m
4	剪力墙	钢筋	无	无
		混凝土	无	无
5	隔墙	砌体	砌体总重：$3880.89\text{m}^3 \times 1.2\text{t/m}^3 = 4657.07\text{t}$ 砌体体积为： $0.3\text{m} \times (37.45\text{m} \times 4 + 16.05\text{m} \times 8) \times 46.5\text{m} = 3880.89\text{m}^3$ 砌体可采用空心混凝土砌体或砖砌体	砌体总重：$3880.89\text{m}^3 \times 1.2\text{t/m}^3 = 4657.07\text{t}$ 砌体体积为： $0.3\text{m} \times (37.45\text{m} \times 4 + 16.05\text{m} \times 8) \times 46.5\text{m} = 3880.89\text{m}^3$ 砌体可采用空心混凝土砌体或砖砌体
6	钢材总量		$1050.32\text{t} + 1248.44\text{t} + 94.16\text{t} = 2392.92\text{t}$	$263.83\text{t} + 1248.44\text{t} + 94.16\text{t} = 1606.43\text{t}$
7	混凝土总量		1207.19m^3	$595.52\text{m}^3 + 1207.19\text{m}^3 = 1802.71\text{m}^3$
8	钢材造价		$2392.92\text{t} \times 4000\text{ 元/t} = 9571680\text{ 元}$ $9571680\text{ 元} \div 11340\text{m}^2 = 844.06\text{ 元/m}^2$	$1606.43\text{t} \times 4000\text{ 元/t} = 6425720\text{ 元}$ $6425720\text{ 元} \div 11340\text{m}^2 = 566.64\text{ 元/m}^2$
9	混凝土造价		$1207.19\text{m}^3 \times 350\text{ 元/m}^3 = 422516\text{ 元}$ $422516\text{ 元} \div 11340\text{m}^2 = 37.26\text{ 元/m}^2$	$1802.71\text{m}^3 \times 350\text{ 元/m}^3 = 630948.5\text{ 元}$ $630948.5\text{ 元} \div 11340\text{m}^2 = 55.64\text{ 元/m}^2$
10	主材总造价		$881.32\text{ 元/m}^2 \times 11340\text{m}^2 + 3880.89\text{m}^3 \times 200\text{ 元/m}^3 = 10770347\text{ 元}$	$622.28\text{ 元/m}^2 \times 11340\text{m}^2 + 3880.89\text{m}^3 \times 200\text{ 元/m}^3 = 7832833\text{ 元}$
	平米造价		949.77 元	690.73 元

如图 8.9 所示钢结构的主材造价最高,达到 949.77 元/m²,其次是组合结构 690.73 元/m²,框架结构与剪力墙结构消耗的主材造价最低,只有钢结构的 1/4～1/3,并且均小于消能结构的主材造价。考虑到实际施工的难易度以及复杂程度,框架结构比剪力墙结构房屋的造价稍低,而消能结构房屋的耗能效果较好,造价适中。

钢结构和组合结构抗震性能良好,但钢材价格较高导致主材成本大幅增加,近年来各种形式新颖的钢-混凝土组合结构不断涌现,这一类新型组合结构无不例外地满足了国内近年来大力发展装配式建筑的需求,组合结构大致具有以下特点:①可以提前在工厂预制,保证了施工现场的干作业环境;②减少了人力资源的耗费,有利于提高生产效率;③组合结构随着含钢率的增大,结构的抗震性能不断提高,但同时也需要注意随着含钢率的提高,结构整体的环境成本即温室气体排放量也在增加。

8.4   基于 SimaPro 的全寿命周期环境成本评估

开展基于 SimaPro 的工程结构全寿命周期环境成本的研究,首先应对拟分析的建筑结构开展制造工艺流程和主要材料消耗的详细分解分析,本章主要以小高层建筑物的对比分析为例讲解全寿命周期环境成本的分析过程,因此研究中的主要流程步骤如下:

(1) 确定 LCA 环境影响分析的时间阶段,通常对于土木工程项目大致可分为建设阶段、使用维护阶段和报废回收再利用阶段。

(2) 确定 LCA 环境影响分析的对象,包括工程所在地的气候、地质、地理、水文等基础信息,研究中暂以宁夏银川地区为工程所在地,该地区的上述信息见前章。

(3) 统计计算在 LCA 建设阶段具体投入工程的主要原材料种类、数量和工艺流程,如本项目在建设阶段共统计计算了涂料、混凝土、钢材、轻混凝土砌块、砂浆、玻璃和铝制门窗等主要原材料的工程量,制作工艺流程、不同材料的运输距离及消耗能源。注意在这一阶段需要参考国内的建筑工程概预算定额或各省的建筑工程概预算定额中不同分项工程的具体做法及造价详细内容。

(4) 统计计算在 LCA 项目使用维护阶段消耗的能源和原材料种类、数量,其中本项目分析的小高层建筑在役期能耗差异如表 8.4(p183)所示,使用维护阶段的建筑能耗时限暂按 50 年来考虑。

(5) 统计计算在 LCA 项目报废回收再利用阶段废旧材料拆解的工艺流程,废物处理的方式、再利用的比例、消耗的能源等,废物处理过程往往比较复杂和耗时,对其工艺处理流程和处理过程中排放物的核算都是研究者需要重点关注的。

(6) 对项目 LCA 全寿命周期环境影响过程统一进行一次工艺流程的再整理,重点考虑工艺流程中主材、能源、运输量等消耗量的不确定性对 LCA 环境影响计算结果的合理性分析。

由于传统混凝土材料的导热系数在 $1.28W/(m \cdot K)$,会导致热量快速地流失,所以在中国北方地区建筑外墙外挂保温板材料非常普遍,通常为膨胀珍珠岩板或石棉板这两种保温材料,其导热系数在 $0.07 \sim 0.15W/(m \cdot K)$,对建筑整体的冬季和夏季能耗有一定改善。而在中国南方地区则由于冬季低温时间不长,该地建筑外墙普遍无外挂保温板材。同时窗户的面积、形式也会极大地影响建筑整体的长期能耗[11],铝合金窗框以及两层玻璃是北方近年来小高层建筑常见的做法,而在南方地区,单层玻璃的窗户形式也比较普遍。研究中基于简化原则,仅按照北方地区常规小高层建筑能耗来评估计算。

另外近年来提高建筑能量利用效率方面的研究成果不断涌现,反映出随着全球温室气体效应的不断显现,各国学者意识到问题的紧迫性和严重性。新出现的高性能轻混凝土材料自重仅为传统混凝土材料的 2/3,导热系数已经降至 $0.3W/(m \cdot K)$,该值约为传统混凝土的 1/4,是木材导热系数的 $1 \sim 2$ 倍,该轻型混凝土材料的力学性能和耐久性基本可以达到普通混凝土的性能[12],同时可以循环利用一部分报废回收的建筑材料,使用该新型混凝土材料制作的装配式构件和装配式建筑基本可以取消保温外墙板的使用,极大地提高了建筑物使用和维护期间的建筑节能性能并简化施工工序、降低了建筑造价。未来在我国的北方地区和南方地区均具有广阔的应用前景。

研究中依据实际工程工艺流程来考虑工程的 LCA 环境影响各阶段建模,这里重点需要注意的地方在于房屋服役年限到期后的报废拆除回收再利用,此处基于研究简化和工程实际,假定建筑物的钢材、铝材和玻璃可以 100% 回收,其他材料可以部分再利用。同时房屋报废拆解过程中需要投入机械设备、电力能源和人力,拆解后的报废材料需要运输至指定填埋场填埋,这个过程需要用到运输车辆,如果在指定填埋场对报废原材料进行二次处理,则其中一部分原材料会再被运输至回收处理工厂,再经过耗费电力能源和机械设备加工后变为工程中可以二次使用的建筑材料。因此,整个建筑报废回收再利用的过程是需要至少先后两次投入设备和能源进行处理的,同时也需要至少两次的长距离原材料运输流程,以上 LCA 报废回收工艺流程都需要研究者在建模过程中统筹考虑清楚才可以保证整个 LCA 环境影响循环工艺流程的完整性。

研究中选用了 SimaPro 软件中内嵌的 BEES+ 或 RiCiPi 末点指标方法开展钢筋混凝土建筑结构的 LCA 环境成本分析,BEES+ 和 RiCiPi 方法均为 LCA 中的环境影响评价方法,通过采用特征调查、正规化和加权的方法开展项目的环境影响分析对比评价。RiCiPi 方法共有 18 个中点指标和 3 个末点指标,中点指标基本涵盖了环境影响的各个方面,包括臭氧层破坏、土壤酸化、对人体的毒性影响、温室气体、陆地生态毒性、水体生态毒性、海洋生态毒性、矿物资源、化石燃料资源等。末点指标包括三大方面:对人体健康的影响、对自然生态环境的影响及对自然资源利用的影响。

采用商用的 SimaPro 软件内置的 BEES+ 方法或 RiCiPi 方法均可以开展广泛的环境影响评价,该两种方法均包含全球温室气体排放、土壤、水体及大气酸化、富营养化、生态毒性分析、雾霾分析、自然资源的消耗、栖息地的变迁及臭氧层的破坏等广泛的应用评价指标,研究中通过对建筑房屋在全寿命周期内的 CO_2 排放量的计算,得到的分析结果均具有公认的高效率和可靠的准确性。

基于环境与经济可持续性的建筑(building for environmental and economic sustainability,BEES)方法主要应用于北美地区,由美国国家标准与技术研究院(National Institute Standard and Technology,NIST)工程实验室研发,内置包含有超过 230 栋已建建筑物的实际环境和经济性数据。而 RiCiPi 方法主要在除北美以外的世界其他各国应用较多,该法由挪威科技大学、荷兰拉德堡德大学以及荷兰公共健康与环境研究院等合作研究建立。这两种方法均完全基于国际标准化组织制定的 ISO14040 系列标准中全寿命周期评估方法来开展建筑房屋的环境影响评估。一个产品全寿命周期的所有阶段包括原材料的提取、制造、运输、建造安装、使用、回收以及废物管理都被分析到。

众多学者的研究已证明可以采用 SimaPro 软件内置方法和数据库开展项目的环境影响评价,而且得到诸多领域(如机械、食品、制造或工程建造)的结果已被广泛地认可和应用。2003 年 Steele 等[13]采用 SimaPro 软件开展了一座桥梁工程的环境影响评价,提供了包括如何解决环境问题在内的有价值的参考建议;2015 年 Giri 和 Reddy 等[14]采用 SimaPro 软件发现 MSE 拉锚墙比悬壁墙具有更好的环境耐久性能;Yay[15]通过 SimaPro 数据库建立了城市固体废弃物管理系统;2016 年 Souza 等[16]使用 SimaPro 软件分析了 3 个不同墙体类型的环境性能敏感性;Starostka-Patyk[17]以 IT 项目为例展示了 SimaPro 软件在公司决策过程中的重要性;2017 年 Krish[18] 在使用 SimaPro 软件开展了项目过程中采用新技术后的盈亏平衡与偏差的经济性评价;Ingrao 等[19]和 Wang 等[20]采用 SimaPro 软件针对中国国内的工程建设项目也开展了有效的全寿命周期评价工作。

研究中使用了 Ecoinvent 数据库,该数据库包括了能源制造、交通、建筑材料、化学品制造、金属制造以及水果、蔬菜等工农业多个领域的环境和能耗数据。整个数据库包含了超过 1 万条内部链接的数据集,每一条都描述一个对应于制造流程水平的全寿命周期目录。

建立在上述的评价方法和数据库之上,则整个钢筋混凝土建筑结构的 LCA 系统边界定义如图 8.10 所示,分为原材料阶段、建设阶段、使用和维护阶段及报废回收再利用阶段,使用过程中消耗的各种原材料均考虑到了从原材料提取到报废回收再利用全部 LCA 过程中的能源消耗,注意研究中能源的消耗量是通过能源的碳排放量给予表征。研究计算得到的碳排放量与其消耗的能源量是呈正比的,原材料阶段及建设阶段消耗的能源越多则其对应的碳排放量也越大。同时通过计算发现建筑的不同功能性对其 LCA 环境成本有重大影响,这一点会在下面的计算中给予详细的解释。

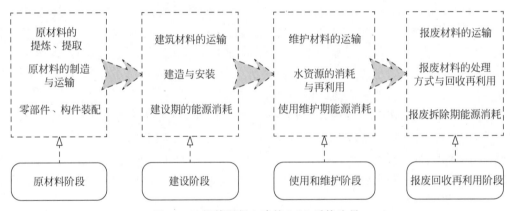

图 8.10 钢筋混凝土建筑 LCA 系统边界

研究中为了确保计算的可比性和研究目标的实现,首先定义钢筋混凝土建筑的功能单位为 $1m^2$ 有效建筑面积。其次假定拟对比的 5 类建筑结构的设计使用年限均为 50 年。表 8.3 计算出来的混凝土和钢筋用量为净用量,实际生产和运输过程中存在一定的损耗,混凝土和钢筋假定损耗通常设为 10%,实际施工过程中可能损耗更大。另外,对于建筑主要材料的运输距离,研究中基于工程调研做出假定更符合国内工程的实际:建筑钢材运距 50km,除钢材以外的其他建筑主材如混凝土、砂石、水泥、涂料、轻混凝土砌块、玻璃、铝制窗框、石棉保温板默认运距都按 20km 估算。建设期的单位面积电耗量由于建筑物的结构类型不同而有较大差异,通过表 8.4 计算结果可知,钢结构建设期间的电力消耗最大,达到 $20.95kW \cdot h/m^2$,其次是组合结构的电耗为 $16.92kW \cdot h/m^2$,剪力墙结构、框架结构和消能结构的电耗分别达到 $11.48kW \cdot h/m^2$,$11.28kW \cdot h/m^2$ 和 $11.47kW \cdot h/m^2$。

表 8.4a 框架结构建设期主材电力消耗及运量消耗计算表

建筑类型	主材品种	混凝土	铝制窗框	涂料	钢筋	砂浆	玻璃	轻混凝土砌块	保温板	其他	总值
钢筋混凝土框架结构 11340m²	消耗量/t	7244	38.5	6.72	309	636	154	3880	55		
	电耗单位/(kW·h)	6.25	150	267.26	55	3.13	10	10	20		
	电耗合计/(kW·h)	45274	5775	1796	16995	1992.8	1540	38800	1100	14705	127977.8
	运耗单位/(t·km)	20	20	23.81	50		20.1	20	20		
	运耗合计/(t·km)	144880	770	160	15450		3095	77600	1100		243055
	建设期单位面积电耗:11.28kW·h/m²,单位面积运耗:21.43t·km/m²										

表 8.4b 剪力墙结构建设期主材电力消耗及运量消耗计算表

建筑类型	主材品种	混凝土	铝制窗框	涂料	钢筋	砂浆	玻璃	轻混凝土砌块	保温板	其他	总值
钢筋混凝土框架剪力墙结构 11340m²	消耗量/t	7919	38.5	6.72	346.28	573.7	154	3500	55		
	电耗单位/(kW·h)	6.25	150	267.26	55	3.13	10	10	20		
	电耗合计/(kW·h)	49500	5775	1796	19045	1797	1540	35000	1100	14705	130258
	运耗单位/(t·km)	20	20	23.81	50		20.1	20	20		
	运耗合计/(t·km)	158380	770	160	17314		3095	70000	1100		250819
	建设期单位面积电耗:11.48kW·h/m²,单位面积运耗:22.12t·km/m²										

表 8.4c 消能结构建设期主材电力消耗及运量消耗计算表

建筑类型	主材品种	混凝土	铝制窗框	涂料	钢筋	砂浆	玻璃	轻混凝土砌块	保温板	其他	总值
钢筋混凝土消能减震结构 11340m²	消耗量/t	6537	38.5	6.72	451	576	154	3546	55		
	电耗单位/(kW·h)	6.25	150	267.26	60	3.13	10	10	20		
	电耗合计/(kW·h)	40860	5775	1796	27060	1804.8	1540	35460	1100	14705	130100.8
	运耗单位/(t·km)	20	20	23.81	50		20.1	20	20		
	运耗合计/(t·km)	130740	770	160	22550		3095	70920	1100		229335
	建设期单位面积电耗:11.47kW·h/m²,单位面积运耗:20.22t·km/m²										

表 8.4d　钢结构建设期主材电力消耗及运量消耗计算表

建筑类型	主材品种	混凝土	铝制窗框	涂料	钢筋	砂浆	玻璃	轻混凝土砌块	保温板	其他	总值
钢框架结构 11340m²	消耗量/t	3186	38.5	6.72	2392	756	154	4657	55		
	电耗单位/(kW·h)	6.25	150	267.26	60	3.13	10	10	20		
	电耗合计/(kW·h)	19915	5775	1796	143760	2368.8	1540	46570	1100	14705	237529.8
	运耗单位/(t·km)	20	20	23.81	50		20.1	20	20		
	运耗合计/(t·km)	63720	770	160	119600		3095	93140	1100		281585
	建设期单位面积电耗：20.95kW·h/m²，单位面积运耗：24.83t·km/m²										

表 8.4e　组合结构建设期主材电力消耗及运量消耗计算表

建筑类型	主材品种	混凝土	铝制窗框	涂料	钢筋	砂浆	玻璃	轻混凝土砌块	保温板	其他	总值
钢管混凝土组合结构 11340m²	消耗量/t	4759	38.5	6.72	1606	756	154	4657	55		
	电耗单位/(kW·h)	6.25	150	267.26	60	3.13	10	10	20		
	电耗合计/(kW·h)	29743	5775	1796	88330	2368.8	1540	46570	1100	14705	191926.8
	运耗单位/(t·km)	20	20	23.81	50		20.1	20	20		
	运耗合计/(t·km)	95180	770	160	80300		3095	93140	1100		273745
	建设期单位面积电耗：16.92kW·h/m²，单位面积运耗：24.14t·km/m²										

建筑建设期间能源、资源单位消耗量对比如图 8.11～图 8.13 所示。这里需要说明的是，建筑建设期间所消耗的电力并不包括所用原材料挖掘、开采、运输至原料生产厂，提取所消耗的电力能源，这里只包括将已经制备好的原材料运输至施工现场后建设期间完成建筑产品全过程所消耗的电力能源。假定建设期间所消耗电力 70% 来自燃煤电厂，30% 来自于柴油发电。报废回收期间所消耗电力 60% 来自燃煤电厂，40% 来自柴油发电。原材料阶段所消耗的能源、排放的温室气体等由 SimaPro 软件根据不同建筑物的不同建筑材料种类、数量以及计算所选择的软件内置数据库数据和影响评估方法自动计算生成，分析流程如图 8.14 所示。

表 8.5 列出了不同用途建筑物使用维护期间能耗水平对比，进一步通过图 8.15 表示后可以发现同样的建筑结构如果功能和用途不同的话，则其未来的使用和维护能耗差异巨大，如医院建筑在使用和维护期间总能耗是住宅建筑的 6.17 倍、教学楼建筑的 4.40 倍、商业建筑的 2.06 倍、办公建筑的 2.88 倍。

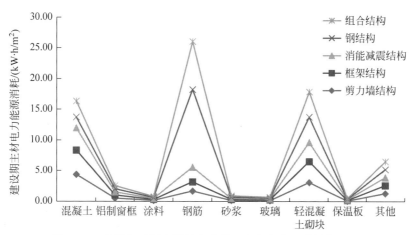

图 8.11 建设期不同主材单位建筑面积电力能源消耗值对比

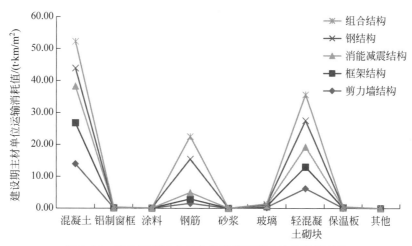

图 8.12 建设期不同主材单位建筑面积运输消耗值对比

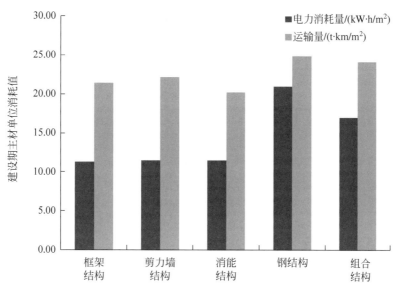

图 8.13 五类建筑建设期间能源、资源单位消耗汇总对比

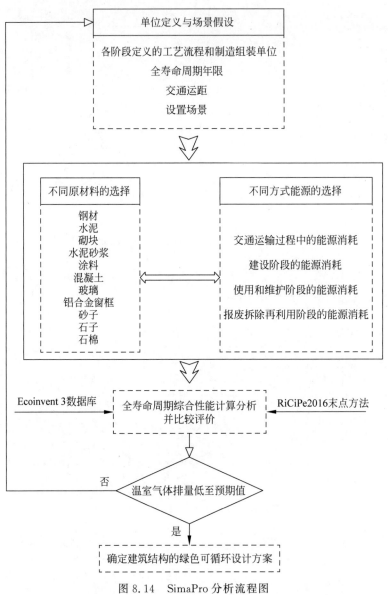

图 8.14　SimaPro 分析流程图

表 8.5　不同用途建筑物使用维护期间能耗统计

能 耗 值	用 途 分 类				
	办公建筑	住宅建筑	医院建筑	教学建筑	商业建筑
夏秋季时长/h	10～12	12～14	24	10～12	12～14
单位面积能耗中值/(kW·h/m²)	0.01	0.004	0.016	0.008	0.012
冬春季时长/h	8～10	10～12	24	8～10	10～12
单位面积能耗中值/(kW·h/m²)	0.02	0.008	0.02	0.012	0.024
平均时长/h	10	12	24	10	12
偏差分布/%	10	10	10	10	10
偏差类型	对数正态	对数正态	对数正态	对数正态	对数正态

续表

能 耗 值	用 途 分 类				
	办公建筑	住宅建筑	医院建筑	教学建筑	商业建筑
单位面积每日能耗/(kW·h/m²)	0.15	0.07	0.432	0.098	0.210
单位面积年能耗/(kW·h/m²)	54.75	25.55	157.68	35.77	76.65
建筑年能耗/(kW·h)	620865	289737	1788091	405631	869211
50年总能耗/(kW·h)	31043250	14486850	89404550	20281550	43460550
能耗差异比	2.143	1	6.171	1.40	3.00

注:办公楼/写字楼建筑简称:办公建筑;小高层住宅建筑简称:住宅建筑;学校教学建筑简称:教学建筑。

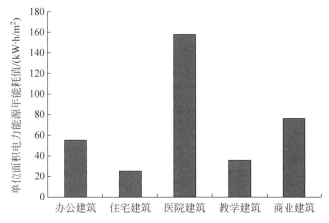

图 8.15 不同用途框架结构建筑使用期间单位面积电力能源年能耗对比

建筑的使用维护期时间跨度大,这其中主要消耗大量的电力能源,以及期间必要的施工维护系统、构件、暖通设备、空调、电梯等的维修、更换及建筑系统的日常维护。我国北方地区电力主要来源于火力发电,研究中默认使用维护期间的供电完全来自于火力发电厂。目前我国火力发电超临界技术处于世界先进水平,采用该技术的发电效率可以达到48%,完全燃烧1t煤产生的能量相当于8140kW·h电的能量,但实际燃烧过程不可能达到100%完全燃烧,以98%计算,同时发电效率设为最先进的48%,则燃烧1t煤相当于实际发电量为8140kW·h×98%×48%=3830kW·h,同时产生2.62t CO_2、8.5kg SO_2 和7.4kg NO_x。

研究中参考文献[21]对钢筋混凝土建筑(框架结构、剪力墙结构、消能结构)报拆回收再利用的单位电耗设为16.25kW·h/m²,如果考虑钢材料再次冶炼的能耗,钢结构建筑报拆再利用的单位电耗将显著高于钢筋混凝土材料再利用能耗,研究中设为26.25kW·h/m²,组合结构的报拆回收再利用的单位电耗22.25kW·h/m²。汇总表8.4统计除钢材、铝材和玻璃这3种之外的其他主材质量,包括混凝土、砂浆及砌块等主材料,设定建筑中所有后期附属装修材料(如砂浆、瓷砖、涂料、石膏板等装饰装修材料)占汇总主材质量之和的20%,假定汇总主材和附属材料之和(即汇总主材质量的1.2倍)的75%被拆除后循环再利用,25%被运至填埋场做填埋处理。而钢材、铝材和玻璃这3种主材则假定100%可以循环再利用。报废回收材料的运距默认为20km。将以上所有条件考虑后在SimaPro中建立该类型建筑的全寿命周期环境成本计算模型,其中的各类型办公楼建筑计算结果统计后如表8.6所示。

表8.6 办公楼建筑全寿命周期 CO_2 排放量计算结果（环境成本）   单位：kg/m^2

结构类型	建设阶段			
	建设期	运营维护期	报废拆除回收期	汇总全寿命周期
框架结构	229.28	1499.12	89.95	1818.34
剪力墙结构	223.99	1499.12	91.71	1816.58
消能结构	218.69	1499.12	82.72	1798.94
钢结构	683.42	1499.12	76.37	2258.91
组合结构	515.87	1499.12	83.51	2098.50

汇总统计后只采用不同主材形式的该类型办公建筑：框架结构、剪力墙结构、消能结构、钢结构和组合结构的全寿命周期单位面积 CO_2 排放量即环境成本分别为 $1818.34kg/m^2$、$1816.58kg/m^2$、$1798.94kg/m^2$、$2258.91kg/m^2$、$2098.50kg/m^2$。同时研究发现采用钢结构不仅在经济性造价方面是最高的，在全寿命周期环境成本方面也要显著高于混凝土结构建筑。这一研究结果初步显示出钢结构建筑尽管抗震性能优良，但从全寿命周期的角度来衡量其综合成本偏高。

由图8.16～图8.20办公建筑计算结果可以发现，同样的建筑功能和结构形式，但采用不同的建筑材料/构件组合方式，则在建设期和报废回收期消耗的建筑材料就不同，导致消耗的电力能源和运输损耗就有差别，从计算结果来看框架结构办公楼在建设期 CO_2 排放量为 $218\sim229kg/m^2$，钢结构办公楼在建设期 CO_2 排放量为 $683kg/m^2$，组合结构办公楼在建设期 CO_2 排放量为 $515kg/m^2$。

建筑运营维护期间的碳排放环境成本在不同建筑构件类型之间差异被忽略，即运营期的环境成本只与该建筑物的功能类型有关，由图8.21所示的计算可知，医院建筑的单位面积全寿命周期碳排放环境成本最高，达到 $4312.17kg/m^2$，这与医院类型建筑（住院楼、门诊楼、急诊楼等）全天24h不间断服务患者的行业特点密切相关，该类型建筑内医疗设备、暖通设备、照明设备等需要大量的电力能源供给。小高层居民住宅的单位面积全寿命周期碳排放环境成本最低，仅为 $1119.93kg/m^2$，计算过程中仅考虑一般家庭家用电器每日最低能耗情况（电视机 $240W\times4h$、冰箱 $100W\times24h$、洗衣机 $200W\times1h$、电灯 $10W\times8\times6h$）进行估算。

通过图8.22所示的不同用途建筑全寿命周期各阶段单位面积碳排放量结果的对比，可以更明显地了解到建筑运营维护阶段的碳排放量是其整个全寿命周期碳排放量的主要部分，同时建筑运营维护阶段持续的时间也是最长的。不同用途的建筑物在使用维护阶段单位面积碳排放量差异巨大。其次建设期间钢结构建筑和组合结构建筑的碳排放量较大，分别达到了 $683kg/m^2$ 和 $515kg/m^2$，而框架结构建筑与剪力墙结构建筑的碳排放量较小，仅在 $218\sim229kg/m^2$。最后研究中对于钢结构和组合结构在报废回收再利用阶段的碳排放量予以了简化考虑，即对于此类结构的钢材料只考虑拆除过程中消耗的能源和运输量，默认绝大部分钢构件在使用维护拆除后可以继续使用，并没有考虑回收阶段将所有钢构件材料二次冶炼铸造所消耗的巨大能源。

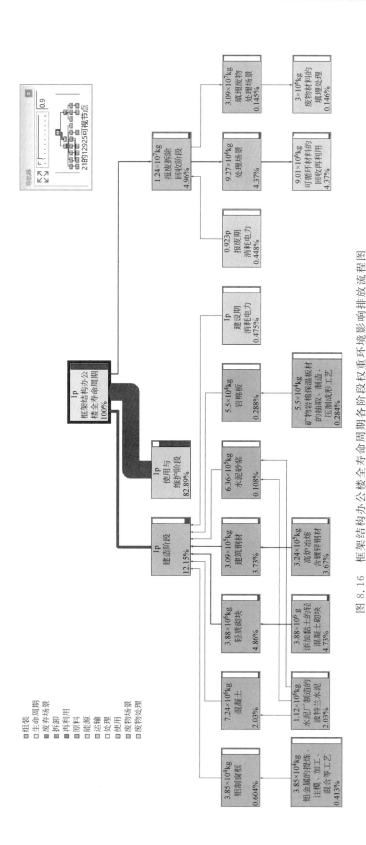

图 8.16 框架结构办公楼全寿命周期各阶段权重环境影响排放流程图

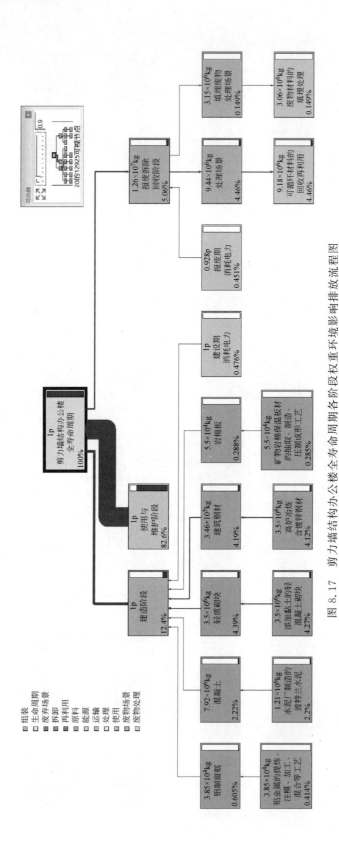

图 8.17 剪力墙结构办公楼全寿命周期各阶段权重环境影响排放流程图

彩图 8.18

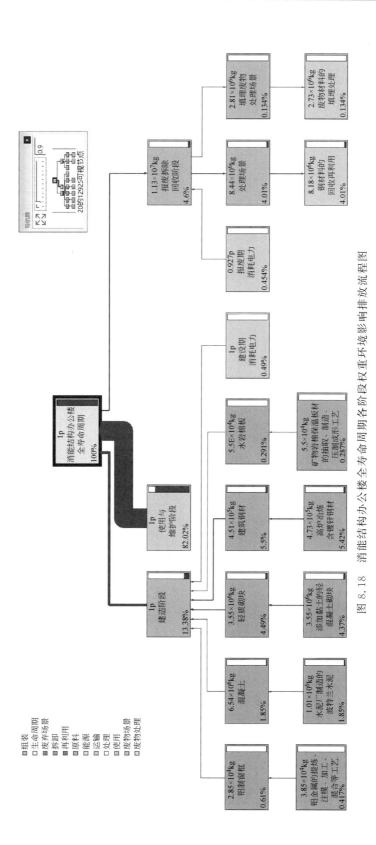

图 8.18　消能结构办公楼全寿命周期各阶段权重环境影响排放流程图

彩图 8.19

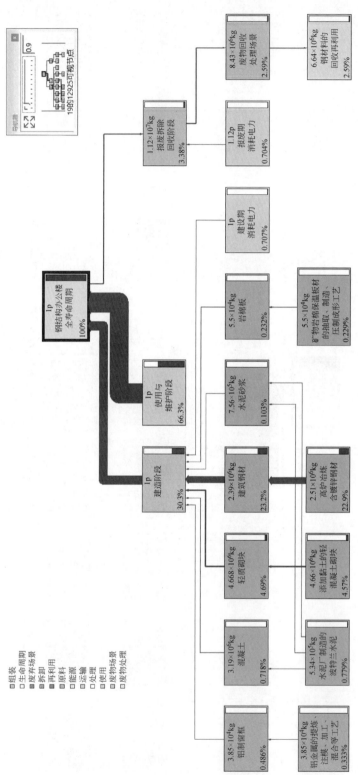

图 8.19 钢结构办公楼全寿命周期各阶段权重环境影响排放流程图

彩图 8.20

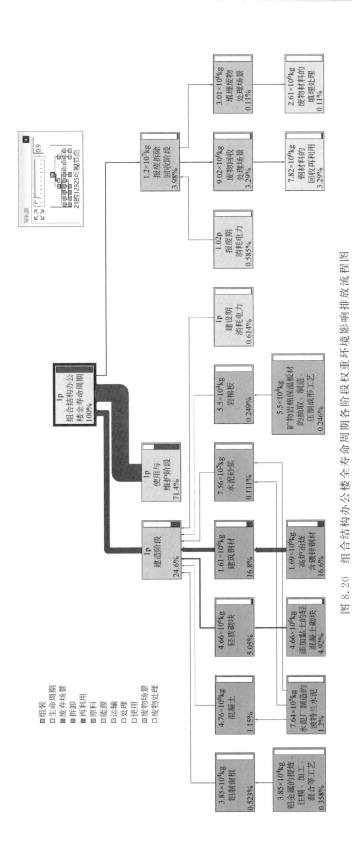

图 8.20 组合结构办公楼全寿命周期各阶段权重环境影响排放流程图

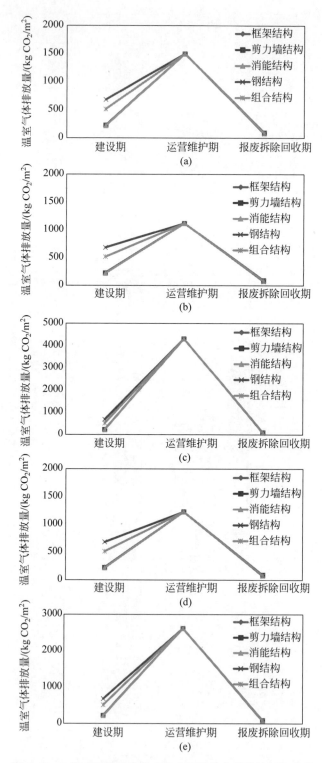

图 8.21 5 种不同用途建筑全寿命周期单位碳排放环境成本

(a) 办公建筑单位碳排放环境成本；(b) 住宅建筑单位碳排放环境成本；(c) 医院建筑单位碳排放环境成本；
(d) 学校教学楼建筑单位碳排放环境成本；(e) 商业建筑单位碳排放环境成本

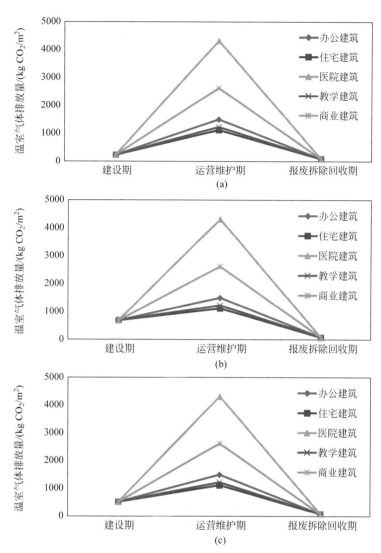

图 8.22　3 种不同类型结构的全寿命周期碳排放环境成本

(a)框架结构全寿命周期碳排放环境成本；(b)钢结构全寿命周期碳排放环境成本；(c)组合结构全寿命周期碳排放环境成本

注：理论计算中简略默认了不同类型结构在运营维护期间单位能耗和碳排放量相同。实际工程中即便不同类型
结构的外维护和门窗的规格、材质、类型相同，其在运营维护期的单位能耗及碳排放量也会略有差异。

表 8.7　研究中不同用途和不同建筑类型全寿命周期环境成本　　单位：kg/m^2

建筑用途		单位建筑面积全寿命周期 CO_2 排放量							
		1	2	3	4	5	平均值	-15%偏差	+15%偏差
		框架结构	剪力墙结构	消能结构	钢结构	组合结构			
1	住宅建筑	1439.15	1435.63	1421.34	1879.72	1719.31	1579.03	1342.18	1815.88
2	教学建筑	1544.97	1541.45	1527.16	1985.54	1825.13	1684.85	1432.12	1937.58
3	办公建筑	1818.34	1814.81	1800.53	2258.91	2098.50	1958.22	1664.49	2251.95
4	商业建筑	2938.27	2934.74	2920.46	3378.84	3218.43	3078.15	2616.43	3539.87
5	医院建筑	4631.39	4627.87	4613.58	5071.96	4911.55	4771.27	4055.58	5486.96

　　汇总计算建筑全寿命周期单位面积 CO_2 排放量结果如图 8.23～图 8.24 所示,小高层住宅建筑、办公建筑、医院建筑、教学建筑和商业建筑的单位面积 CO_2 排放总量统计均值分别为 1579.03kg/m²、1684.85kg/m²、1958.22kg/m²、3078.15kg/m² 和 4771.27kg/m²,该计算结果中小高层住宅建筑的计算结果与中国建筑节能协会 2021 年 2 月发布的《中国建筑能耗研究报告(2020)》中国城镇居住建筑 2018 年单位面积 CO_2 排放量 29.02kg/m²(折算为 50 年全寿命周期单位面积平均 CO_2 排放量为 1451kg/m²)数据相比略高[10],但注意到报告所统计的建筑全寿命周期碳排放并不包括建筑报废、拆除再利用所消耗的能源及排放的温室气体,则研究中采用 SimaPro 模拟计算结果与实际统计数据非常接近。该计算结果和 Yang T、Yang X N 等[22-23]的中国居民住宅全寿命周期温室气体排放量计算结果 2993kg/m² 相比偏低,主要原因在于本研究假定建筑坐落于北方城市,在建筑使用和维护阶段仅考虑该地区城市居民基本能耗水平,忽略了南方地区家庭耗能占比大的空调使用耗能。研究中得到的商业建筑在建造阶段的单位面积 CO_2 排放量平均值为 374.25kg/m²,这和 Luo H B、Luo Z 等[24-25]得到的国内商业建筑在建造阶段单位面积 CO_2 排放量 326.75kg/m² 比较接近。

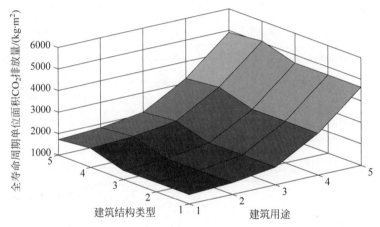

图 8.23　单位建筑面积工程全寿命周期总 CO_2 排放量对比

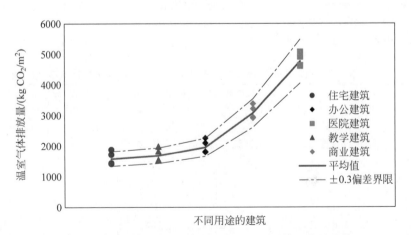

图 8.24　单位建筑面积全寿命周期总 CO_2 排放量统计均值

参考文献

[1] United Nations Environment Programme Sustainable Buildings & Climate Initative. Buildings and Climate Change Summary for Decision Makers[R]. Paris：UNEP Sustainable Consumption & Production Branch,2009.

[2] FENNER A E,KIBERT C J,WOO J,et al. The carbon footprint of buildings：A review of methodologies and applications[J]. Renew. Sustain. Energy Rev,2018,94：1142-1152.

[3] 搜狐网. 连破纪录! 美国多地气温直逼 50℃[EB/OL]. (2021-07-02)[2021-11-01]. https://www. sohu. com/na/475109456_162758.

[4] 国家统计局. 2021 年 5 月份能源生产情况[EB/OL]. (2021-06-16)[2021-11-01]. http://www. stats. gov. cn/tjsj /zxfb /202106/t20210616_1818432. html.

[5] HUANG W,LI F,CUI S H. Carbon footprint and carbon emission reduction of urban buildings：a case in Xiamen City[J]. China Procedia Eng,2017,198：1007-1017.

[6] AZZOUZ A,BORCHERS M,MOREIRA J. et al. Life cycle assessment of energy conservation measures during early stage office building design：a case study in London[J]. UK. Energy Build, 2017,139：1-41.

[7] LI L,CHEN K. Quantitative assessment of carbon dioxide emissions in construction projects：a case study in Shenzhen[J]. J Clean Prod,2017,4：394-408.

[8] SCHMIDT M,CRAWFORD R H. Developing an integrated framework for assessing the life cycle greenhouse gas emissions and life cycle cost of buildings[J]. Procedia Eng,2017,196：988-995.

[9] JAEHUN SIM J. The effect of new carbon emission reduction targets on an apartment building in South Korea[J]. Energy Build,2016,127：637-647.

[10] 中国建筑节能协会,能耗统计专业委员会. 中国建筑能耗研究报告(2020)[R]. 厦门:中国建筑节能协会,2021.

[11] GRONDZIK W T,KWOK A G,STEIN B,et al. Mechanical and Electrical Equipment for Buildings [M]. 11th ed. London：Wiley,2009.

[12] ANJANEYA D,DAI P S,SUNG-HOON K. et al. Lightweight structural cement composites with expanded polystyrene (EPS) for enhanced thermal insulation[J]. Cement and Concrete Composites, 2019,102：185-197.

[13] STEELE K,COLE G,PARKE G,et al. Environmental impact of brick arch bridge management [J]. Struct Build,2003,156：273-281.

[14] GIRI R K,REDDY K R. Sustainability assessment of two alternate earth-retaining structures[C]. IFCEE 2015,San Antonio：Geotechnical Special Publication,2015.

[15] YAY A S E. Application of life cycle assessment (LCA) for municipal solid waste management：a case study of Sakarya[J]. J Clean. Prod,2015,94：284-293.

[16] SOUZA D M D,MIS LAFONTAINE M,CHARRON-DOUCET F,et al. Comparative life cycle assessment of ceramic brickconcrete brick and cast-in-place reinforced concrete exterior walls[J]. J Clean Prod,2016,137：70-82.

[17] STAROSTKA-PATYK M. New products design decision making support by SimaPro software on the base of defective products management[J]. Procedia Comput. Sci,2015,65：1066-1074.

[18] KRISH H,SHAHI C,et al. Life cycle cost and economic assessment of biochar-based bioenergy production and biochar land application in Northwestern Ontario[J]. Canada For Ecosyst,2017,3 (21)：1-10.

[19] INGRAO C,LO GIUDICE A,TRICASE C,et al. Recycled-PET fibre based panels for building

thermal insulation: environmental impact and improvement potential assessment for a greener production[J]. Sci. Total Environ,2014,493: 914-929.

[20] WANG J,TINGLEY D D,MAYFIELD M,et al. Life cycle impact comparison of different concrete floor slabs considering uncertainty and sensitivity analysis[J]. J Clean Prod,2018,189: 374-385.

[21] WANG Z,JIN W,DONG Y,et al. Hierarchical life-cycle design of reinforced concrete structures incorporating durability economic efficiency and green objectives[J]. Eng Struct,2018,157: 119-131.

[22] YANG T,PAN Y,YANG Y,et al. CO_2 emissions in China's building sector through 2050: a scenario analysis based on a bottom-up model[J]. Energy,2017,128: 208-223.

[23] YANG X N,HU M M,WU J B,et al. Building-information-modeling enabled life cycle assessment a case study on carbon footprint accounting for a residential building in China[J]. J. Clean Prod,2018, 183: 729-743.

[24] LUO H B,LI B,ZHONG H,et al. Research on the computational model for carbon emissions in building construction stage based on BIM[J]. Struct Surv,2012,30 (15): 411-425.

[25] LUO Z,YANG L,LIU J. Embodied carbon emissions of office building: a case study of China's 78 office buildings [J]. Build Environ,2016,95: 365-371.

第9章

建筑工程全寿命周期能源消耗分析

　　自工业革命之后人类社会对全球能源、生态环境的影响日益加深,大量的含碳气体被排入地球大气圈,加重了地球温室气体效应,由此引发了一系列自然灾害如厄尔尼诺现象、气候异常、海平面上升等直接危及人类生存。2016 年 4 月国际社会近 200 个缔约方共同签署了《巴黎协定》,各方承诺将 21 世纪全球平均气温上升幅度控制在 2℃以内。为此各国做出大幅减排温室气体的承诺。2020 年 9 月在第 75 届联合国大会上,我国也向国际社会做出"2030 年碳达峰,2060 年碳中和"的庄严承诺[1]。

　　建筑能源消耗分析以往是和环境分析分开来进行的,因为如果仅仅基于经济层面来分析的话,建筑全寿命周期能源消耗水平是可以单独统计的。但现在二者之间逐渐有融合分析的趋势,住宅房屋是人类社会环境的重要一部分,其影响覆盖经济、环境甚至气候变化。房屋建造与使用这两个重要的全寿命周期环节需要消耗可观的原材料和能源,无论是原材料的提取、生产还是房屋运营过程都离不开能源的使用,而目前各国初级能源生产的主要方式还是依赖生物化石燃料(石油、煤炭、天然气)的燃烧来获得,燃烧过程会向大气排放大量的含碳物质从而导致气候温室效应。因此,目前能源消耗的分析与环境的分析有密切的相关性。

　　房屋的建造和使用是一个长期的过程,建筑全寿命周期能源消耗分析是建筑全寿命周期分析中的重要一环,最优化分析为其中最重要的工作之一,包括:

　　(1) 最小化材料的使用;

　　(2) 最小化材料制造过程中能源的消耗;

　　(3) 选择不同的材料组合搭配以满足零能耗房屋的标准要求。

　　建筑全寿命周期能源消耗分析中的另外一项重要工作为针对旧有房屋的改造和翻新。在建筑市场成熟的发达国家,旧房翻新改造约占整个房地产市场的一半市场规模,仅澳大利亚 2005 年的旧房翻新就达到 160 亿澳元的规模[2],大约占整个澳大利亚房屋建造业产值的 45%,该市场的多年平均增速在 3.8%。旧房翻新通常具有更多的节能环保潜力。38 个经济合作与发展组织成员国大部分为西方发达国家,据统计该组织成员国的房屋建造消耗了 30%~50%的可利用原材料和 25%~40%的终端能源,产生了 40%的填埋垃圾[3-4]。

　　由于我国目前已处于大规模城市建设高峰的末期,2018 年全国建筑存量面积为 674 亿 m²,其中,公共建筑面积 129 亿 m²,人均公共建筑面积 9.24m²;城镇居住建筑面积 307 亿 m²,城镇人均居住建筑面积 37m²;农村居住建筑面积 238 亿 m²,农村人均建筑面积 42.3m²。因此当前我国早已经过了人均住房短缺的时期,未来即将进入大量的二手建筑老化和翻新改造阶段,也就是发达国家 20 年前曾经走过的道路。因此,针对建筑的全寿命周期能源消耗开展前瞻性研究对于我国未来的碳中和远景目标实现具有重要的意义。

9.1　我国建筑工程全寿命周期能耗概述

根据中国建筑节能协会发布的《中国建筑能耗研究报告(2020)》显示[5],2018 年全国建筑全寿命周期能耗总量为 21.41 亿 tce①,占全国能源消费总量的 46.5%。其中,建材生产阶段能耗 11 亿 tce,占建筑全寿命周期能耗 51.2%,占全国能源消费总量的 23.8%。建筑施工阶段能耗 0.47 亿 tce,占建筑全寿命周期能耗的 2.2%,占全国能源消费总量的 1%。建筑运行阶段能耗 10 亿 tce,占建筑全寿命周期能耗的 46.6%,占全国能源消费总量的 21.7%。从统计结果(图 9.1)可以清楚地看到,首先我国当前建筑能耗呈现"两头大中间小"的格局,其中建材生产阶段能源消耗超过建筑全寿命周期的 50%,比重异常大,这就显示出未来在建材生产阶段是我国建筑能源消耗削减的重点领域,通过创新工艺、替换绿色可循环材料、采用新材料实现大幅降低能源消耗和温室气体排放的潜力最大。其次在建筑运营阶段的能源消耗比重也很大,这一阶段是一个长期阶段,对于建筑所使用的材料、材料所构成的构件以及构件所组成的结构物理导热性能、力学耐久性能、空调通风能耗水平都有一个长期的考验,因此在建筑运营阶段的能耗水平是对从材料到结构、从局部到整体的一个全面考验,衡量的是一个国家在建筑领域的综合实力。

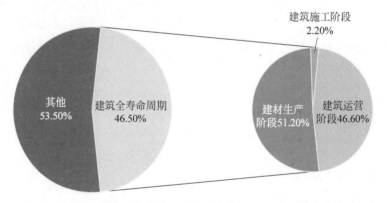

图 9.1　2018 年建筑全寿命周期能耗占全国能耗消费总量的比重

2018 年全国建筑全寿命周期碳排放总量为 49.3 亿 t CO_2,占全国能源碳排放的 51.3%。其中:建材生产阶段产生 CO_2 排放量 27.2 亿 t,占建筑全寿命周期碳排放总量的 55.2%,占全国能源碳排放的 28.3%。建筑施工阶段碳排放 1 亿 t CO_2,占建筑全寿命周期碳排放的 2%,占全国能源碳排放的 1%。建筑运行阶段碳排放 21.1 亿 t CO_2,占建筑全寿命周期碳排放的 42.8%,占全国能源碳排放的 21.9%。

2018 年全国建材生产阶段能耗为 11 亿 tce,产生 CO_2 排放量 27.2 亿 t。如图 9.2~图 9.4 所示,其中:①钢材能耗 6.3 亿 tce,占比 57.3%;产生 CO_2 排放量 13.1 亿 t,占比 48.2%;钢材能耗综合碳排放系数为 2.08kg CO_2/kgce。②水泥能耗 1.3 亿 tce,占比

---

①　1tce≈2.3t CO_2,1tce=1000kgce=2.94×10¹⁰J。

11.8%；产生 CO_2 排放量 11.1 亿 t，占比 40.8%；水泥能耗综合碳排放系数最大为 8.54kg CO_2/kgce(含水泥生产工艺中所产生的 CO_2)。③铝材能耗 2.9 亿 tce，占比 26.4%；产生 CO_2 排放量 2.7 亿 t，占比 10%；铝材能耗综合碳排放系数为 0.93kg CO_2/kgce。④其他建材能耗 0.5 亿 tce，占比 4.5%，产生 CO_2 排放量 0.3 亿 t，占比 1%。从建材生产阶段的能耗统计可以发现，钢材和水泥能耗占比约 70%，说明我国建筑行业还是以传统的钢筋混凝土和钢结构为主，按照吨钢材 0.7tce 估算，大致可知 2018 年我国建材行业消耗钢材 9 亿 t 左右，而根据中国钢铁工业协会的统计 2018 年中国钢铁总产量为 11.06 亿 t，从中可知建材行业 2018 年消耗的钢材占全国钢材总产量的比重高达 81%，如此高的比重在世界各国发展史上都是罕见的。随着我国建筑产业建设高峰回落，未来建筑建材消耗的能源总量将会逐步下降。同时钢材的单位能耗偏高也是一个关键问题，根据中国钢铁工业协会统计 2020 年我国钢材产量为 13.2 亿 t，中国钢铁工业协会会员单位的吨钢综合能耗为 0.545tce，较上年降低 1.19%。随着未来新技术、新工艺的使用，大幅降低单位吨钢能耗也是有效降低温室气体排放的重要方向。

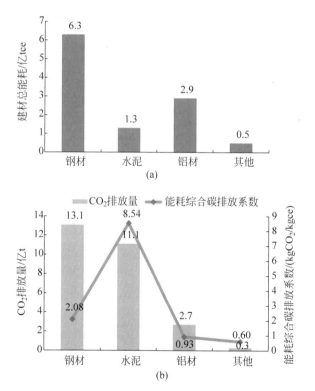

图 9.2　2018 年我国主要建材能耗、碳排放量及能耗综合碳排放系数
(a) 建材能耗；(b) CO_2 排放量及综合碳排放系数

2005—2018 年间，全国建筑全寿命周期能耗由 2005 年的 9.34 亿 tce 上升到 2018 年的 21.41 亿 tce，扩大 2.3 倍，年均增长 6.6%。总体上，全国建筑全寿命周期能耗变化呈现显著的阶段性变化特征。其中 2011—2012 年建筑全寿命周期能耗出现猛增，年均约增加 3 亿 tce，增速超过 20%。出现异常值的原因在于建材生产能耗增加过快，2011 年和 2012 年建材生产能耗分别增长了 2.4 亿 tce 和 2.9 亿 tce(图 9.5)。

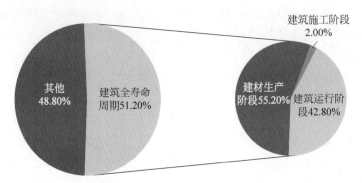

图 9.3　2018 年全国建筑全寿命周期不同阶段 CO_2 排放比重

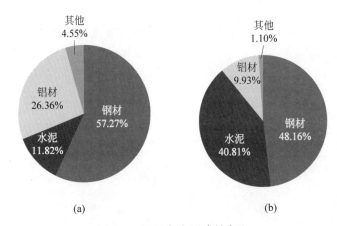

(a)　　　　　　　　　(b)

图 9.4　2018 年主要建材占比

（a）能耗占比；（b）碳排放占比

彩图 9.5

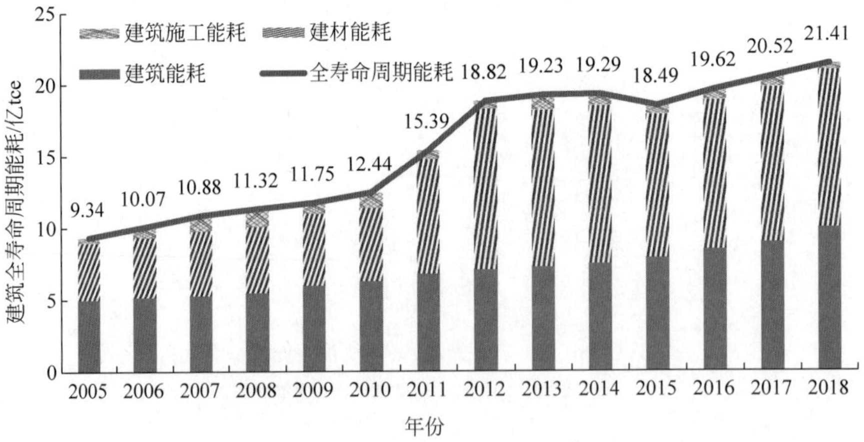

图 9.5　我国建筑全寿命周期能耗变化趋势（2005—2018 年）

　　2018 年全国建筑运行阶段能耗为 10 亿 tce,占全国能源消费总量的 21.7%。如图 9.6 所示,其中,公共建筑能耗 3.83 亿 tce,占比 38.3%,单位面积能耗 29.73 kgce/m²；城镇居住建筑能耗 3.8 亿 tce,占比 38%,单位面积能耗 12.38kgce/m²；农村居住建筑能耗 2.37

亿 tce,占比 23.7%,单位面积能耗 9.98kgce/m²。

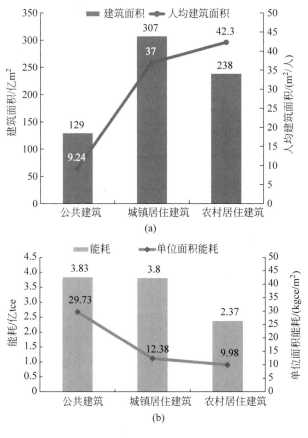

图 9.6　建筑能耗对比

　　绿色低能耗建筑技术是我国经济社会转型发展面临的挑战与重大需求,目前,我国传统钢筋混凝土建筑存在的瓶颈问题包括建筑全寿命周期内能源消耗偏高、建筑保温隔热性能偏低、二次可循环建筑材料使用率不高、装配式建筑抗震性能有待改进等。研发绿色轻型高性能混凝土新技术可以大幅度降低建筑未来的长期使用能源消耗,这项技术的实现对我国建筑行业发展至关重要。

　　我国"十四五"规划在新型城镇化发展上强调了立足资源环境的承载力,重点放在保护生态环境,推进城市生态修复,建设海绵城市、韧性城市[1]。因此近年来土木工程全寿命周期综合性能(能源消耗、水体、土壤和空气影响如碳排放等)的研究日益成为热点,可以预见未来建筑材料节约循环低耗、建筑快捷精确化施工和基于全寿命周期理论可持续运营将成为评判建筑设计的核心内容。

9.2　建筑能耗分析的意义

　　建筑全寿命周期环境研究以往涵盖了能源消耗研究,但建筑全寿命周期环境分析研究主要侧重于探讨建筑全寿命周期内的温室气体排放量,而建筑全寿命周期能源消耗研究则更加专注于强化建筑由于不同的类型、材料、构造措施、地域气候、技术进化所产生的能耗节约收益,这两类研究的领域均超越了建筑本身,这其中涉及房屋的规划、设计、建造、运营、维护、翻新改造和再利用等各个阶段,面临的挑战来源于政策、民族、基础设施、社会、文化和环境等方面。而其中最大的挑战之一在于单位建筑面积温室气体排放量过大,这意味着两个问题:第一,为了达成消减温室气体的远景目标,目前较高的温室气体排放量必须大幅削减;第二,目前的传统高能耗行业如钢铁、石化、水泥等未来将受到重大的影响,建立可持续性发展社会必然要求减少化石燃料的使用。

建筑全寿命周期能耗分为建筑内部组成能耗和建筑运营能耗两部分,其中内部组成能耗包含了原材料的挖掘、提炼、制造、运输,施工建造,设备使用,人力使用以及建筑报废拆除过程中所消耗的所有能源之和;运营能耗则包括建筑在使用过程中所有用于建筑运营和维护所消耗的能源,其目的在于确保建筑可以正常发挥作用。目前还缺乏针对建筑全寿命周期能耗分析的统一工具,因此,内部组成能耗和运营能耗通常是分开来分析的,而内部组成能耗分析计算过程通常更加复杂。

建筑全寿命周期能源消耗分析之前需要定义系统分析的边界、全寿命周期清单、能源的类型和利用形式等,通过系统边界定义可以确定建筑全寿命周期的流程范围和能量流。通常在系统能耗分析边界定义过程中使用到的有三种系统边界类型:从源头到出厂、从源头到现场和从源头到报废拆除。系统边界在前章有过介绍,此处针对建筑能耗分析再次强调:"从源头到出厂"指从建筑原材料采掘、制造到构件离开工厂为止;"从源头到现场"系统边界额外增加了构件运输、现场的生产装配、制造管理及污染物的处理等施工流程;"从源头到报废"则进一步又增加了建筑建成后的运营、维护、翻新、加固及报废拆除回收再利用等建筑全寿命周期全部流程环节。

建筑全寿命周期能源消耗也可以按直接消耗和间接消耗来分类,其中直接消耗能源指在生产流程过程中如现场或场外的生产、制造、装配、运输环节消耗的能源,间接消耗能源则指构成建筑的原材料、构件、包装、现成的设备等可以直接用于建筑建造环节消耗的能源。

"碳中和"住宅或社区将成为未来工程全寿命周期环境和能源 LCA 研究关注的重点之一,所谓"碳中和"房屋就是指房屋建造和使用期间所消耗的化石燃料排放量接近于零,注意此处区别"碳中和"和"零排放"这两个概念,"碳中和"建筑指的是未来该建筑仍然排放温室气体,只是比目前的建筑排放量有所减少,但可以通过使用非化石燃料能源、碳交易和植树等方式来达成中和目标。未来"碳中和"目标的实现只是意味着地球生态圈温室气体总量达到一个峰值,且不再增加,而要实现地球生态圈温室气体总量的减少,未来"零排放"技术是努力的方向。因此工程全寿命周期能源消耗分析不是研究的重点目标,而是工程全寿命周期环境影响分析评价中的重要一环,对此的研究不仅仅在于探讨如何准确计算并减少建筑全寿命周期能源消耗,更在于研究减少全寿命周期内的能源消耗可以带来多大的温室气体削减收益。

这里需要强调政策和规则对于 LCA 研究的重要性,政策和规则可以在建筑环境建立的早期就促进环境标准的执行,这一点不论在中国还是世界其他国家都一样重要。例如在建筑室内暖通空调系统的运行效率问题上,我国近年来强制实行能效节能 5 级标准,在全国范围内建立了一套家用电器能源消耗的先进体系标准,其中 1 级能效比要求≥3.4 以上,达到国际先进水平。发达国家如澳大利亚、美国、加拿大和英国在 2000 年前后就通过推行建筑能耗标准的形式规范建筑能耗水平。制定建筑能耗标准时需要考虑到：

（1）标准需要基于目前可获得的技术和科学基础；

（2）对于影响范围的复杂性理解和确定；

（3）有效性和可执行性到底有多大；

（4）在方法和算法方面的透明性；

（5）标准内在的连续性和有效性；

（6）是否符合项目当地的气候、文化及其他因素；

（7）过程中资源使用的密集度控制；

（8）对于逐步提高标准执行水平并达到长期目标的理解；

（9）标准中的技术指标需要定期更新以反映知识的发展。

LCA 基础性工具发展至今已经超过了 30 年，可以通过计算机辅助设计（computer aided design，CAD）提前开展建筑环境影响评估，如 NIST 开发 BEES＋就是一个评价建筑能耗和环境影响的辅助软件[6]，澳大利亚的 Ecospecifier 为建筑行业提供环境可持续和健康的产品、材料并提供技术参考指南等。

由于 LCA 满足上面列出的要求，就可以利用 LCA 制定符合国际标准的建筑物环保性能规定和政策。特别是 LCA 作为环境影响的评估和综合的工具，提供了这些影响的透明信息，例如，它可以用来估计建筑物的总能源消耗，甚至具体的化石燃料组成成分；反过来这也有助于确定全寿命周期环境影响，即温室气体排放。它可以指定"项目全寿命周期化石燃料能源消耗"（而不是简单的"能源效率"）、其他环境影响材料和室内环境质量（如室内气候、空气和日光），如果要控制这些影响，LCA 将是很重要的方法和工具。后几节将具体探讨 LCA 中涉及能源消耗和环境影响评价的应用现状及未来应用展望。

建筑全寿命周期能耗除了在原材料生产制造阶段消耗的能源以外，在建筑长期运营过程中如维持室内环境的舒适性、室内照明等电器设备使用、房屋的维护、翻修等也消耗了大量的能源，这一过程当然对地球生态环境也产生了不可忽略的影响。通常在建筑建造过程中采用优良的保温隔热新材料、新构件和新工艺都会大幅降低对于运营期间能源的需要，但同时新材料、新构件、新工艺在制造过程中消耗的能源通常都高于常规材料、构件和工艺。因此就存在一个建筑全寿命周期能源消耗成本分析过程中的产品和材料的最优化效率问题，特别是针对不同全寿命周期阶段的建筑产品或服务的对比能源消耗分析研究，这一问题更加迫切需要解决。

9.3 国外建筑能耗分析应用概述

建筑全寿命周期能耗分析的核心在于建筑制造能源消耗与建筑运营能源消耗的精确评估。这一分析过程尤其适用于在建设项目前期规划和设计阶段提出针对性的可以量化评价建设项目环境性能（包含能耗）的指导意见，具体地讲，就是通过工程 LCA 可以量化建筑的原材料使用、能源的使用、建筑对于周围空气和水环境的排放量以及固体废弃物的排放量，并将研究的结果建立量化清单。全寿命周期能源消耗研究的范围边界大致包括：

（1）组成建筑项目的原材料的提取、制造与运输；

（2）建造过程与翻新改造；

（3）设定为50年的运营和维护期限；

（4）建筑的报废拆除与再利用。

以澳大利亚体育场公共建筑为例，该项目建设用于2000年悉尼奥运会场馆，项目前期甲方委托开展了LCA，该项目考虑材料的影响、建筑的使用等环节过程中的环境影响（表9.1），这些数据的收集可以通过建筑产品的生产商和供应商以问卷调查的方式来完成，从而了解他们在生产过程中相关原材料和能源的使用、水的使用以及废弃物的排放量。当然近年来随着LCA重要性的日渐提高，相关LCA专业软件研发公司对于基础材料数据也提供了较为精确的第三方测评数据。LCA研究必须要界定清楚研究的边界，收集的数据只有在研究的范畴之内才为有效数据。该研究方法存在的缺点是建设项目全寿命周期研究中的数据是在项目采购阶段陆续收集的，特别是建筑运营期间的能源消耗量和水消耗量的预测是在项目建成之后才开展的，而此时该体育场项目已经完成了项目设计工作，这导致LCA研究成果对于项目的建设指导意义不大。当然该项目的LCA工作还是为之后的大型体育场馆开展类似研究提供了宝贵的经验。

表9.1　悉尼体育场子系统

子系统项目	项目内容
混凝土子系统	现浇混凝土，预制混凝土；混凝土钻孔灌注桩，挡土墙
钢结构子系统	扶手、护栏、闸门等钢结构；外观金属装饰层；结构用钢结构
建筑服务子系统	供排水系统；暖通空调系统；电力系统；消防系统；暴雨排水系统
天花板和墙体子系统	砌体墙；水泥抹灰；石膏板，纤维板；瓷砖；玻璃制品；室内涂料、油漆工作
座位和屋顶子系统	体育场座椅；聚碳酸酯材料屋顶
其他子系统	电梯与自动扶梯，舞台控制系统

悉尼体育场建筑全寿命周期能源消耗总量为7.6×10^{15}J，其中该建筑运营和维护期间的能耗占比最大，50年内达到79%的建筑总能耗比例（图9.7(a)），LCA结果揭示了在其50年的运营年限内降低建筑的运营和维护阶段能耗是降低建筑全寿命周期总能耗的重点。建筑采购阶段能耗占比18%，主要是混凝土制品和钢材制品的材料制造能耗很高，其中的运输能耗占6%。而施工阶段的能耗只占建筑全寿命周期总能耗的2%。同时研究显示该体育场在全寿命周期内共产生67.5万t固体废弃物，其中的38.5万t是在该建筑报废期间产生的，如图9.7(b)所示。该体育场全寿命周期共排放$CO_2$62.5万t，其中运营和维护阶段占比高达75%，如图9.7(c)所示，全寿命周期内共利用水资源302.5万t，其中也是在运营和维护阶段利用量最大，占比超74%，如图9.7(d)所示。

通过采用LCA后显示该体育场在其运营和维护阶段，相比较传统体育场馆减少了30%的建筑能耗，在建筑用水量方面，通过LCA优化设计，将现场收集到的雨水和循环用水量提高到了建筑全寿命周期总用水量的77%，进一步减少了该大型公共建筑对环境的影响，采用LCA优化后效果非常显著。

建筑全寿命周期LCA应用于这个项目首先帮助项目的业主量化了建筑项目环境性能和效益，同时该大型体育场公共建筑的实践为未来更多大型公共建筑的全寿命周期能耗和

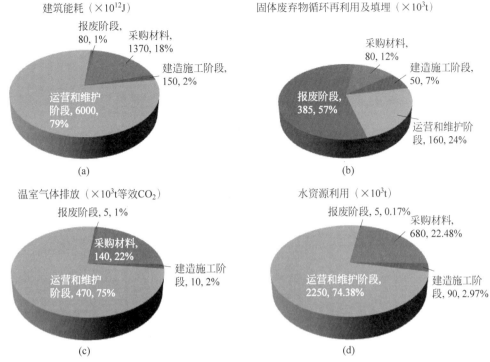

图 9.7 悉尼体育场建筑全寿命周期分析结果

(a) 建筑能耗；(b) 固体废弃物循环再利用及填埋；(c) 温室气体排放；(d) 水资源利用

环境分析建立了基准。并且在项目合同中明确规范了项目分包商参与项目材料数据的收集，促进此类大型体育场馆尽可能在早期使用 LCA 方法，通过选择环保材料帮助设计优化获得了回报。

评价建筑全寿命周期能源消耗和环境影响水平，离不开对构成建筑的关键材料的选择和材料全寿命周期性能评价，当然即使采用相同的建筑材料的建筑也会由于不同的设计、施工而呈现不同的全寿命周期性能。澳大利亚是通过收集该国主流的 4 种典型居民住宅建筑材料，统计该国在 1994—2015 年的主要建筑材料流的数据，结合 SimaPro 软件推演评估从材料的生产、使用到未来的报废处理全过程对于现在和未来环境的潜在影响。研究发现构成建筑的材料数量及其对周围环境的影响在过去 20 多年中急剧增加，变化最大的物质材料流出现在新建住宅行业，其次是家装行业，然后是非住宅行业。尽管随着技术的进步，单位面积所使用的材料量减少了，但这种趋势被不断增加的建筑数量大大抵消了。该研究统计到的 2005 年建筑材料温室气体排放量占同期澳大利亚国家温室气体排放总量的 2% 和建筑温室气体排放量的 10%。混凝土、钢材、铝材和砌体材料为温室气体排放量前四位的材料，具体数据如图 9.8 所示。

这种情况在中国更加显著，在过去 20 年中，中国新建建筑所使用的建筑材料急剧增加，相应的温室气体排放量也不断增加。温室气体排放量的急剧增加提高了全球的地表平均温度，导致气候异常、冰川融化、海平面上升，也对建筑全寿命周期能源消耗产生不可避免的影响，如将显著增加未来建筑空调制冷的能耗，但会减少建筑暖通设备制热的能耗。

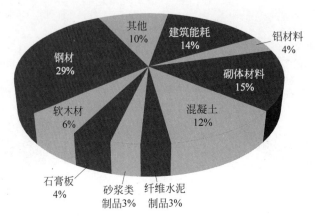

图 9.8　澳大利亚建筑行业所用材料的温室气体排放比例(2005 年)

9.4　建筑全寿命周期能源分析计算

建筑全寿命周期内部能耗主要有 3 个组成部分:初始内部能耗、重复性内部能耗和报废拆除内部能耗。这 3 个部分内部能耗广泛分布于建筑全寿命周期的 3 个阶段:初始建造阶段、运营和维护阶段、报废回收阶段。其中初始内部能耗主要涉及在建筑设计及建造阶段所包含的直接和间接消耗于建筑内构件或材料中的能源;重复性内部能耗主要指在建筑运营、维修、更换或翻新阶段所消耗掉的直接或间接能源;报废拆除内部能耗则指在建筑全寿命周期末期拆除、再利用和废物处理所消耗的直接和间接能源。

对内部能耗通常使用的计算方法包括基于流程的方法(图 9.9)、基于输入/输出的方法和混合方法。图 9.9 所示的方法包括了 4 个主要模块:负荷模块、系统模块、设备模块和成本模块。这 4 个模块相互联系形成了一个建筑系统模型,其中负荷模块是模拟建筑外维护结构及其与室外环境和室内负荷之间相互影响的;系统模块是模拟空调系统的空气输送设备、风机、盘管以及相关的控制装置的;设备模块是模拟制冷机、锅炉、冷却塔、蓄能设备、发电设备、泵等冷热源设备的;成本模块计算建筑全寿命周期环境成本所需的温室气体排放量和其他环境指标成本。

基于流程的计算方法通过从施工现场和制造商处收集实际能耗的使用数据后汇总计算构成建筑产品的全部内部能耗值。基于输入/输出的方法是统计不同工业部门之间能源对应的现金流之后,通过能源税将其转化为实际能源流量来进行评估的。比较而言,由于实际能耗数据取自于制造商,所以基于实际工艺流程的方法相对可靠。但由于基于实际工艺流程的方法需要往前追溯建筑产品整个原材料供应链上游生产商所消耗的直接和间接能源,所以这一追溯过程是困难且相当耗时的,有时候也可能会发生能耗数据的不可得所导致的建筑全寿命周期能源消耗系统边界不完整,这将导致建筑全寿命周期能源消耗评估结果存在低估的风险。而基于输入/输出的方法通过使用不同部门的资金交易数据克服了这一缺陷,基于制造部门中原材料价格和单位质量原材料能源消耗率可以将资金交易数据转换为能量消耗量,由于是一个部门统计分析出来的,所以涵盖系统边界范围较完整。但输入/输出方法数据来源存在一致性假设,如某一类建材产品的制造过程中所消耗的单位产品能源

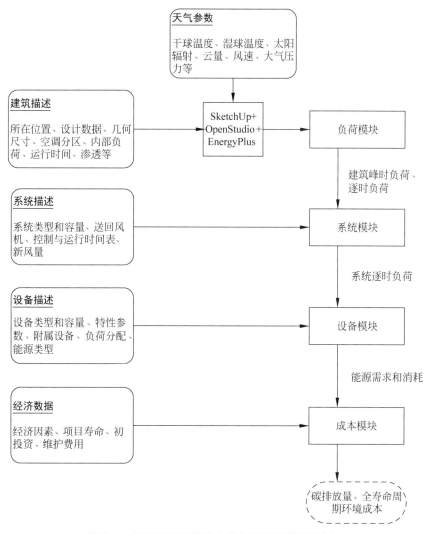

图 9.9　基于流程的建筑全寿命周期能耗计算方法

消耗率无法准确针对特定的供应商制造水平,只能采用事前假定的行业平均能耗率水平来估算,导致分析结果存在高估或低估的风险。

　　因此,近些年整合上述这两种算法后产生的混合方法开始逐渐流行,该方法克服了上述两类方法的部分缺陷。该方法在工艺流程层次还是采用供应商提供的具体能源消耗数据,但在这之上采用跨部门的完整系统边界内的输入/输出数据来加快评价建筑产品全寿命周期内部能耗的分析计算速度,因此,目前基于混合的建筑产品全寿命周期能源消耗分析方法被认为具有更好的可靠性和完整性。

　　另外随着已有建筑的老化问题不断加剧,目前针对旧有建筑的翻新改造活动都是通过在建筑物维护部分加装保温隔热材料以及升级建筑物内部的节能照明、暖通空调系统来降低建筑物的运营能耗,这些活动由于增加了额外的原材料用于建筑的节能改造,必然增加了建筑全寿命周期内部能源消耗量。

　　对于土木工程专业的学者来讲,如图 9.10 所示建筑能耗分析实际属于一个典型的跨专业研究领域,对于工程全寿命周期环境成本研究而言,探讨建筑全寿命周期能耗分析的主要目的在于确定建筑的能耗水平,并进一步分析评价增加能源消耗所导致的温室气体排放量。因此,有关于建筑全寿命周期能耗分析的详细过程在国内属于供热、供燃气、通风及空调工程专业领域,建筑全寿命周期能耗分析的优化过程对于土木工程领域的工程师来讲比较复杂,此处仅做简略的介绍,有关该领域的详细研究过程可以参考该领域文献[7]。这里主要强调作为建筑全寿命周期环境成本研究者的数据来源之一,研究者主要关心建筑全寿命周期能耗的具体水平,并期望通过将这一能耗水平结果转化为温室气体排放量后整合进建筑全寿命周期环境成本中。

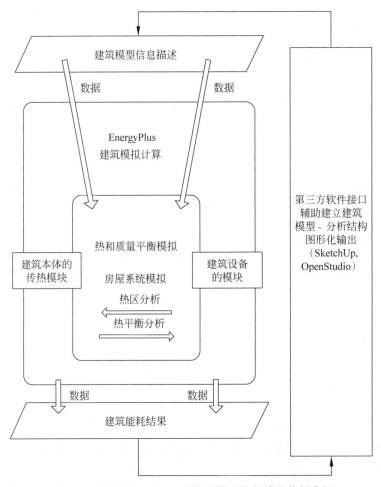

图 9.10 基于 EnergyPlus 计算引擎内核的建筑能耗分析

建筑整体热工分析与能耗模拟,即全建筑能耗模拟是建筑性能模拟的一个重要领域。该领域的研究始于 20 世纪 60 年代后期,随着建筑物理这一新学科的形成应运而生。20 世纪 70 年代的全球石油危机和个人计算机的出现,使得该领域迅速发展。对于能源供应、能源费用、温室气体排放等的焦虑是该领域持续发展的动力,建筑能耗模拟也是室内热舒适性评价和人居健康环境研究的重要工具。

建筑能耗模型利用能量守恒与质量守恒描述建筑中的以导热、对流和辐射 3 种传热方式发生的主要热过程,包括围护结构(墙体、底板、屋顶、窗和门)传热、蓄热、通风、太阳辐射得热与内部得热。一般来说一个建筑都由多个房间构成,一个房间又由多个表面构成,建筑围护结构由透明窗部分和非透明墙体部分构成,且一般都是多层材料构成,通风和空气渗透也需要进行描述,内部空间的热平衡分析也需要对人员作息进行一些假设,因此,建筑能流的完整描述是非常复杂的过程。

为了建立建筑室内外表面(墙面、屋顶和地面)、建筑体和室内空气的热区能量平衡,可以根据热力学第一定律建立热平衡法模型,通常根据简化的原则,热平衡法假设房间内的空气是充分混合且温度均一的,房间内的各个表面均具有一致的表面温度和长短波辐射,墙体表面的辐射为散射,墙体导热为一维方程。热平衡法原理见图9.11。

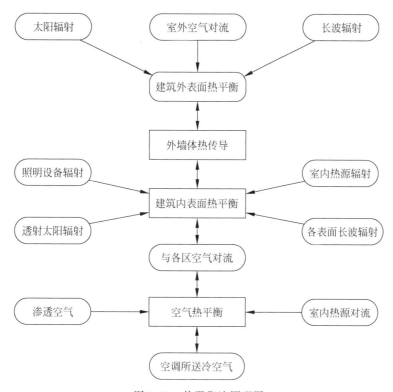

图 9.11 热平衡法原理图

建筑能耗模拟需要对建筑几何进行定义,并确定其热工分区。在建立墙、屋面、窗户等围护结构的模型时,应按顺序逐层定义其厚度与材料热工参数,对于透光围护结构,还需定义发射率、透射率与吸收率。建筑设备模型包括冷热源设备及输配系统的详细信息及其控制策略。建模者还需考虑空间离散化和时间离散化的问题。

目前使用最广泛的全楼宇能耗模拟工具就是 EnergyPlus、DOE-2、DeST 和 TRNSYS[8]。

9.5 建筑能耗模拟软件

美国能源部统计了全世界范围与建筑能耗模拟相关的软件工具,截至 2021 年共有 155 款。这些软件又细分为以下 6 类:

（1）建筑全能耗模拟软件；

（2）空调负荷计算软件；

（3）空调系统选型软件；

（4）参数化设计及优化软件；

（5）建筑节能改造分析软件；

（6）气象参数分析软件。

本章限于篇幅仅介绍目前主流建筑全能耗模拟软件 OpenStudio(OS)的使用概况。OS 是由美国能源部国家可再生能源试验室（National Renewable Energy Laboratory, NREL）开发的一款建筑全能耗模拟软件。2008 年该软件第一个版本以 SketchUp 插件的形式发布。草图大师软件 SketchUp(SU)被建筑师广泛用于建筑概念化设计阶段，OS 插件让建筑或土木工程师也可以利用 SU 软件快速构建能耗模型 EnergyPlus(E＋)，并可以加载 IDF 文件查看建筑形态，承担了 EnergyPlus 可视化界面的功能。OS 也是当时 SU 最复杂的插件之一。

美国能源部的建筑技术部门在 2011 年开始资助 OS，现已从 E＋的可视化界面工具发展为免费开源的跨平台工具集，可进行基于 E＋的建筑全能耗模拟、基于日照辐射的采光分析，并扩充至社区规模的模拟，也可为公司和个人提供 E＋引擎的开发接口。OS 提供分析建筑能耗的可视化程序套装及软件开发平台，其开发日志和源码在 GitHub 共享。

OS 面向建筑师、工程师、业主以及咨询方，提供建筑全能耗模拟的解决方案。按照 BIM 的建模思路，首先通过 SU 内插件，进行建筑墙体和屋顶等的建模，嵌入门窗部件、设定热区等；随后在 OS 程序中进行逐项的细化参数输入，如图 9.12 所示，从建筑热工特性到供热通风与空气调节（heating, ventilation and air conditioning, HVAC）系统设计；最后提交至引擎进行模拟计算。对结果应用参数化分析工具，从而完成设计—模拟—分析—再设计的流程，期间包含影响建筑设计决策的能耗反馈等信息，提供符合建筑规范的设计优化建议。

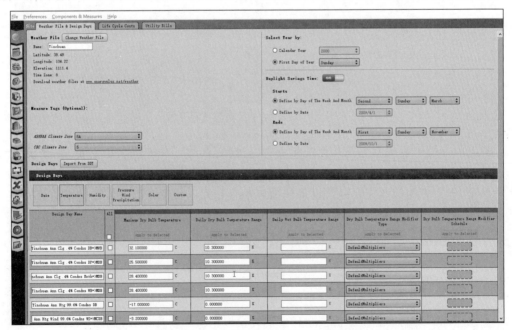

图 9.12　OpenStudio 模型参数设置页面

SU 是一款广泛应用的三维概念建模软件,在此插件的协助下,能耗模型的建立和审阅变得十分便捷。该插件将建立一个空间作为容纳建筑部件的基本热分析单元,在次级编辑环境中绘制的几何结构才被视为能耗模型,空间外的几何没有意义。SU 本身并非实体建模工具,空间内的垂直表面将自动识别为墙体,垂直亚表面识别为窗,底部为地面,顶部为屋顶;窗体可以由去几何工具自动由垂直亚表面转化生成,相邻空间需通过边界检查工具将重合的部分转化为内墙或楼板。平面图转建筑体工具迅速生成多空间的建筑模型。模型渲染工具提供额外的建筑模型标记方法,可根据边界条件将内墙、外墙、楼板、屋顶染色。

模型建立后存储为 osm 文件,选择直接导出 idf 文件,在 EnergyPlus 的文件编辑器中设定参数模拟,也可以打开 OS 程序面板进行更为可视化的设定过程。OS 为用户的参数设定提供了丰富的数据库供调用,符合 ASHRAE 及 ISO 标准的负荷设置参数、渗透风量、时间表、材料热工特性模板以及云端建筑部件和天气文件。

参数面板为多区块的表单模式,将所需参数块从库中拖拽到面板即可。在热区表单中,可批量选取空间进行统一参数复制,负荷、热工参数及时间表等参数分配一目了然。HVAC 系统设计也采用可视网络图的模块拖拽形式,几乎提供了所有主流空调系统模板供调用,进行细微调整只需将风机、温控点等拉到节点部位即可。

9.6 绿色建筑能耗认证标准比较

随着可持续发展成为世界各国发展的主流,绿色建筑的概念应运而生。如何评价一栋建筑是否为绿色建筑,这对于促进整个建筑产业低碳、可持续化发展至关重要。因此近年来世界各国均出台了绿色建筑评价标准体系和技术体系。

目前国际上较为成熟的绿色建筑认证体系包括:美国绿色能源与环境设计先锋(leadership in energy and environmental design,LEED)、中国《绿色建筑评价标准》(GB/T 50378—2019)、英国建筑研究院环境评估方法(building research establishment environmental assessment method,BREEAM)、日本建筑环境综合性能评价体系(comprehensive assessment system for building environmental efficiency,CASBEE)和德国可持续建筑评价体系(deutsche guetesiegel nachhaltiges bauen,DGNB)。

LEED 由美国绿色建筑委员会(US Green Building Council,USGBC)建立并推行[9],是目前国际上应用最广泛的绿色建筑评估体系。USGBC 成立于 1983 年,是由政府、建筑师学会、大学和研究机构等的人员组成的非政府、非营利性机构。USGBS 于 2008 年成立了绿色建筑认证协会(The Green Building Certification Institute,GBCI),专门进行 LEED 绿色建筑的认证工作。

LEED V4 版本从九大方面对建筑项目进行绿色评定,包括综合过程、位置与交通、可持续场址选择、水资源利用效率、能源与大气、材料与资源、室内环境质量、革新设计与地区优先。每个部分的条款分为先决条款和得分条款。先决条款具有强制性,得分条款根据建筑各方面的性能表现获得相应的分值,进行认证的建筑项目总得分为各项指标得分之和,根据总分的高低,LEED 最终评定分为 4 个等级:认证级、银奖级、金奖级和铂金级[10]。

在 LEED V4 中,与建筑能耗相关的一个主要评分项为能源与大气中的能源利用最优化,分值为 1~20 分,在总分值中所占比重为 16.4%。

能源利用最优化评分项要求建筑在满足最低节能率先决条款的基础上,通过合理采用绿色建筑技术措施,最大限度地减少能源消耗。评价方法有两种:①全楼宇能耗模拟;②遵从美国暖通空调工程师协会(American Society of Heating, Refrigerating and Air-conditioning Engineers, ASHRAE)先进能源设计指南的规范[11-12]。

实际认证项目多采用全楼宇能耗模拟评价方法,该方法要求利用权威机构认可的能耗模拟工具,根据 ASHRAE 标准 90.1 附录 G 的详细要求和规定,分别建立设计建筑和基准建筑,通过能耗模拟得出设计建筑相对于基准建筑的能耗费用节省量,以此对建筑的能源利用水平进行评分,如表 9.2 所示。

表 9.2　LEED V4 建筑能耗费用百分比及相应分值

新建建筑 /%	重大改造项目 /%	核心筒及外围 /%	得分(除学校和医疗建筑外)	得分(医疗建筑)	得分(学校)
6	4	3	1	3	1
8	6	5	2	4	2
10	8	7	3	5	3
12	10	9	4	6	4
14	12	11	5	7	5
16	14	13	6	8	6
18	16	15	7	9	7
20	18	17	8	10	⋮
⋮	⋮	⋮	⋮	⋮	16
50	48	47	18	20	

我国《绿色建筑评价标准》(GB/T 50378—2019)由中国建筑科学研究院、上海市建筑科学研究院、清华大学等单位共同编制完成[13]。《绿色建筑评价标准》的评估对象分为居住建筑和公共建筑。从认证结果标识上,《绿色建筑评价标准》分为设计评价和运行评价两种,设计评价在建筑施工图设计文件审查通过后进行,运行评价在建筑竣工验收并投入使用一年后进行。

《绿色建筑评价标准》的评价指标分为 7 类:节地及室外环境、节能及能源利用、节水及水资源利用、节材及材料资源利用、室内环境质量、施工管理和运营管理,每类指标均包括控制项、评分项和加分项。进行设计标识评估时,施工管理和运营管理两类指标不包括在内。

在评分方法上,《绿色建筑评价标准》的 7 类指标分为若干评分项,每类指标的总分均为100 分。建筑进行评分时,分别计算其 7 类指标得分占该项总分值的百分比,乘以该项的权重系数后进行累加得到最终总分。当建筑满足所有控制项要求并且在每类指标的得分不小于 40 分时,依据建筑总得分分别达到 50 分、60 分、80 分,分别可获得一星级、二星级、三星级绿色建筑标识。

《绿色建筑评价标准》中节能与能源利用评分大项的权重占 0.19~0.28,其中居住建筑设计评价 0.24,居住建筑运行评价 0.19,公共建筑设计评价 0.28,公共建筑运行评价 0.23。

BREEAM 是 1990 年由英国建筑研究院(Building Research Establishment, BRE)制定的绿色建筑评价标准,是世界上第一个绿色建筑评估体系。BREEAM 不仅对建筑单体进行定量化可观的指标评估,并且考虑建筑场地生态,从科学技术到人文技术等不同层面关注建筑环境对社会、经济、自然环境等多方面的影响。它既是一套绿色建筑的评价标准,也为绿色建筑的设计起到了积极正面的引导。BREEAM 设有针对新建建筑、使用中建筑、改造建筑、社区等不同建筑类型的评价标准,评价范围涵盖了建筑全寿命周期的各个阶段。

BREEAM 从管理、健康舒适、能源、交通体系、水资源利用、材料利用、垃圾管理、场地生态、污染管理、土地利用十大方面对建筑的可持续性进行了评分,同时还设立了创新项得分,鼓励建筑在有条件的情况下努力取得更好的环境和生态效益[14]。

建筑评分通过计算各大项的得分占该项总分值的百分比,乘以相应的权重系数后进行累加,从而得到最终的评分结果。根据评价的综合得分,BREEAM 的认证等级分为杰出、优秀、优良、良好、合格、无等级 6 个等级,如表 9.3 所示。

表 9.3　BREEAM 认证等级及要求

BREEAM 等级	分值/%	BREEAM 等级	分值/%
杰出(Outstanding)	≥85	良好(Good)	45≤得分<55
优秀(Excellent)	70≤得分<85	合格(Pass)	30≤得分<45
优良(Very good)	55≤得分<70	无等级(Unclassified)	<30

BREEAM 中能源评价大项的权重占 13%,其中与建筑能耗相关的条文主要是能源章节中降低能源消耗及碳排放条款,最多可获得 15 分。

CASBEE 是在日本国土交通省的支持下,自 2001 年开始进行研究,主要由日本可持续建筑协会(the Japan Sustainable Building Consortium,JSBC)开发。CASBEE 评价对象分为住宅、单体建筑、社区开发、城市管理 4 类[15]。

CASBEE 评价体系中,建筑物环境质量 Q(quality)用于评价建筑物环境舒适度的改善程度;建筑物环境负荷 L(load)用于评价建筑物对外环境所造成的负面影响程度。以此为基础提出了 CASBEE 的核心评价指标为建筑物环境效率(built environment efficient,BEE),旨在鼓励建筑物通过最少的环境负荷达到最大的舒适度。

建筑进行评分时,建筑物环境质量 Q 和环境负荷 L 两大评价类别分为若干子项目。对各项目进行评分后,依据权重系数,累加后得到环境质量分值 SQ 和环境负荷分值 SLR,根据下式计算 BEE 值。

$$\text{BEE} = \frac{Q}{L} = \frac{25 \times (\text{SQ} - 1)}{25 \times (5 - \text{SLR})} \tag{9.1}$$

建筑物的绿色程度可通过 BEE=Q/L 二维图反映出来,如图 9.13 所示。最后,依据 BEE 值评定建筑物的绿色等级,由低至高分为 C(差)、B−(一般)、B+(好)、A(优秀)、S(杰出)5 个等级。

CASBEE 中能源评价大项的权重占 0.4,其中与建筑能耗相关的条文主要是降低建筑外表面热负荷(LR1.1)。这一项以建筑热负荷降低指数(building pal index,BPI)作为评价指标,衡量外围护结构的隔热、保温性能。

DGNB 是由德国可持续建筑委员会编制并推行的绿色建筑评价体系,2008 年首次颁布。DGNB 的评价范围包括办公、商业、住宅、医疗、教育、酒店等不同类型和业态的新建建筑和既有建筑,同时包括城市区域和建筑群,不同对象的评价条款有所区别。

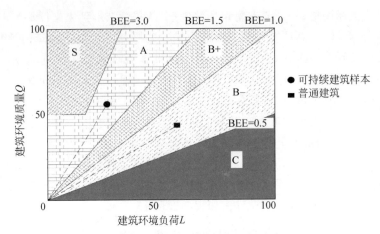

图 9.13　CASBEE 建筑物环境效率二维图

在评价内容上,DGNB 包括环境质量、经济质量、社会文化和功能质量、技术质量、过程质量、场址质量 6 个方面。其中,场址质量仅在对城市区域进行评价时采用。

建筑进行认证时,评分考虑其除场址质量之外 5 个方面的性能指标,最后根据权重计算建筑的总性能指标(百分比)。根据综合得分,DGNB 认证分为 4 个等级:铜级(仅针对既有建筑)、银级、金级和铂金级,各认证等级的具体要求如表 9.4 所示。

表 9.4　德国 DGNB 认证等级及要求

德国 DGNB 等级	得分值/%	德国 DGNB 等级	得分值/%
铜级	<35	金级	51~65
银级	35~50	铂金级	66~80

DGNB-办公楼评价体系中,环境质量评分大项的权重占 22.5%,其中与建筑能耗相关的条文为一次能源需求的生命周期评价(ENV2.1),可获得的最高分值为 5 分,占综合得分的比例为 5.6%。

由于建筑全寿命周期能耗分析涉及的因素众多,短期与外墙维护系统的导热系数、屋面导热系数、建筑蓄热水平、外窗遮阳系数、照明功率密度、电器设备功率密度、室内人员密度、空调系统、供冷机组能效、空调系统运行时间等相关,具体数据如表 9.5 所示,长期还受到建筑所在气候环境剧烈变化的影响。这对于土木工程师来讲完全是跨专业的另外一个技术领域。2015 年出台了国家标准《公共建筑节能设计标准》(GB 50189—2015)规定,由机电工程师、建筑设计师和节能工程师来具体从事国内节能设计和管理规划工作。

表 9.5　商用建筑和民用建筑的模型典型输入参数

模 型 参 数	建筑能耗标准设计要求(以美国加州为例)
外墙传热系数 U 值/(W/(m² · ℃))	0.35~1.07
屋面传热系数 U 值/(W/(m² · ℃))	0.37~0.44
建筑蓄热水平	低,中,高
外窗传热系数 U 值/(W/(m² · ℃))	1.02~2.04
外窗太阳遮挡系数	0.25~0.71

续表

模　型　参　数	建筑能耗标准设计要求（以美国加州为例）
照明功率密度/(W/m²)	8.6～19.4
电器设备功率密度/(W/m²)	8.6～16.1
室内人员密度/(人/m²)	办公区域18～20,民用单体建筑2～3
空调系统	小型商用建筑:屋顶风冷机组＋变风量空调系统;大型商业建筑:水冷机组＋变风量空调系统;高层民用建筑:分体空调系统
供冷机组能效	2.5～2.8(风冷),3.8～6.2(水冷),2.5(分体)
空调系统运行时间	商用建筑(6:00—22:00),居民建筑(24h)

注:U值是根据美国国家门窗等级评定委员会标准NFRC100来确定的

　　整体来讲建筑及建筑群的全寿命周期能耗分析属于专业性较强的技术研究领域,并且建筑全寿命周期能耗水平与诸多不确定性因素相关,针对建筑全寿命周期能耗的数字仿真模拟和计算近年来随着计算机技术的发展而得到快速发展。对于土木工程全寿命周期综合性能研究来讲,主要是需要建筑节能工程师将计算预测的建筑全寿命周期能耗数据(一般指建筑年耗电量)作为基础数据提供给土木工程师就可以,然后由土木工程师来进一步开展建筑全寿命周期地震成本、环境成本和社会成本的分析研究。

参考文献

[1]　新华社.中共中央关于制定国民经济和社会发展第十四个五年规划和二〇三五年远景目标的建议[EB/OL].(2020-11-03)[2021-11-01].http://www.gov.cn/zhengce/2020-11/03/content_5556991.htm.

[2]　RALPH H,TIM G,KARLI V. Life cycle assessment-principles,practice and prospects[M]Collingwood:CSIRO publishing,2009.

[3]　OECD Environment Programme. Design of Sustainable Building Policies:Scope for Improvement and Barriers[R]. Paris:OECD,2002.

[4]　OECD Environment Programme. Environmentally Sustainable Buildings:Challenges and Policies[R]. Paris:OECD,2003.

[5]　中国建筑节能协会能耗统计专业委员会.中国建筑能耗研究报告2020[R].厦门:中国建筑节能协会,2021.

[6]　SUH S,LIPPIATT B C. Framework for hybrid life cycle inventory databases:a case study on the Building for Environmental and Economic Sustainability (BEES) database[J]. Int. J. Life Cycle Assess,2012,17:604-612

[7]　潘毅群,黄森,刘羽岱.建筑能耗模拟前沿技术与高级应用[M].北京:中国建筑工业出版社,2019.

[8]　Energy Plus Example File Generator. Building Energy Simulation Web Interface for Energy Plus[R]. Washington D. C. :U. S. Department of Energy National Renewable Energy Laboratory,2009.

[9]　United Green Building Council. LEED Reference Guide for Green Building Design and Construction[S]. Salt Lake City:UGBC,2009.

[10]　United Green Building Council. Standard for green building design,construction,operations and performance-V4. 1[S]. Salt Lake City:UGBC,2019.

[11]　ASHRAE Standing Standard Project Committee. ASHRAE Standard 90. 1-2013-User's Manual[R]. Atlanta:American Society of HeatingRefrigerating and Air-Conditioning Engineers Inc,2013.

[12]　ASHRAE Standing Standard Project Committee. ASHRAE Standard 90. 1-2019-Energy Standard for Buildings Except Low-Rise Residential Buildings［S］. Atlanta：American Society of Heating Refrigerating and Air-Conditioning Engineers Inc，2019.

[13]　中国建筑科学研究院,上海市建筑科学研究院,清华大学,等. 绿色建筑评价标准：GB 50378-2019[S]. 北京：中国建筑工业出版社,2019.

[14]　BRE Global Ltd. BRE environmental & sustainability standard［M］. Hertfordshire：BRE Global Ltd,2008.

[15]　日本可持续建筑协会. 建筑物综合环境性能评价体系：绿色设计工具(CASBEE)［M］. 北京：中国建筑工业出版社,2005.

第10章

建筑工程全寿命周期社会成本分析

建筑全寿命周期社会成本是一个全新的研究领域,以往对于这一子领域的研究都不太重视,其原因是多方面的。首先所谓建筑全寿命周期社会成本主要指在建筑全寿命周期内由建筑导致的对于建筑内和项目周边人群所产生的负面影响,这种影响一般被认为存在难以准确度量的问题。其次对于整个土木工程全寿命周期研究本身业界更多地倾向开展经济成本和环境成本的评价,因为这两个方面的成本分析是易于衡量和测算的,无论是由正常使用导致的结构耐久性劣化或地震导致的结构损伤,这些都是可见和可以直接衡量的。由于近年来针对碳排放的日益重视,在整个建筑生产流程中对碳排放都可以实现较精确的测量,针对温室气体排放的检测评价是可以间接实现的,所以建筑环境成本也是可测算的。

研究中将工程全寿命周期社会成本分为两个方面来区别分析。首先一部分影响是可度量的,如该建筑所在区域内人员由建筑所在区域内的噪声或空气质量导致长期医疗费用增加;同时也有一部分影响是不易度量的,如该建筑所在区域内人员因居住在该建筑内产生各类心理压力等负面影响。目前国内外对于建筑全寿命周期社会成本方面的研究屈指可数,该领域目前研究成果不多的主要原因在于对社会成本的具体内涵国内外尚无统一的共识,而且实际计算过程存在较大的不确定性。

10.1 建筑工程全寿命周期社会成本概述

建筑全寿命周期社会成本是一个较新的领域,以往在国内很少有人涉及这一领域,但近年来随着国内城市高层建筑群的大规模兴建,居住于高层房屋内的居民由于建筑群所坐落的地区、位置、建筑朝向、建筑设计缺陷等受到各类噪声、光照、建筑室内通风,甚至建筑所在地工业发展导致的空气污染影响,从而诱发一系列身心损伤问题,有时甚至影响到人的正常工作和生活,因此本章提出这一概念并尝试对此开展初步的探讨。首先,建筑全寿命周期社会成本涉及两个重要的概念,第一为建筑全寿命周期,关于全寿命周期的概念在前面章节已有较详细的叙述;第二为社会成本,这里突出强调了建筑的存在不是孤立的,人和建筑均是自然环境有机的一部分,应该在建筑的规划、设计、建造、运营和报废拆除全过程贯彻全寿命周期观念,特别是在我国提出"2030碳达峰、2060碳中和"的倡议后,如何构建人类命运共同体,如何构建可持续化社会发展模式日益成为各国政府的重要责任[1]。

建筑不是空洞存在的,建筑是为社会各项服务而存在的,而社会是由人组成的。如果建筑在全寿命周期过程中不考虑其对环境所造成的负面影响,如大量排放温室气体、污染地下水、持续性制造噪声等,则必将大幅低估建筑对周围环境所造成的长期负面影响[2]。由此会导致政府、业主等决策机构和社会人群对于人类大规模建设活动所造成的结果过于乐观,从而忽视大规模的建设活动对环境的长期累积性危害,其结果必然会对人类社会以及居住人群的身心产生各种不良的影响,这种影响积累到一定程度就会从量变转化为质变,并最终对人类社会产生重大的消极影响。当然如果建筑可以积极地处理好与周围环境的协调关系,将对自然环境的不利影响降至最小,甚至对居住在其中的人产生积极的正面影响,那么最终也可能会对社会产生积极的影响。

针对建筑对人类社会环境的长期影响,研究认为从系统整体的角度来分析考虑更全面合理,即忽略具体因素的属性是否与建筑产业直接相关,如忽略路上某辆车的具体运行原因是否与建筑产业相关或某一家企业生产产品是否与建筑产业直接相关,而是基于某一地区整体的建筑产业经济或碳排放量,以当地建筑产业宏观统计数据为依据来分析考虑。

目前针对建筑全寿命周期社会成本问题,可以通过一些方法将建筑产业对社会和人的影响量化,从而变成可计算量化的指标,如建筑温室气体排放对人心理的影响,可以通过测量建筑周边的环境噪声、空气污染指数、居住在建筑内人员的工作效率指数等形式来予以间接表示。建筑温室气体排放对人体健康的影响,可通过在建筑全寿命周期内针对社区内不同年龄段的样本人口年均医疗费用和大病医疗年费用,给予长期的跟踪统计分析和合理评价,并与国内外其他地区的人口统计数据对比评价来获得有价值的数据。建筑温室气体排放对人体健康的长期影响程度是评价的最大难点,通过调查问卷的形式来获取更进一步准确的统计信息无疑是一种很好的解决途径。

10.2 建筑工程全寿命周期社会成本分析法

2016年本书作者带领研究团队在国家自然科学基金(51468050)"基于组合的地震易损性与钢筋混凝土结构工程全寿命周期地震损失成本分析研究"的资助下针对某北方省会城市冬季雾霾环境下(含温室气体过度排放)对人的健康影响开展了初步的社区随机统计调查,为我们揭示出建筑全寿命周期社会成本分析的重要性和必要性。该研究是通过问卷调查表的形式来开展的。问卷调查设计的背景:我国目前旧有的传统经济发展模式即过度依赖化石燃料的社会经济运行模式并未有大的改变,在这一经济模式下,由于中国北方地区尤其是西北地区脆弱的生态环境叠加大量的温室气体排放,导致在冬季北方地区极易诱发严重的雾霾现象,但以往对于雾霾气候条件下人的心理和身体健康方面开展的专题调研极少,而雾霾现象的诱因实际上就是人类社会大规模依赖化石燃料的产业发展模式造成的,无论是燃油汽车还是火力发电厂都是旧有经济发展模式下的产物。具体问卷调查表内容如表10.1所示。

针对以上雾霾(温室气体排放)对社会人群的身体和心理影响共发出问卷4000份,收回有效问卷3320份,其中男性1640份,女性1680份。

表 10.1 针对雾霾对人心理和身体健康影响的调查问卷

序号	问 题 描 述	回 答 方 式
1	您认为雾霾是否会影响到您的心情或者您是否对雾霾感到担忧	是或否
2	发生较重雾霾后是否导致您有喉咙不适或者感觉肺部不适的症状	是或否
3	您是否认为雾霾已干扰到了您的正常工作或降低了您的工作效率	是或否
4	在雾霾天您认为是否有必要戴上口罩或以其他方式进行必要的防护	是或否
5	假如有可能的话,您是否会因为雾霾而选择离开这座城市迁到空气良好的地方	是或否
6	您认为如果政府能给大家提供舒适快捷的公共交通工具,如轻轨、地铁等,您是否愿意为此而放弃开私家车出行或放弃购买燃油车	是或否
7	您认为城市里雾霾最大的来源是否就是燃油车尾气排放	是或否
8	在过去一年中,您是否因为雾霾而生过病	是或否或( )天
9	您是否认为长期在雾霾天气中生活会对肺和其他器官产生慢性的长期损害并且积累后会生病	是或否
10	您是否认为雾霾和现在城市里居民出现的一些病症如癌症(肺癌、五官癌等)的发生率增加或老人的过早离世有关联	是或否

选择样本在各年龄段的分配如图 10.1 所示,采样主要选择 20～70 岁之间的,具有自主判断力的成年人,统计调查结果如图 10.2 和图 10.3 所示,不同年龄段人群对于同一问题的解答存在一定的趋同性规律。除问题 4 以外的所有问题在 50 岁以上人群无论男女均存在大致相同的涨落规律,并且无论男性还是女性在 50 岁以上人群反馈结果所占位次大致相同。问题 1、2 分别调查建筑环境对居者的心理和身体是否产生了不利的影响,无论男性还是女性调查者,在 30～50 岁之间均获得了高度赞同,其中男性中有 95％认为对自己的身心造成了影响,而女性中的比例更高达 98％;而这两个问题在 20～30 岁的年轻受众中认同的比例大幅回落到 78％和 83％,显示不良的环境对年轻群体的影响较低,这可能是由于年轻群体的身体抵抗力较强;而最有意思的地方在于前两个问题在 50 岁以上群体中,无论男、女不仅没有随着年龄的增长出现上升,反而出现了相当幅度(5％～10％)的降低,这显示出50 岁以上的人群由于生活压力和精神压力的降低而呈现出身体和心理抵抗力的反弹,这实际暗示出人的身体和心理会受到外界环境的明显影响,当这种影响显性化以后会表现为疾病的出现或增加、工作效率的降低等就可以用经济性成本指标来理解和衡量。

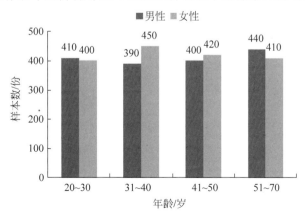

图 10.1 雾霾调查表的不同年龄段男女比例组成数量

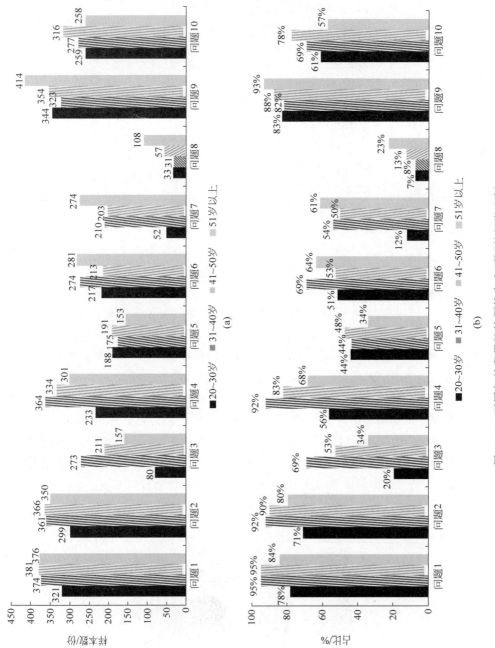

图 10.2　不同年龄段男性答题答案为"是"的问卷比例
(a) 数量；(b) 百分比

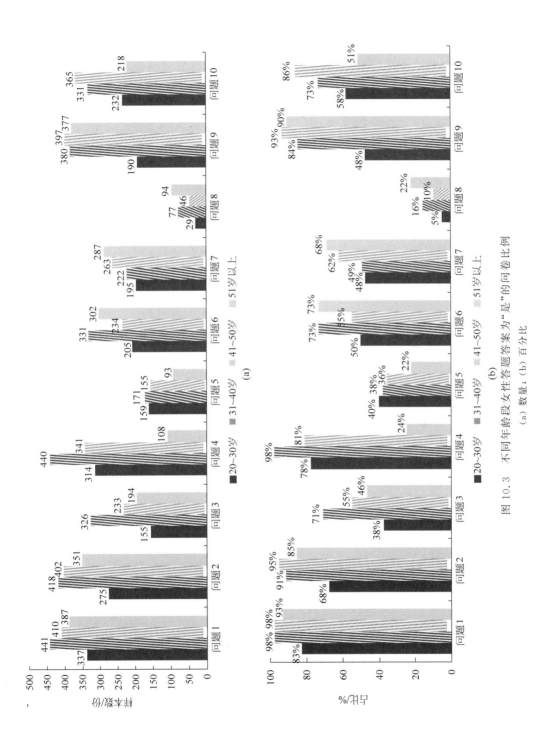

图 10.3　不同年龄段女性答题答案为"是"的问卷比例

(a) 数量；(b) 百分比

问题 3 则更加直接地要求答卷者明确雾霾这一环境因素是否影响到工作效率。从答卷反馈来看,无论男女均显示在 30～40 岁的人群为最易受损伤群体,分别有 27% 的男性和 69% 的女性认为的确影响到他(她)们的工作效率,其次是 40～50 岁组人群,然后是 50～70 岁的老年人群体。这一调查结果也同样说明了 50 岁以上的老年人群体反而是仅次于 20～30 岁年轻人群体的较少受雾霾影响的群体,仅从研究结果来看,这一结果是反常的,即随着年龄的增长,抵抗雾霾影响的能力反而增加,针对这一反常结果只能从社会压力和心理压力等无形的因素来解释。此外该问题调查反馈显示出女性比男性对于环境的反应更加敏感。

问题 4 同样显示了女性比男性对于外界环境的刺激更敏感,其中 20～50 岁人群中有高达八成的女性认为在雾霾天应该戴口罩,而同年龄男性的比例要低。但奇怪的是 50～70 岁以上人群女性戴口罩需求比例出现大幅降低,推测这可能是由于女性戴口罩部分出于爱护容貌的心理需求,而这一心理因素当其年龄超过 50 岁以后会大幅减弱。

问题 5 直接将问卷调查者置于选择的境地,要求明确给出是否会因为雾霾这一环境问题而采取更加强有力的行动。在这个问题上可以揭示出究竟雾霾这一环境因素到底对居住者造成多大程度的影响,从问卷反馈不同年龄段的人群呈现出基本相同的比例,34%～48% 的男性和 32%～40% 的女性会选择离开此地到空气更好的地方。

问题 6 考验答卷人是否具有强烈的环境保护观念。从反馈结果来看,20～30 岁的年轻群体因为环保而放弃开车的比例最低,各结果无论男女呈现出的另外一个奇特的地方在于 40～50 岁的群体对此的意愿也比较低,而 30～40 岁和 50～70 岁年龄群体分别有 60% 和 70% 以上的男性和女性受访者愿意为此选择公共交通工具出行。出现这一特别现象的原因可以解释为 20～30 岁和 40～50 岁的群体是社会压力和心理压力较大的年龄段,这两个年龄段的群体所面临的生计、家庭、子女教育压力较大,时间成本较高,不愿意为了环境保护而多耗费自己的出行时间。30～40 岁和 50 岁以上的群体则刚好与此相反,这样的结果也间接揭示出无论是自然环境还是社会环境对社会群体均有较大的影响,即社会成本是存在的,也是可度量的。

问题 7 希望获得被调查者对于燃油车在雾霾中的作用到底呈何种立场,以此可进一步了解普通民众对于可持续性绿色低碳的新经济发展模式(包括新能源绿色交通出行)到底有多大的期待。从调查反馈来看,除 20～30 岁的青年男性受访者对于燃油车的接纳程度较高以外,无论男性还是女性对于旧有经济模式下的出行方式均有约 50% 的比例持拒绝的态度,而且随着年龄的增长,对于绿色环保的交通出行方式的需求就越迫切,在 50 岁以上受访人群中,分别有 61% 的男性和 68% 的女性认为燃油车就是导致冬季城市产生雾霾的最大来源。根据截至 2022 年 3 月的中国汽车工业协会的统计数据显示 2022 年 1～3 月我国新能源汽车销售 125.7 万辆,同比增长 1.4 倍,市场占有率为 19.3%[3],当前主流新能源汽车价格在 20 万～40 万元,大幅高于燃油车的价格。表明新购买新能源汽车的主流群体具备良好的经济实力,这暗示出该购买群体应以 30 岁以上的中年群体为主。这从侧面证明问题 7 的调查结果具有较高的前瞻性和可信度。

问题 8 要求受访者回答是否因雾霾这一因素而支出了医疗成本,这实际上是要调查雾霾导致人群患病的比例。从反馈的结果来看,男性患病的比例在 5%～23%,而女性的患病比例在 5%～22%,呈现高度的类似性,其中 20～30 岁生病的比例在 5%,50 岁以上生病的比例增加到 20% 以上。整体趋势呈现随着年龄的增加生病的人数比例也在增加。

问题9调查雾霾对人体的长期影响。可以发现受访群体对该问题具有高度的认同率，无论男性或女性均有超过九成的比例认为雾霾的确对自己的身体造成了长期的影响。

问题10进一步确定受访人群是否认为雾霾是造成大病的根源之一。受访人群对此问题无论男性还是女性均有超过五成受访者做了肯定的回答，但奇怪之处在于50岁以下受访人群对该问题的认同率不断提高，并在40～50岁受访群体中达到高峰，即约八成受访人群认为雾霾会导致严重病症，但50岁以上受访群体对此问题认同的比例大幅降低至50%，这反映出人群关于雾霾对人体的健康影响普遍比较忧虑。这种担忧的情绪在职场适龄人群中可能表现为过度的担忧，并在40～50岁男性或女性群体中表现最严重，而一旦进入50岁以后，随着临近退休年龄，很多人的生活压力和工作压力得到了一定的释放，这种担忧的情绪也得到了部分缓解。这同样表现出环境对社会群体具有强大的影响，这种影响力可以通过一系列的事件而显性化或者环境的社会成本是可以计算且评价的。

不同性别受访者对于调查问卷的选择，我们通过图10.4所示数据可以发现基本呈现大致相同的波动性，即无论男性还是女性对调查问卷的选择基本呈现同一趋势，这也反映了调查问卷中的问题不存在性别差异过大的无效问题，即验证了调查问卷问题的有效性。

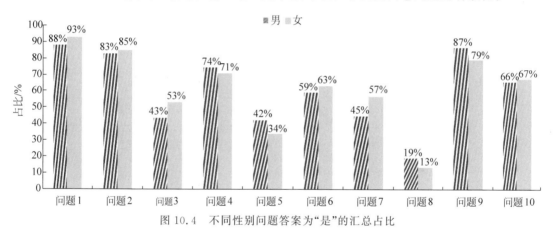

图10.4　不同性别问题答案为"是"的汇总占比

从图10.5不同年龄段在过去一年的生病持续时间来看，整体形态呈现典型正态概率密度分布特征，30～50岁为受雾霾影响生病高峰年龄段，其中30～40岁的男性受雾霾影响导致的年均生病天数为8d，女性平均为10d。50岁以后无论男性还是女性反而下降至年均5d。年平均生病天数男性为7d，女性为6d。

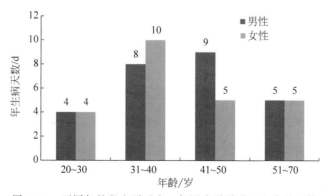

图10.5　不同年龄段人群过去一年因为雾霾误工生病的天数

调查问卷的结果为进一步获取建筑全寿命周期社会成本提供了重要的一环,研究中进一步详细地给出建筑全寿命周期社会成本分析流程(图 10.6)。

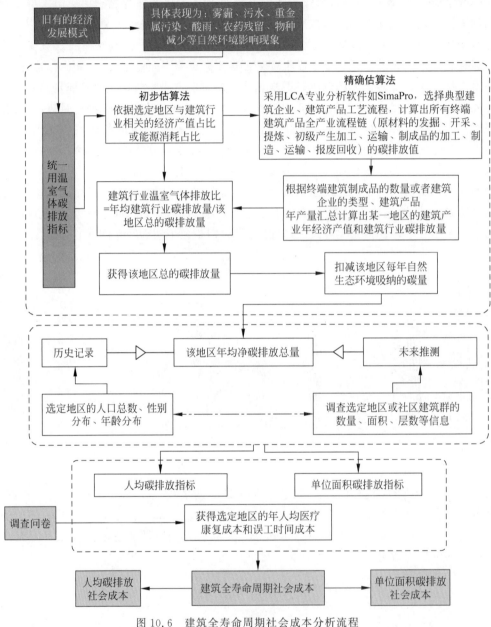

图 10.6　建筑全寿命周期社会成本分析流程

10.3　建筑工程全寿命周期社会成本研究结论与意义

通过以上统计调查问卷的方式,研究大致可以得出如下结论:

(1)自然环境的影响如雾霾、污水、重金属、酸雨等本质上根源于旧有的经济模式,其宏观表现指标均可以用温室气体碳排放指标来统一表征。

（2）环境中有形的因素（如雾霾）和无形的因素（工作压力）均会对人的身心产生明显的影响，其中女性对于环境的敏感度高于男性。

（3）30～50岁是最易受环境影响的年龄段，这其中如果雾霾等自然环境因素叠加工作压力等无形环境因素共同作用后对受访者的身心健康影响最大，其次是50岁以上的老年人，20～30岁的年轻人对环境负面影响的抵抗能力最强。

（4）雾霾等自然环境因素所导致的居住者群体健康损失或修复成本可以通过不同年龄段的医疗成本予以量化成本计算，这部分要计入建筑的社会成本，而由雾霾等自然环境因素导致的居住者工作效率降低和心理压力可以通过误工所导致的时间成本来大致估算，这部分也要计入建筑的社会成本。因此，本章中建筑的社会成本完全可以量化计算，包括两部分：医疗康复成本和误工时间成本。

（5）本章中建筑的全寿命周期社会成本只包括由旧有经济模式产生的自然环境污染所导致的人的身心损伤修复成本，不涉及无形的如工作压力环境所导致的人的身心损伤成本，那部分历来也是无法估量的。

（6）参照流程图10.6可进一步计算获得建筑人均或单位面积对应的社会成本值。

（7）结合长周期领先预测工具，如技术转型升级的频率、当地绿色生态发展的趋势等，就可以开展全寿命周期内建筑社会成本的预测计算。

本章定义了何为建筑全寿命周期社会成本，探讨了建筑全寿命周期社会成本对于促进当前我国转变经济发展模式，尽快构建可持续性、绿色低碳人类命运共同体的重大意义。重点探讨了通过调查问卷和分析计算来获取某一地区建筑全寿命周期社会成本的具体途径和方法，通过调研分析结果对进一步深入开展我国建筑全寿命周期社会成本分析研究建立了良好的基础，为我国提出的"2030碳达峰、2060碳中和"远景战略的顺利推进，增加了全新的理论基础和实践工具。

参考文献

［1］　新华社.中共中央关于制定国民经济和社会发展第十四个五年规划和二〇三五年远景目标的建议［EB/OL］.（2020-11-03）［2021-11-01］.http://www.gov.cn/zhengce/2020-11/03/content_5556991.htm.

［2］　JUNNILA S,HORVATH A.Life-cycle environmental effects of an office building［J］.J.Infrastruct.Syst,2003,9：157-166.

［3］　中汽协行业信息部.2022年3月新能源汽车产销情况简报［EB/OL］.（2022-04-19）［2022-06-01］.http://www.caam.org.cn/chn/4/cate_30/con_5235704.html.

第11章

建筑工程全寿命周期理论应用总结与展望

　　人的一生中大约90％的时间都是在室内度过的[1]，因此维持一个安全、健康和舒适的建筑室内工作和生活环境不言而喻是非常重要的。然而，为了维持这样一个室内环境，大约40％的全球能源消耗和接近1/3的温室气体排放是与此有关的。

　　碳排放、碳核算和碳中和是近十多年来随着人类社会对于气候变化认识的日益加深而演化出来的新主题，并得到了世界各国的高度重视。对此，国家间的气候变化协调组织和各个国家均认识到任何减少温室气体排放的系统方法，均需要一个标准的计算碳排放和碳封存的方法，这也是碳交易和碳税的前提基础。

　　LCA研究与碳排放计算有着天然的历史联系，以往在计算由于化石燃料所产生的碳排放和一次能源核算方面开展过LCA领域的研究，为了使LCA技术更广泛地应用于计算碳排放及碳抵消和替代生物能源等环境成本方面的效益研究，早在2004年国际能源署和欧盟委员会就资助过通过可再生能源改善化石能源所导致的气候变化项目[2-4]。

　　为应对碳排放，通常采取生物封存途径即种植树木和其他作物，这种方法作为一种有效的应对气候变化的手段被首先提出来，为达到碳中和甚至碳削减的最终目标。森林确实会吸收大气中的CO_2，并将其转化储存在实木、植被、凋落物和土壤中[5]，碳积累在时间上是典型的线性积累过程。不同种类的树木和植被、当地土壤和气候条件都会影响碳吸收增长率，但需要注意的是碳排放假定以碳的形式储存在植物中，这是以人类对于生物质在土壤和植物之间如何流转有充分的了解为前提的，而该循环通常是复杂的。理论上燃烧化石燃料所排放出来的CO_2被植物等量吸收，并且这部分碳被植物和土壤永久性吸收封存了，这里存在一个假设即如果不用于封存CO_2则不会种植植物；研究中忽略了土壤碳损失，这当然是不准确的；另外植物存在一个生长和收获周期，这是一个动态变化的过程，假定在此期间没有温室气体净排放的情况下土壤和基质的温室气体保持平衡不变也是不现实的。显然生物封存项目的碳核算是有争议的，应该考虑到各种碳补偿因素。因此基于大的生态圈来分析计算碳排放和碳中和是一项复杂的工程。

　　时间，包括树木或森林的寿命或年龄也会影响碳吸收总量，因此也存在复杂的变量，如一些木制的建筑材料，在其全寿命周期内储存了隐含碳。然而，在全寿命末期其中的一些碳也会被释放出来，导致生物质转化为CO_2或CH_4，如现在国内农村地区大量推广的利用秸秆或树木产生沼气的项目，再比如目前各国夏季由于干旱导致的森林野火的爆发也将森林中的一部分沉积碳转化为温室气体。

正在开发的生物质能技术被强调替代现有的化石燃料为基础的能源系统。生物质技术可能更简单,从本质上说,燃烧生物质作为一种替代化石燃料燃烧的方法被广泛提倡作为减少温室气体排放的措施,如目前从玉米秸秆中提炼酒精用于车用燃料的技术。然而,人们始终对生物燃料等生物质能源产品中存在其他燃料产品有担忧。例如,制备生物质燃料总是涉及化石燃料的消耗生产和加工,也需要维持本来可以用来种植粮食的土地作为生物多样性保护区。

显然,认为燃烧生物质总是可以实现碳中和的想法是有其可取性的,因为燃烧生物质所排放的 CO_2 是生物质能源的短期碳循环。燃烧过程中排放的 CO_2,确实是当生物再次生长时,它又从大气中吸收回来的,因此总的来说净二氧化碳排放量没有增加。

联合国政府间气候变化专门协调委员会(Intergovernmental Panel on Climate Change, IPCC)认为生物质排放不会增加全球温室气体排放,因此,在大多数监管和会计方案中,它们都没有被考虑在内。然而,在确定用生物质替代所能节省的费用方面,还存在不确定性化石燃料。在碳排放交易中,这是一个重要的考虑因素,减少 CO_2 排放会带来经济上的好处。如计算碳减排与能源生产中生物质替代相关的 CO_2 排放问题。类似的讨论点也适用于任何生物质替代方案。

LCA 技术发展到目前已经涉及完善现有的方法和设计应用程序,LCA 研究的需求将由不同的研究主题和不同的利益相关者决定,其使用的范围和传播的速度也是由需求来决定的,因此 LCA 是一种技术,它只有应用于解决某一问题时才可以讲它是有用的。展望未来 LCA 技术将可能成为人类社会活动对自然环境持续动态影响的重要评估手段和工具。因此,在本节我们会思考并探讨如下几个问题:

(1) LCA 技术未来可能实现的最大愿景或发挥的最大效果是什么。

(2) 可能应用 LCA 的具体技术如何发展。

(3) LCA 未来的趋势和发展极限在哪里,如何确定该技术的重点主题。

(4) 对于可持续性问题,使用 LCA 是否可以得出有意义的成果,作出有价值的贡献。

(5) LCA 对于实现人与自然的和谐相处,对实现环境可持续性发展的决策到底可以发挥多大的影响。

首先,考虑 LCA 是否“有效”的问题,随着计算技术和手段的不断升级完善,人类显著地增强了对于人类社会所在的地球环境和所建工程环境的信息感知能力,以往为人诟病的工程 LCA 分析深度(精确性)和广度(完备性)问题得到了解决,这极大地提升了工程 LCA 的应用价值。当前制约工程 LCA 分析的主要障碍在于工程所处的环境变量要素较多,针对工程 LCA 分析,不仅仅涉及从工程规划、设计、施工、采购、运维直至报废回收的巨大时间跨度,还涵盖了工程所处的空间环境维度,如工程建设过程中建筑与环境之间光、热、温室气体排放、水资源和其他物质之间的交互问题。因此,以往针对工程 LCA 问题,如何在较大空间广度和较长时间跨度的条件下开展研究,受到了计算手段和计算工具的极大制约。但近年来随着建筑信息模型 BIM、云计算、温室气体排放计算、“2030 碳达峰、2060 碳中和”行动指南、网络监测系统等的提升,对于工程 LCA 的需求首先在工业产品领域稳步上升,包括华为公司等著名企业在产品设计过程中均开始考虑产品 LCA 成果。

当前 LCA 研究的有效性有待完善是不可否认的,但这项研究自 20 世纪 90 年代以来从不曾停下过发展的脚步,虽然困难重重,但仍然坚持了下来,这背后最重要的原因在于有识之士对于人类创造的文明社会和人类命运可持续性的深度担忧，包括人类建造的各类土木工程（房屋、道路、港口、桥梁等）的运行维护可持续性问题的担忧，例如一个项目实际建成后存在过量消耗水资源、破坏周边生物多样性等风险，那么这样的项目在未来就很可能被中止，正是这种担忧在持续地推动 LCA 研究不断地融合新技术升级发展。

对于一个项目的业主来讲，未来衡量项目是否成功的标准首先在于项目是否可以实现能源消耗的自给或者最小化，如"零能耗"建筑概念；其次在于项目在其全寿命周期内是否实现了水资源和其他资源的高效循环利用；当然最重要的还在于项目从建造到报废拆除回收的全过程温室气体排放是否控制在低水平，与项目周边环境是否可以实现碳中和或者接近碳中和。以上三点就成为评价项目未来是否成功的关键因素。

LCA 研究实际上是给研究者提供了一个预期愿景目标框架，LCA 研究本身并不指定或提供具体的技术，随着时代的发展 LCA 研究所涉及的技术本身也在不断发展、衍生之中，LCA 研究的目标在于将项目的未来尽可能从不确定性转为可预测性，并在项目开展的前期就针对项目的未来性能（全寿命周期经济成本、地震成本、环境成本和社会成本）采取优化措施，将项目未来可能发生的风险影响尽可能前置在项目的规划设计阶段就化解或者最优化，因此 LCA 研究结果是否可行与具体分析技术的精确性密切相关，或者也可以理解为 LCA 研究是否具有应用价值极大地受到其采用的具体分析技术的制约。

由于支持 LCA 研究的核心力量是可持续性问题，因此，LCA 研究的目标当然是有助于解决或者改善可持续问题，这就带来了一个问题，即 LCA 是否可以得出有意义的成果用于解决或改善可持续性问题，这一问题一直以来都饱受争议，主要原因并不在 LCA 研究本身理论思想有多大问题，而是在于实现 LCA 研究意图的过程中要采用的具体技术是否可以满足 LCA 研究的精度和完备性要求。随着近年来 LCA 专业软件系统的不断升级完善，在测量、收集、分析、计算和评价项目与周围环境之间能量流、物质流包括温室气体交换的手段、工具精度和完整度不断完善的前提下，极大地提升了工业品和项目的 LCA 研究的可信度和研究成果应用的价值。

11.1　BIM 技术对于工程 LCA 研究的作用

BIM 技术是基于三维建筑模型的信息集成和管理技术，可以使建设项目的所有参与方（包括政府主管部门、业主、设计、施工、监理、造价、运营管理、项目用户等）在项目从概念产生到完全拆除的全寿命周期内都能够在模型中操作信息和在信息中操作模型，从而从根本上改变从业人员仅依靠符号、文字形式的图纸进行项目管理和运营管理的工作方式，实现在建设项目全寿命周期内提高工作效率和质量以及减少错误和风险的目标。

应用单位使用 BIM 建模软件构建的三维建筑模型包含建筑所有构件、设备等几何和非几何信息及其之间的关系信息，模型信息随建设阶段不断深化和增加。建设、设计、施工、运营和咨询等单位使用一系列 BIM 应用软件，利用统一建筑信息模型进行设计和施工，可实现项目协调管理，有效减少错误、节约成本、提高质量和效益。工程竣工后，利用三维建筑模型实施建筑运营管理，可提高运维效率。BIM 技术不仅适用于一般工程，也适用于规模大而复杂的工程；不仅适用于房屋建筑工程，也同样适用于市政基础设施等其他工程。

BIM 技术的特点在于：

（1）可视化。即实现"所见即所得"，将建筑项目的设计、建造、运维管理置于三维空间来规划开展，这相比以往的 2D 平面化管理是巨大的技术飞跃，它还原了工程项目管理的本源，即工程管理本来就应该是基于三维空间来开展的。

（2）协调性。基于可视化大幅简化了项目实施过程中不同专业之间、同一专业不同进度之间产生冲突的风险性。

（3）模拟性。BIM 技术并不只是模拟设计出的建筑物模型，BIM 模拟还包括模拟不能够在真实世界中进行操作的事物，比如在设计阶段可以进行项目节能模拟、光照模拟、热能传导模拟、增加项目进展时间的动态三维管理，还可以通过高精度传感器和鹰眼系统将项目所在的空间信息、场景信息、温室气体动态变化信息实时纳入模型中。

（4）可优化。有了 BIM 技术可以实现在设计、施工和运营阶段对项目的快速优化；项目优化受到信息、复杂程度和时间因素的约束，同时项目又会因这些因素而需要不断地变更设计初衷，逐步朝着技术可行性，经济、环境和社会成本最优化，进度最优化的方向前进。

（5）可出图。融合 BIM 技术的现代工程 LCA，不仅仅提供传统建筑结构图纸，而且可以将项目任意时间进度节点、任意空间部位的构件或结构汇总或单独呈现给项目管理各方，如工程管线图、结构留洞图或碰撞检查，这将是一种划时代的快捷数字化工程管理模式，从而革命性地提高项目的管理效率。

（6）参数化。它指的是通过参数而不是数字来建立和分析模型，改变模型中的参数（如梁的尺寸、柱距等）就可以很容易地建立和分析新的模型。

基于以上 BIM 技术的特点，将该技术应用于工程 LCA 研究具有显著的优势，即 BIM 技术通过数字化建模、数字化模拟有助于解决 LCA 研究过程中所需要的精度问题和环境影响评估。

为了配合 BIM 技术的推广和应用，我国从 2016 年陆续发布了几项国家标准，由中国建筑科学研究院会同有关单位编制的国家标准《建筑信息模型应用统一标准》（GB/T 51212—2016）正式发布[6]，提出了 BIM 应用的基本要求，是 BIM 应用的基础标准，可作为我国 BIM 应用及相关标准研究和编制的依据。

建设工程全寿命期内，应根据各个阶段、各个任务的需要创建使用和管理模型，并应根据建设工程的实际条件，选择合适的模型应用方式，相关方应建立实现协同工作、数据共享的支撑环境和条件。BIM 软件应具有相应的专业功能和数据互用功能，包括应支持开放的数据交换标准、实现与相关软件的数据交换、支持数据互用功能的定制开发等。

2018 年 1 月由中国建筑股份有限公司和中国建筑科学研究院会同有关单位编制的《建筑信息模型施工应用标准》（GB/T 51235—2017）公布实施[7]，从深化设计、施工模拟、预制加工、进度管理、预算和成本管理、施工监理、竣工验收等方面提出了建筑信息模型的创建、使用和管理要求。

BIM 交付中，可以根据交付深度、交付物形式、交付协同要求安排模型架构和选取适宜的模型精细度，并根据设计信息输入模型内容。

BIM 所包含的模型单元应分级建立，可嵌套设置，分级应符合表 11.1 的规定。

表 11.1 模型单元的分级

模型单元分级	模型单元用途
项目级模型单元	承载项目、子项目或局部建筑信息
功能级模型单元	承载完整功能的模块或空间信息
构件级模型单元	承载单一的构配件或产品信息
零件级模型单元	承载从属于构配件或产品的组成零件或安装零件信息

　　BIM 包含的最小模型单元应由模型精细度等级衡量,模型精细度基本等级划分应符合表 11.2 的规定。根据工程项目的应用需求,可在基本等级之间扩充模型精细度等级。

表 11.2 模型精细度基本等级划分

等　级	代　号	包含的最小模型单元
1.0 级模型精细度	LOD1.0	项目级模型单元
2.0 级模型精细度	LOD2.0	功能级模型单元
3.0 级模型精细度	LOD3.0	构件级模型单元
4.0 级模型精细度	LOD4.0	零件级模型单元

　　几何表达精度的等级划分应满足表 11.3 的规定。

表 11.3 几何表达精度的等级划分

等　级	代号	几何表达精度要求
1 级几何表达精度	G1	满足二维化或者符号化识别需求的几何表达精度
2 级几何表达精度	G2	满足空间占位、主要颜色等粗略识别需求的几何表达精度
3 级几何表达精度	G3	满足建造安装流程、采购等精细识别需求的几何表达精度
4 级几何表达精度	G4	满足高精度渲染展示、产品管理、制造加工准备等高精度识别需求的几何表达精度

　　模型单元信息深度等级的划分应符合表 11.4 的规定。

表 11.4 模型单元信息深度的等级划分

等　级	代号	几何表达精度要求
1 级信息深度	N1	宜包含模型单元的身份描述、项目信息、组织角色等信息
2 级信息深度	N2	宜包含和补充 N1 等级信息,增加实体系统关系、组成及材质、性能或属性等信息
3 级信息深度	N3	宜包含和补充 N2 等级信息,增加生产信息和安装信息
4 级信息深度	N4	宜包含和补充 N3 等级信息,增加资产信息和维护信息

11.2　研究中建筑工程全寿命周期成果总结

　　研究中运用工程 LCA 研究理论,较详细地分析探讨了如何结合具体地区将 LCA 应用于我国建筑工程全寿命周期地震成本和地震巨灾保险的详细技术路径和实践方法、建筑工程全寿命周期环境成本的分析方法和评估路径以及建筑全寿命周期社会成本分析与评价的技术方法和手段。

11.2.1　建筑工程全寿命周期地震成本成果总结

1. 针对以往地震风险性研究中不足,结合我国《建筑抗震设计规范》(GB 50011—2010)中不同地区的抗震设防烈度,设计基本地震加速度和设计地震分组的规定,详细构建了在工程全寿命周期研究中具体地区的地震风险性流程。

(1) 研究了不同地区场地土壤、地质构造、气候水文、地震记录的差别,并结合我国《建筑抗震设计规范》探讨了如何将具体地区的场地差异性考虑进地震风险性研究中。

(2) 研究了不同地区大、中、小地震规范反应谱的差别,并据此进一步建立了对应于不同级别地震 HL 的具体地区的水平地震影响系数最大值(α_{max})非线性回归方程。

(3) 详细提出了如何利用我国不同地区的场地土壤和地质数据基于 PEER 强震数据库筛选适合于拟选地区的分析地震波的过程,并基于获得的典型地震波构建基于不同 HL 的地震分析荷载的方法。

2. 在以往国内外结构损伤参数的研究,创新性地提出了随机多参数混合法工程全寿命周期地震损伤评估法。

(1) 改变以往单纯依赖 ISD 的单一结构地震易损性评价体系,在 IDA 中引入四参数(最大层间位移角 ISD_{max}、层最大加速度 PDA、梁端截面最大曲率转角 θ_B 和柱端截面最大曲率转角 θ_C)的混合评价体系。

(2) 对于地震中的非结构损伤给予了考虑,通过层最大加速度 PDA 和地震峰值加速度 PGA 等指标间接评估建筑房间内的人身安全、仪器设备以及基础设施的损伤。

(3) 将随机权重因子的思想引入到工程全寿命周期地震损伤/损失评价方法中。

3. 以西部具体地区为研究样本地区,在国内首次针对多层钢筋混凝土框架及其基础隔震加固结构开展了工程全寿命周期应用对比研究。

(1) 研究结果表明多层基础隔震结构全寿命周期地震年均成本中结构性损失占比超过 50%,非结构性地震损失占 25%,而常规钢混结构中结构性损失占比超过 61%,非结构性地震损失占比降为 23.5%,这一升一降间接证明了基础隔震结构全寿命周期地震成本中结构性地震损失得到了有效消减,非结构性地震损失和其他分项损失占比相应地更大。

(2) 由于工程结构全寿命周期地震成本研究最终还是反映为经济问题,研究中参考国外的文献并结合我国的概预算定额对限值状态平均成本统计值进行了理论上的初步估算,评估出当地多层基础隔震结构地震巨灾保险费用建议值在 2.21～2.22 元/(年·m^2),较同类型多层钢混框架结构减小 25%～30%。

4. 研究中以西部具体地区的普通钢筋混凝土排架工业厂房结构及 CFRP 加固的工业厂房为例,对工业建筑全寿命周期地震巨灾保险在国内首次开展了详细的应用性研究。

(1) 研究中基于 MCS 对变量特征值参数随机取值,从 IDA 计算结果发现普通钢混排架工业厂房的中度损伤 I 对应的损伤限值频数最大,其次为轻度损伤和严重损伤/倒塌。考虑不同损伤限值对应的地震年发生率后可知,实际年地震损伤率中微小损伤最大,达到约 1% 的年平均损伤率,其次为轻度损伤和中度损伤 I,年均损伤率在 0.4%～0.2%,中度损伤 II 及以上损伤限值状态级数年均损伤率均在 0.2% 以下,且随着损伤级别的加大呈现减少的趋势。

（2）综合考虑不同类型材料的屋盖体系，该地区单层普通钢混排架厂房的年平均地震损失成本统计中位值 8.52 元/（年·m^2），如按照 50% 的附加费率来考虑，则该地区普通厂房地震巨灾保险参考基准费率中位值 12.78 元/（年·m^2）。其中由于工业厂房内的设备价值较大，导致计算得出的非结构性地震成本占比超过 60%，结构性地震损伤导致的维护成本仅在 26% 左右，结果基本符合实际地震灾后工业厂房损失的调查结果，更精确的结果还需要未来大量地震灾后勘查试验等基础数据的支持。

（3）CFRP 加固厂房结构进入严重损伤/倒塌级区域的散点比例远低于普通厂房结构，这一点在两类结构基于 θ_C 指标的损伤分布差异中更加明显，普通厂房中 $\theta_C \geqslant 0.08$ 的点数超过总数的 60%，而 CFRP 加固厂房结构刚好相反，其 $\theta_C < 0.08$ 的点数超过总数的 90%，即 CFRP 加固厂房在 IDA 大样本计算中大概率保持在重度损伤及以下限值状态，体现出 CFRP 加固厂房结构更好的抗地震易损伤性能。

（4）基于单位建筑面积来计算，该地区 CFRP 加固厂房的统计中位值 5.75 元/（年·m^2），如果保险公司开征地震巨灾保险，假设最大 50% 的间接费和税，CFRP 加固厂房地震保险中位值 8.62 元/（年·m^2）。其中由于工业厂房内的设备价值较大，导致计算得出的非结构性地震成本超过结构性地震损伤导致的维护成本，两者之和共占厂房结构地震年成本的 82.62%（原型厂房）和 89.76%（CFRP 加固厂房）。

（5）通过对单层工业厂房结构的全寿命周期地震各项子成本的统计特征分析结果来看，普通厂房结构性损伤地震成本 C_{dam}^{i} 的 Cov 值在 2.23%～2.24%，非结构性设备及附属物地震损失 $C_{con}^{i,\theta}$ 的 Cov 值在 4.41%～4.59%，汇总后原型厂房结构 C_{tot} 的 Cov 值在 1.78%～1.79%；CFRP 加固厂房结构性损伤地震成本 C_{dam}^{i} 的 Cov 值在 4.38%～4.51%，非结构性设备及附属物地震损失 $C_{con}^{i,\theta}$ 的 Cov 值在 3.11%～3.15%，汇总后 CFRP 加固厂房结构 C_{tot} 的 Cov 值在 1.35%～1.36%。

5. 详细探讨了在西部具体地区考虑 SSI 效应的大跨连排厂房全寿命周期地震成本研究。

（1）从随机损伤散点的分布区域可看出，忽略 SSI 效应即假定结构基础为刚性连接后结构进入严重损伤/倒塌级区域的散点比例要高于考虑 SSI 效应的厂房结构，这一点在两类结构基于 θ_C 指标的损伤分布差异中更加明显，忽略 SSI 效应后厂房中 $\theta_C \geqslant 0.012$ 的点数超过总数的 25%，而考虑 SSI 效应后结构中 $\theta_C \geqslant 0.012$ 的点数仅占总数的 20%，即考虑 SSI 效应后二类建筑场地的确对输入地震波有一定的消能耗散作用。

（2）研究中对厂房结构进行了地震易损性分析，从衡量地震动能量的角度基于 PGA 指标的地震易损性曲线可发现，考虑 SSI 效应后的厂房地震易损性超越概率在各级损伤限值状态中均小于忽略 SSI 效应的结构，而且两者之间的差距随 PGA 的增加逐级在扩大。表明忽略 SSI 效应后该地区二类粉细砂土场地条件下的大跨厂房结构不存在损伤低估的情况，相反存在高估的情况。

（3）研究中参考国内外文献并结合我国的概预算定额对限值状态平均成本统计值进行了理论上的估算，得出按照 15% 的附加费率来考虑的话，选定地区忽略 SSI 效应的连排工业厂房的地震巨灾保险基准费率中位值 8.49 元/（年·m^2），考虑 SSI 效应的厂房地震巨灾保险基准费率中位值 7.86 元/（年·m^2）。从数据分析来看厂房内结构性地震损伤导致的地震维修成本为最大子成本项目，其次为机器设备及非结构性构件的损失费用，这两项损失共占地震年成本的 77.9%(忽略 SSI 效应)和 74.67%(考虑 SSI 效应)。

(4) 通过对连排工业厂房结构的全寿命周期地震各项子成本的统计特征分析结果来看,忽略 SSI 效应后厂房结构性损伤地震成本 C_{dam}^i 的 Cov 值在 2.55%~2.63%,非结构性设备及附属物地震损失 $C_{con}^{i,\theta}$ 的 Cov 值在 1.60%~1.63%,汇总后忽略 SSI 效应厂房结构 C_{tot} 的 Cov 值在 0.98%~1.00%;考虑 SSI 效应厂房结构性损伤地震成本 C_{dam}^i 的 Cov 值在 5.12%~5.14%,非结构性设备及附属物地震损失 $C_{con}^{i,\theta}$ 的 Cov 值在 4.05%~4.13%,汇总后考虑 SSI 效应厂房结构 C_{tot} 的 Cov 值在 1.83%~1.87%。

11.2.2　建筑工程全寿命周期环境成本成果总结

研究中出于对比的目的,比选了同一建筑平面布局方案(对称七榀三跨)下 5 类不同用途和 5 类不同建筑结构形式(框架结构、剪力墙结构、钢框架结构、组合结构及消能减震结构)的小高层建筑结构全寿命周期综合性能对比,重点开展了环境成本的分析研究。

研究中基于静态推覆分析和动力时程分析将这 5 种不同类型的建筑结构在同一地震作用下的抗力性能调配至大致同一水平,将不同级别地震波基于我国地震反应谱拟合至同一地震抗力性能水平,再对结构全寿命周期综合成本(经济成本、环境成本、能耗成本)开展了较全面的比较。

(1) 这 5 类建筑结构的主材建造成本相差巨大,从高到低分别是:钢结构、组合结构、消能结构、剪力墙结构和框架结构。钢结构的主材造价最高,达到 949.77 元/m²,其次是组合结构 690.73 元/m²,框架结构与剪力墙结构消耗的主材造价最低,大约只有钢结构造价的 1/4~1/3,并且均小于消能结构的主材造价,考虑到实际施工的难易度以及复杂程度,框架结构比剪力墙结构房屋的造价稍低,而消能结构房屋的耗能效果较好,造价适中。

(2) 钢结构建设期间的电力消耗最大,达到 20.95kW·h/m²,其次是组合结构的电耗为 16.92kW·h/m²,剪力墙结构、框架结构和消能结构的电耗分别达到 11.48kW·h/m²、11.28kW·h/m² 和 11.47kW·h/m²。

(3) 同样的建筑结构如果功能和用途不同的话,则其未来的使用和维护能耗差异巨大,研究中对比了 5 种不同用途(办公建筑、住宅建筑、医院建筑、教学建筑和商业建筑)框架结构建筑使用维护期间的总能耗水平,如医院建筑在使用和维护期间总能耗是住宅建筑使用和维护期间总能耗的 6.17 倍,是教学建筑使用和维护期间总能耗的 4.40 倍,是商业建筑使用和维护期间总能耗的 2.06 倍,是办公建筑使用和维护期间总能耗的 2.88 倍。

(4) 汇总计算了 5 种建筑结构形式(框架结构、剪力墙结构、消能减震结构、钢结构和组合结构)的 5 类不同用途建筑的全寿命周期单位面积 CO_2 排放量,如办公建筑环境成本分别为 1818.34kg/m²、1816.58kg/m²、1798.94kg/m²、2258.91kg/m²、2098.50kg/m²。研究发现采用钢结构不仅在经济性造价方面是最高的,在全寿命周期环境成本方面也要显著高于钢混结构建筑。这一研究结果初步显示出钢结构的建筑尽管抗震性能优良,但从全寿命周期的角度来衡量其综合成本偏高。

(5) 汇总计算的住宅建筑、办公建筑、医院建筑、教学建筑和商业建筑的单位面积碳排放总量统计均值分别为 1579.03kg/m²、1684.85kg/m²、1958.22kg/m²、3078.15kg/m² 和 4771.27kg/m²,该计算结果中住宅建筑的计算结果与中国建筑节能协会 2021 年 2 月发布的《中国建筑能耗研究报告（2020）》中国城镇居住建筑 2018 年单位面积 CO_2 排放量 29.02kg CO_2/m^2（折算为 50 年全寿命周期单位面积平均 CO_2 排放量为 1451kg CO_2/m^2）数据相比略高[8]，但注意到报告所统计的建筑工程全寿命周期碳排放并不包括建筑报废、拆除再利用所消耗的能源及排放的温室气体，则研究中采用 SimaPro 模拟计算结果与实际统计数据非常接近。该计算结果和 Yang T，Yang X N 等[9-10]的中国居民住宅全寿命周期温室气体排放量计算结果 2993kg/m² 相比偏低，主要原因在于本研究假定建筑坐落于北方城市，在建筑使用和维护阶段仅考虑该地区城市居民基本能耗水平，忽略了南方地区家庭耗能占比大的家用空调使用耗能。研究中得到的商业建筑在建造阶段的单位面积 CO_2 排放量平均值为 374.25kg/m²，这和 Luo H B、Luo Z 等[11-12]得到的国内商业建筑在建造阶段单位面积 CO_2 排放量 326.75kg/m² 比较接近。

11.2.3　建筑工程全寿命周期社会成本成果总结

建筑工程全寿命周期社会成本是一个较新的领域，在国内很少有人提出这一概念，研究中提出这一概念并尝试对此开展初步的探讨。研究中将建筑全寿命周期社会成本分为了两部分来分析。首先一部分影响是可度量的，如该建筑所在区域内人员由于建筑所在区域内的噪声或空气质量所导致的长期医疗费用增加；同时也有一部分影响是不易度量的，如该建筑所在区域内人员由于居住在该建筑内所导致的各类心理压力等负面影响。

通过研究中的调查问卷的结果为进一步计算获取准确的建筑全寿命周期社会成本提供了重要的一环，研究大致可以得出如下结论：

（1）自然环境的影响如雾霾、污水、重金属、酸雨等本质上根源于旧有的经济模式，其宏观表现指标均可以用温室气体-碳排放指标来统一表征。

（2）环境中有形的因素（如雾霾）和无形的因素（工作压力）均会对人的身心产生明显的影响，其中女性对于环境的敏感度高于男性。

（3）30～50 岁是最易受环境影响的年龄段，这其中如果雾霾等自然环境因素叠加工作压力等无形环境因素共同作用后对受访者的身心健康影响最大，其次是 50 岁以上的老年人，20～30 岁的年轻人对环境负面影响的抵抗能力较强。

（4）因为雾霾等自然环境因素所导致的居住者群体健康损失或康复成本可以通过不同年龄段的医疗成本予以量化成本计算，这部分要计入建筑的社会成本。而由于雾霾等自然环境因素所导致的居住者工作效率降低和心理压力可以通过误工所导致的时间成本来大致估算，这部分也要计入建筑的社会成本。因此，本研究中建筑的社会成本完全可以量化计算，包括两部分：医疗康复成本和误工时间成本。

（5）本研究中建筑的全寿命周期社会成本只包括由于旧有经济模式产生的自然环境污染所导致的人的身心损伤成本，不涉及无形的如工作压力环境所导致的人的身心损伤成本，那部分历来也是无法估量的。

（6）参照流程图可进一步计算获得建筑人均或单位面积对应的社会成本值。

（7）结合长周期领先预测工具，如技术转型升级的频率、当地绿色生态发展的趋势等，可以开展全寿命周期内建筑社会成本的预测计算。

11.3　建筑工程全寿命周期研究及展望

当前人类社会面临百年未有之大变局,传统产业发展模式逐渐走向终结,以绿色、低碳、可循环、可再生为代表的崭新的经济发展模式正在茁壮而出。2020 年我国提出将在"2030碳达峰,2060 碳中和"的庄严承诺,这是一次全面地即将和旧的经济发展模式脱钩的重大政策转向,预示着我国未来将坚持走绿色、可持续的发展之路。对于整个土木工程和建筑产业来讲,这也预示着未来我国将加快建筑产业发展模式的转型升级,绿色、低碳、可持续性的工程建造技术、工程评价方法和工程发展模式将得到大力扶持,以 3D 打印、建筑全寿命周期BIM、工程全寿命周期综合性能评价方法为代表的一批新的技术和标准将得到重视和大力发展,并最终取代目前的工程评价方法和建造技术。

展望未来 LCA 技术将可能成为人类社会对自然环境持续动态影响的重要评估手段和工具。现代工业文明过度消耗自然资源,短短 100 年释放了超过以往 2000 多年的温室气体总量,包括对人类建造的各类土木工程的运行维护可持续性问题(过量消耗水资源,过度消耗能源,过度破坏周边生物多样性等)的担忧。正是这种担忧在持续地推动 LCA 研究不断地融合新技术升级发展。

针对土木建筑工程对于一个项目的业主来讲,未来衡量项目是否成功的标准在于:①项目是否可以实现能源消耗的自给或者最小化。②项目在其全寿命周期内是否实现了水资源和其他资源的高效循环利用。③项目从建造到报废拆除回收的全过程温室气体排放是否控制在低水平,与项目周边环境是否可以实现碳中和或者接近碳中和。以上三点成为评价项目未来是否成功的关键因素。

支持 LCA 研究的核心力量是可持续性问题,因此,LCA 研究的目标当然是有助于解决或者改善可持续问题。随着近年来 LCA 专业软件系统如 SimaPro[13],建筑能耗分析软件Revit 等的不断升级完善,在测量、收集、分析计算和评价项目与周围环境之间能量流、物质流包括温室气体交换的手段和工具精度和完整度不断完善的前提下,工业品和项目的 LCA研究的可信度和研究成果应用的价值获得了极大的提升。

无论是工业产品消费还是工程产品消费,本质上都是一种对于地球原始资源的过度消费。可以明确的是 LCA 可以为现代文明面临的最大挑战之一作出贡献:支持人类社会向可持续性消费过渡。目前人们在技术、决策和思维方面还需要重大转变。自工业革命以来,人类社会始终都在把努力开采更多的自然资源和能源作为唯一的发展目标,而现在我们必须学会如何离开依赖的化石燃料。尽管这一过程充满了旧产业以产业衰退和工人失业为借口的阻挠和威胁,但人类社会迈向一个总体碳可控经济的大方向是不可阻挡的。LCA 正迅速成长为一个强大的揭示我们各类工农业产品和服务背后承载的环境负荷的评价技术和考核工具。

LCA 作为一项具有重要数据背景标签的相对较新的技术,目前仍面临着诸多挑战。各类产品和服务的可持续性需求都在要求这一技术必须获得广泛利益相关者如政策管理者、企业管理人员、设计人员和技术人员等群体的大力支持。通过 LCA 技术获得的对于各类产品和服务的评价可能是有争议的或是违背普通人常规认知的,这既是一种优势也是对传统认识和思维模式的挑战。积极的结果是人们增加了对于 LCA 价值的认识和了解,问题则来自于对结果的反对,这常常来自于在维持现状中拥有既得利益的群体,如推进新能源电动汽车产业发展已经持续了几十年,但直到近五年才有突破,这主要就源自于石油生产商和传统燃油汽车制造商由于巨大经济利益而大力阻挠。其结果就是新能源电动汽车造车势力一定来自于传统汽车制造商以外的群体,如目前国内外新能源汽车领军企业如特斯拉、小鹏汽车、蔚来汽车、理想汽车等,较少有来自于传统的燃油车企业,当后来者将整个汽车产业的根基动摇或者颠覆了以后,传统燃油车制造企业如丰田、本田、大众、奔驰、宝马、通用、福特等才会基于自身生存利益的考虑而被动和不情愿地加入到绿色可持续性发展潮流之中。坦率地讲,传统燃油车企业过去几十年赚取的巨额利润完全足够支持他们优先发展绿色新能源电动汽车,为什么他们过去几十年都迟迟不推动绿色新能源汽车技术的产业升级,而继续制造燃油车,这背后最主要地根源来自于利益相关者的支持。由此可知,绿色和可持续性的经济模式发展过程一定是不平坦的,在新技术的推广应用过程中技术本身的成熟度问题是相对较容易解决的,更多地还要考虑到新技术能否尽可能地争取到包括政策制定者在内的广泛利益相关群体的支持。这正是可持续性经济发展模式和可持续性技术发展本身的关键之所在。

LCA 建立了一种系统的、严格的、具有启发性的方法,为人类认识自身活动对于环境的影响提供了更全面和更广泛的知识背景,但 LCA 研究是对于未来的合理预测和警示,因此该技术本身不可避免存在一系列的假设和推断,这些假设和推断虽然提供了对于 LCA 理论研究结果的支持,但如果运用不得当的话,也有可能会导致对于 LCA 研究结果的质疑。但不可否认,LCA 研究的目的在于将未来的风险降到最低,并将该技术应用的好处最大化,因此针对 LCA 技术未来的发展和应用可以总结为以下几个方面:

(1)针对 LCA 在具体工程领域的研究,研究者应该保持大胆而谨慎的态度来开展研究;

(2)LCA 研究需要大量的实践活动从而提高研究的效率;

(3)针对一项工业产品或工程产品 LCA 的持续改进是必要的;

(4)尝试使"单一"问题具有广泛性;

(5)应促进 LCA 研究与其他技术结合使用;

(6)降低开展 LCA 技术进入的门槛;

(7)增加 LCA 研究的基础受众群体和实践内容;

(8)研究者应该认识到 LCA 研究的局限性,并尝试和其他学科开展合作。

总体来讲,一个良好的公民社会环境和社会规范文化对于 LCA 应用具有广泛地促进作用,如在未来的某一天我们可以在公众场合听到人们在谈论某一产品或某一工程建筑的环境影响或社会影响时,则说明社会公众已经开始接纳这样一种"主流"技术或者思维方式,这才是一种对于推广 LCA 应用最有利的社会环境。当然消除或者减小 LCA 应用在专业技术领域与政策、社会领域之间的鸿沟,特别是针对可持续性消费工业产品和建筑产品如生活用品、消费电子产品、住宅建筑或者母婴产品等与大众息息相关的领域意义深远。伴随着各国政府对于此类产品的物质和能量流动的审查日趋严格,传统环境指标伴随着 LCA 社会与环境应用的不断深入而继续扩展,反过来也将促进 LCA 技术潜力得到更大程度的发挥。

参考文献

［1］　U. S. EPA & U. S. CPC. The Inside Story：A Guide to Indoor Air Quality，Office of Radiation and Indoor Air［S］. Washington D. C. ：United States Environmental Protection Agency and the United States Consumer Product Safety Commission，1995.

［2］　HORNE R E. A new decision support tool for biomass energy technology projects in Europe［C］// Australian Life Cycle Assessment Society. Proceedings of the 4th Australian LCA Conference Climate change responses：carbon offsets biofuels and the life cycle assessment contributionSydney，2005：139-145.

［3］　HORNE R E，MATTHEWS R. Biomitre Technical Manual［EB/OL］. ［2022-03-01］. http://www. joanneum. at/ biomitre/ softwaretool，2004.

［4］　VAN DAM J，FAAIJ A，DAUGHERTY E，et al. Development of standard tool for evaluating greenhouse gas balances and cost-effectiveness of biomass［R］. Rome：Utrecht University European Commission project，2004.

［5］　ONEIL E，LIPPKE B，MASON L. Eastside Climate Change Forest Health Fire and Carbon Accounting. Future of Washington's Forest and Forest Industries Study［R］. Orica：Sustainability Report，2007.

［6］　中国住房和城乡建设部.建筑信息模型应用统一标准：GB/T 51212—2016［S］.北京:中国建筑工业出版社,2016.

［7］　中国住房和城乡建设部.建筑信息模型施工应用标准：GB/T 51235—2017［S］.北京:中国建筑工业出版社,2017.

［8］　中国建筑节能协会,能耗统计专业委员会.中国建筑能耗研究报告 2020［R］.厦门:中国建筑节能协会,2021.

［9］　YANG T，PAN Y，YANG Y，et al. CO$_2$ emissions in China's building sector through 2050：a scenario analysis based on a bottom-up model［J］. Energy，2017，128：208-223.

［10］　YANG X N，HU M M，WU J. B，et al. Building-information-modeling enabled life cycle assessment，a case study on carbon footprint accounting for a residential building in China［J］. J Clean Prod，2018，183：729-743.

［11］　LUO H B，LI B，ZHONG H，et al. Research on the computational model for carbon emissions in building construction stage based on BIM［J］. Struct Surv，2012. 30（15）：411-425.

［12］　LUO Z，YANG L，LIU J. Embodied carbon emissions of office building：a case study of China's 78 office buildings ［J］. Build Environ，2016，95：365-371.

［13］　Pre Sustainability B. V. SimaPro 9. 0 LCA Software［EB/OL］. （2018-09-01）［2021-11-01］. http:// www. simapro. com.